ÉLÉMENS

DE GÉOLOGIE.

IMPRIMERIE DE DEZAUCHE,

Faub.-Montmartre, n° 11.

ÉLÉMENS
DE GÉOLOGIE

MIS A LA PORTÉE DE TOUT LE MONDE,

ET OFFRANT LA CONCORDANCE DES FAITS GÉOLOGIQUES AVEC LES FAITS HISTORIQUES, TELS QU'ILS SE TROUVENT DANS LA BIBLE, LES TRADITIONS ÉGYPTIENNES ET LES FABLES DE LA GRÈCE;

Par L.-A. CHAUBARD.

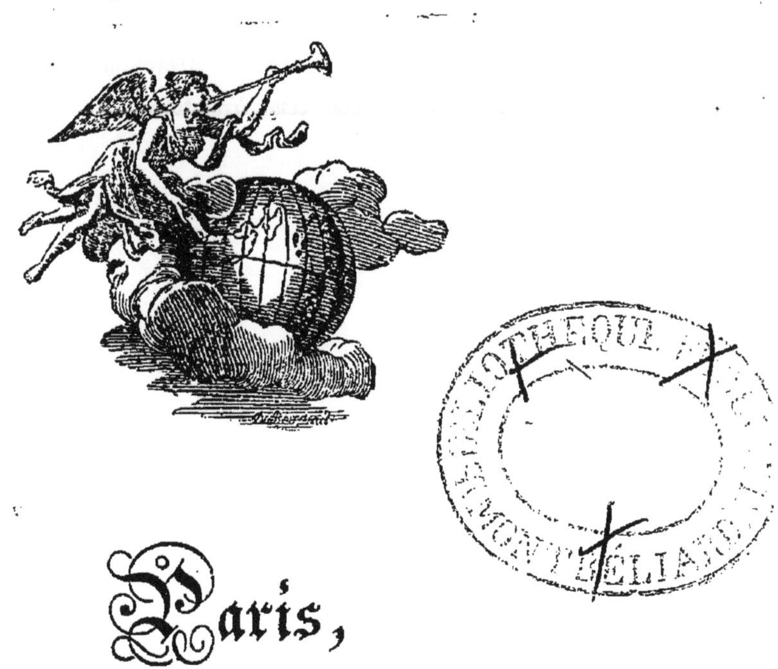

Paris,

CHEZ L'AUTEUR, RUE NEUVE-DE-SEINE-ST-GERMAIN, N° 68;

ET CHEZ RISLER, LIBRAIRE, RUE DE L'ORATOIRE, N° 6.

1833.

AVANT-PROPOS.

Il est impossible de faire marcher la Géologie d'un pas assuré, sans lui donner pour appui le secours de l'histoire, car il est une foule de faits dont les conséquences, d'ailleurs évidentes, ne peuvent être déduites avec quelque certitude, si l'on n'a recours aux faits historiques qui s'y rapportent, comme aussi il est une multitude de questions capitales qui ne sauraient obtenir une solution sans ce secours. Telles sont, par exemple, les questions suivantes.

Touchant les TERRAINS PRIMITIFS.

1re QUESTION. La cristallisation ayant lieu de deux manières, par la sublimation des molécules élémentaires, au moyen du calorique, et par la solution de ces molécules dans un liquide, on demande si celle des Terrains primitifs est due à la voie ignée ou à la voie humide ?

2e. Les Terrains primitifs constituent-ils une seule formation ou bien une réunion de formations partielles ?

3e. Quelle a pu être la cause de la transition, tantôt graduelle et insensible, tantôt brusque et tranchée qui se fait remarquer entre les Granits communs et micacés, les Schistes micacés et argileux de ces terrains ?

4e. Puisque les Terrains primitifs se sont formés dans l'eau et qu'ils sont généralement répandus sur toute la terre, il s'ensuit que le Globe entier était alors couvert d'eau. Or, qu'est devenue cette eau ? Où est-elle maintenant ?

5e. La nature ne faisant plus de roches siliceuses pareilles à celles des Terrains primitifs, comment celles de cette formation ont-elles pu se solidifier?

6ᵉ. Des Granits porphyriques, des Granits diallagiques, des roches de Quartz, se montrent en certains lieux au-dessus de chaque terme de la série primitive; qu'elle est l'origine de ces roches, et quelle est la place qu'on doit leur fixer dans l'ordre de succession naturelle des termes?

Touchant les TERRAINS INTERMÉDIAIRES.

7ᵉ. A l'époque intermédiaire, le Globe a été entièrement couvert d'eau. C'est un fait positif aux yeux de tout géologue. D'ailleurs, il est démontré par les fossiles. Or, toutes les eaux de la nature rassemblées ne pouvant élever le niveau des mers que jusqu'à environ vingt mètres de hauteur, ce qui est fort insuffisant pour couvrir les montagnes, on demande d'où était venue cette prodigieuse masse d'eau, et en second lieu, ce qu'est devenu le liquide superflu?

8ᵉ. D'où provenaient les élémens siliceux, calcaires, charbonneux, etc., qui ont formé la masse des Terrains intermédiaires?

9ᵉ. Quelle est la cause de l'alternance si fréquente des divers termes de la formation intermédiaire?

10ᵉ. Comment, au milieu de cette alternance, pour ainsi dire perpétuelle, parvenir à déterminer qu'elle est la place de chaque terme dans la série des diverses couches siliceuses, arénacées, calcaires, charbonneuses, que présentent ces terrains, et quel est l'ordre de cette série?

11ᵉ. Pourquoi la plus grande partie des fossiles du règne organique renfermés dans la formation de transition, appartiennent-ils aux contrées équinoxiales du Globe?

12ᵉ. Pourquoi les grands amas de Houille occupent-ils le fond des grandes vallées de nos continens, où ils ont pris la forme naviculaire ?

13ᵉ. Pourquoi la majeure partie des coquillages fossiles sont-ils des univalves marins, et surtout pourquoi parmi le nombre, il ne s'y montre nul vestige de coquillages terrestres et d'eau douce.

14ᵉ. Pourquoi n'y voit-on pas des ossemens fossiles de mammifères terrestres?

15ᵉ. Doit-on regarder comme d'origine pseudovolcanique; 1° les Granits communs et amphiboliques (*Siénites*), qui se montrent à la partie inférieure des Terrains intermédiaires proprement dits; 2° les Granits diallagiques (*Euphotides*), les Granits dépourvus de Quartz (*Ophites*), les Granits porphyriques, les roches de Quartz et les dépôts de sel gemme qui se trouvent à leur partie supérieure? Et dans le cas de l'affirmative, qu'elle peut avoir été la cause à laquelle il faut attribuer ces formations pseudovolcaniques?

16ᵉ. Qu'elle cause a pu produire le redressement des couches de la formation intermédiaire qui se fait remarquer dans tous les pays de montagnes?

17ᵉ. Comment se fait-il que le plan de ces couches redressées, se soit généralement trouvé dirigé parallèlement à la chaîne?

Touchant les TERRAINS SECONDAIRES.

18ᵉ. D'où provenaient les élémens minéralogiques, calcaires, sables, graviers, argiles, etc., qui forment la masse des Terrains secondaires?

19ᵉ. Pourquoi dans les vallées secondaires, les angles rentrans se trouvent-ils généralement opposés aux angles saillans?

20ᵉ. La distinction des formations secondaires en *Terrains marins* et *Terrains d'eau douce*, imaginée par

Lamanon et soutenue avec tant de talent par MM. Cuvier et Brongniart, est t-elle fondée sur des raisons géologiques plausibles ?

21°. Combien de formations indépendantes comprennent les Terrains secondaires ? Qu'elle est leur véritable circonscription ?

22°. Les graviers du fond des vallées, ceux des plaines hautes, sont-ils contemporains des sables et graviers, qui, sur les hauteurs et dans les bas fonds, constituent la partie inférieure des derniers terrains de transport ? Et les uns comme les autres, sont-ils antérieurs ou postérieurs aux formations secondaires ?

23°. Quelle cause a pu introduire la silice, former le gypse et le carbonate de magnésie, dans les dépôts secondaires ?

24°. Quelle a pu être la cause des éruptions pseudovolcaniques, qui ont produit les granits et les basaltes au-dessous et au centre des Terrains secondaires ?

25°. Pourquoi ne voit-on entre les divers dépôts secondaires nul vestige, nul signe d'alluvion ?

26°. Les eaux de la nature ne formant plus des calcaires, des silex, des marnes, des grès pareils à ceux des formations secondaires, on demande comment les roches de cette nature ont pu s'y former ?

27°. Comment dans les formations secondaires a t-il pu se faire :

1. Que les amas de végétaux se soient formés au-dessous du sable, ou si on l'aime mieux, dans l'argile superficielle de chaque dépôt, et que les monocotylédonés soient en abondance dans les inférieurs, tandis que les dicotylédonés le sont dans les supérieurs ?

11. Que les ossemens des quadrupèdes ovipares (amphibies) se montrent principalement dans les dépôts inférieurs ?

III. Que les coquillages d'eau douce se montrent à la partie supérieure de chaque dépôt, et exclusivement dans les deux derniers?

IV. Que les grosses pièces de la charpente osseuse des grands pachidermes, se montrent principalement dans les graviers du fond des vallées?

V. Que ce soit dans les derniers et principalement dans celui du dépôt gypseux, que se trouvent les débris fossiles des quadrupèdes terrestres?

28ᵉ. Comment distinguer les ossemens fossiles appartenant aux formations secondaires, de ceux qui appartiennent aux Terrains tertiaires de la grande formation de transport?

Touchant les TERRAINS TERTIAIRES *de la grande formation de transport.*

29ᵉ. Quelles sont les raisons qui forcent à admettre l'indépendance de la formation des Terrains tertiaires de transport?

30ᵉ. Quels sont, parmi les terrains secondaires et d'alluvion, ceux qui constituent cette formation jusqu'à présent méconnue?

31ᵉ. A quelle cause doit-on rapporter la formation de ces Terrains?

32ᵉ. Pourquoi ne se montrent-ils que sur les contrées occidentales des continens?

33ᵉ. Pourquoi les coquillages et certains galets qu'ils renferment, ressemblent-ils à ceux du pays, pendant que les ossemens fossiles qui s'y rencontrent appartiennent à tous les climats?

34ᵉ. Pourquoi les espèces d'animaux, dont la race vivante ne se voit plus sur la terre, appartiennent-ils généralement au climat des régions équinoxiales?

35ᵉ. Pourquoi les arbres fossiles renfermés dans

cette formation, se montrent-ils en Sibérie, couchés dans la direction du nord au sud ; et comment aussi les galets de la Suède ont-ils pu être transportés au nord de l'Allemagne?

36ᵉ. Enfin, quel est l'âge de ces quatre sortes de formations primitives, intermédiaires, secondaires et tertiaires de transport?

Ces questions et bien d'autres, jusqu'à présent regardées comme insolubles, même comme inabordables, ou comme n'ayant été qu'imparfaitement résolues, trouveront une solution facile et satisfaisante dans les rapprochemens des faits géologiques avec les faits historiques, ainsi qu'on le verra dans le cours de ces élémens.

Depuis le peu de temps que les minéralogistes s'adonnent à l'étude de la Géologie, la science a vu successivement éclore une foule de systèmes, les uns plus hardis que les autres. Leur nombre s'élève déjà à plus de cent, et l'on en compterait sans doute autant que de naturalistes, si l'on comprenait dans ce nombre les diverses opinions de ceux qui, ne croyant pas pouvoir tout expliquer au moyen d'une seule hypothèse, ont imaginé de supposer autant de nouveaux cataclysmes, ou d'effrayantes révolutions, qu'il y a de faits tant soit peu importans à expliquer. Les derniers ouvrages systématiques publiés sur cette matière, sont de ce genre. La plus légère différence, la moindre anomalie dans des faits qui, d'ailleurs, ont entre eux la plus grande analogie, y sont présentées comme la suite d'une catastrophe effroyable, subite, qui a détruit tous les animaux, et qui a été suivie d'une longue période d'années de tranquillité pendant lesquelles la Terre s'est peuplée de nouvelles races.

Quoique ces révolutions n'aient laissé après elles

aucune trace, ni dans la tradition ni dans l'histoire, il ne serait point permis de les confondre avec les hypothèses tout-à-fait gratuites, émises jusqu'à présent en cette matière, si leur réalité ou leur nécessité était d'ailleurs attestée, comme on le prétend, par les faits géologiques que l'on invoque en preuve ; mais on va voir par la suite, que ces faits se conçoivent mieux, s'expliquent mieux sans sortir du domaine de l'histoire. Dèslors ces révolutions inouies devront rentrer dans la cathégorie de ces hypothèses gratuites que le siècle de lumières où nous vivons a proscrites, parce qu'au lieu de hâter la solution du problême, elles tendent au contraire à l'écarter.

L'auteur de cet opuscule, naturaliste obscur et ignoré, n'a pas pris la plume pour payer son premier tribut à la science, avec la création hardie de quelque nouvelle catastrophe inouie jusqu'à ce jour, et qui aurait bouleversé notre planète. Plus timide, plus circonspect, il ne s'est proposé d'autre but que celui de montrer qu'il est déjà possible de tout expliquer, nonseulement sans autre secours que celui de l'histoire, mais encore sans se permettre la moindre induction qui ne soit la conséquence nécessaire et incontestable des faits géologiques.

Après la chute successive de tant de systèmes géologiques, on ne concevra peut-être pas sans étonnement, que quelque géologue sage et circonspect, puisse en ce moment, présenter ses vues au jugement du public avec quelque confiance ; mais le travail que nous publions aujourd'hui, est hors de toute cathégorie ; il ne ressemble en rien à ceux qui l'ont précédé ; il n'a avec eux rien de commun, si ce n'est les faits géologiques. On n'y trouvera point d'hypothèse, on n'y trouvera pas même une idée hasardée. Les faits géologiques, les faits historiques, et encore les faits historiques ainsi que nous les offrent l'histoire, la Bible, les traditions égyptiennes, même les fables de la Grèce, car tout concorde au mieux sur ce sujet, tels sont les matériaux, les seuls matériaux qui aient été mis en œuvre.

Ce n'est point d'ailleurs comme on pourrait l'imaginer, un ouvrage fraîchement élaboré et pour ainsi dire né d'hier. Il était terminé en 1826. Depuis cette époque, une foule de faits importans sont venus enrichir la science géologique; et ces faits, tels par exemple, que ceux relatifs à l'âge des divers soulèvemens dont les chaînes de montagnes ont été formées, sont des faits capitaux, qui ont renversé l'édifice élevé par les derniers systèmes, ou qui du moins l'ont fortement ébranlé. Or, ces faits, loin de déranger en rien l'économie de notre travail, sont au contraire venus la corroborer. On verra, en effet, par la lucidité, la précision et les appuis nouveaux que cette théorie en reçoit, que les faits y relatifs, constatés depuis 1826, sont venus seulement y occuper la place des conséquences analogues, que les rapprochemens historiques avaient fournies.

Le temps où l'on se contentait d'une hypothèse pour expliquer ce que l'on ne comprenait point, est passé. L'esprit de l'époque où nous vivons, demande une nourriture plus solide, plus substantielle; il lui faut du vrai, du certain, du positif. Si nous n'eussions eu à lui offrir autre chose que ce dont on l'a abusé jusqu'à présent, nous aurions gardé le silence; mais ayant à lui présenter justement ce qu'il désire, nous avons dû concevoir l'espérance d'en être favorablement accueilli. Tel est le motif qui nous a porté à publier ces *Élémens.*

Nous aurions vivement désiré pouvoir, à chaque

fait géologique essentiel, payer la dette de reconnais-
sance due au géologue qui nous l'a fait connaître ;
mais l'accomplissement de ce devoir de justice, s'il
n'est pas impossible, s'est trouvé au-dessus de nos faibles moyens. Beaucoup de ces faits ont souvent exigé
les études de plusieurs géologues, ou bien ont été pré-
vus par un tel, et confirmés par d'autres. Pour remplir
convenablement cette tâche, il eût d'ailleurs fallu avoir
sous les yeux cette multitude d'articles de journaux, de
mémoires, d'ouvrages de toute sorte qui ont été successivement publiés depuis quarante ans, et malheureusement, l'auteur de ces opuscules est du nombre de
ces naturalistes dont l'ardeur, le zèle et le dévouement
à la science, sont en raison inverse de la fortune.

Pour mettre la Géologie à la portée de tout le monde,
il a fallu la débarrasser, autant qu'il était possible, des
notions minéralogiques, et simplifier la nomenclature
des roches. On est parvenu à ce but au moyen des
changemens exposés dans la petite table synony-
mique suivante. Le lecteur est prié, avant de commencer le premier chapitre, de se bien pénétrer de
son contenu, et d'y recourir toutes les fois qu'il ne
comprendra pas quelque dénomination. Cette table
est facile à retenir, et c'est d'elle seule que dépend
l'intelligence de tout ce qui a rapport aux connaissances minéralogiques inséparables de la Géologie. Quant
aux autres termes dont la signification pourrait être
ignorée de certains lecteurs, on les trouvera soit dans
les Dictionnaires de physique, soit même dans les nouveaux Dictionnaires français où se trouvent les mots
relatifs aux sciences naturelles.

SYNONYMIE DES TERMES EMPLOYÉS ICI AVEC LES TERMES ALLEMANDS.

GRANITS.

SIENITE.	Granit avec abondance d'Amphibole.	GRANIT AMPHIBOLIQUE.
SERPENTINE, Ophite Euphotide des Pyrénées.	Granit avec abondance de Diallage.	GRANIT DIALLAGIQUE.
GRUNSTEIN, Diabase, Ophite.	Granit formé de Feldspath et Amphibole.	GRANIT DÉPOURVU DE QUARTZ.
EURITE, Weisten.	Granit avec abondance de Feldspath.	GRANIT FELDSPATHIQUE.
GNEIS (Granit feuilleté).	Granit avec abondance de Mica.	GRANIT MICACÉ.
GRAUWACKE.	Granit avec gravier de toute grosseur.	GRANIT GRAVELEUX.
PORPHYRE.	Granit à grains invisibles.	GRANIT PORPHYRIQUE.

SCHISTES.

THONSCHIEFER.	Schiste dans lequel l'Alumine domine.	SCHISTE ARGILEUX.
GRAUWACKE SCHISTEUSE.	Schiste avec menu gravier.	SCHISTE GRAVELEUX.
MICASCHISTE.	Schiste dans lequel le Mica domine.	SCHISTE MICACÉ.
EUPHOTIDE SCHISTEUSE.	Schiste avec abondance de Diallage.	SCHISTE DIALLAGIQUE.

ÉLÉMENS
DE GÉOLOGIE.

EXPOSITION.

La considération des terrains constituant la croûte extérieure de la surface du Globe, atteste quatre grandes formations superposées les unes aux autres, qui sont : la formation des *Terrains primitifs* ; la formation des *Terrains de transition* ou *intermédiaires*, que nous appellerons *Terrains secondaires de transition*, ou simplement *Terrains de transition* ou *Terrains intermédiaires* ; la formation, ou plutôt les formations des *Terrains secondaires* proprement dits, que nous désignerons souvent par la simple dénomination de *Terrains secondaires*, et la formation sans nom, jusqu'à présent méconnue, que nous appellerons *Grande formation de transport* ou *Terrains tertiaires de la grande formation de transport*. On ne comprend point ici les terrains d'alluvion qui ne sont dus qu'à des causes locales, agissant continuellement sous nos yeux. Dans la formation intermédiaire, on comprend avec quelques géologues, et non sans bonnes raisons, les premières formations dites secondaires, jusqu'au grès bigarré ou au dépôt de sel gemme. Dans la formation secondaire proprement dite, se trouvent comprises toutes les formations qui se montrent depuis le terrain de transition, c'est-à-dire, depuis le dépôt de sel gemme, jusqu'au calcaire de la dernière formation du bassin de Paris inclusivement. La dénomination de formation *tertiaire* a été mal à propos attribuée aux dernières formations du bassin de Paris superposées à la craie ; sans cela, nous l'eussions employée ici pour désigner notre grande formation de transport. Il est bien certain que les formations secondaires supérieures diffèrent des formations secondaires inférieures, ne fût-ce que parce qu'elles sont partielles ; mais elles n'en appartiennent pas moins au même cataclysme, et les légères différences que l'on y remarque s'expliquent, comme on le verra en son lieu, si simplement, si aisément, que ce n'est pas la peine de s'y arrêter.

La formation que nous désignons ici sous le nom de *Terrains tertiaires de la grande formation de transport,* et qui devrait être appelée *Formation tertiaire*, est moins ancienne que celle-ci. Ce sont les terrains meubles dans lesquels on observe les dépouilles des grands quadrupèdes, qui dans les glaces du Nord, ont conservé leurs chairs et leurs poils. Ce sont les sables de l'Afrique, les sables des landes d'Aquitaine, les brèches coquillières des côtes de l'Europe, de la Nouvelle-Hollande, les brèches osseuses du bassin de la Méditerranée, et certaines cavernes à ossemens. Cette formation, pour ainsi dire, nouvelle pour la science, n'a presque pas été étudiée sous le point de vue convenable. Elle sera développée en son lieu autant que le permettra l'état actuel de nos connaissances sur ce sujet.

La première et la seconde de ces formations sont générales ; la troisième paraît être en partie générale et en partie partielle. Quant à la quatrième, elle ne peut être et n'est réellement que partielle.

L'histoire pareillement nous offre quatre grandes époques ou quatre grands cataclysmes différens ; durant lesquels la surface de la terre a dû être totalement changée, ou du moins modifiée par l'influence d'une immense et prodigieuse masse d'eau qui la recouvrait ou l'enveloppait. Le premier de ces cataclysmes, antérieur à l'existence des animaux, antérieur même, selon le récit de l'écriture, à la création de l'univers, est celui où la *Genèse* (1) nous représente la terre sortant du cahos, dans l'état de la plus complète confusion de ses élémens, et influencée par l'inconcevable pression d'une immense et prodigieuse masse d'eau qui la couvre de toutes parts, jusqu'à ce que les fluides surabondans se soient élevés en haut et que le reste se soit rassemblé dans les bassins creusés pour le recevoir. C'est pendant ce premier cataclysme général, que les Terrains primitifs se sont formés. Le second, postérieur à l'existence des êtres organisés, est celui où la tradition de tous les peuples nous représente la terre influencée par le déluge universel, et où la *Genèse* nous la dépeint couverte par les eaux durant cinq mois. C'est pendant ce second cataclysme, fort analogue au premier quant à la cause agissante et aux effets produits, que les terrains de transition se sont formés et ont enveloppé de toutes parts les ondulations des Terrains primitifs. Le troisième est celui où les eaux du déluge universel, après avoir ainsi recouvert la erre, l'abandonnent, non peu à peu, ni tout à coup, ais par un mouvement particulier composé de retrai-es et d'invasions alternatives, qui tour à tour, durant ept mois, la laissent à nud et la recouvrent (2). C'est endant ce troisième cataclysme, suite et dépendance mmédiate du second, mais tout différent des deux remiers quant à la cause agissante et aux effets pro-

(1) *Genèse*, ch. I, v. 1 à 41.
(2) *Ibid.*, ch. VIII, v. 1 à 14.

duits, qu'a été formée la série alternative des dépôts secondaires proprement dits. Le quatrième est le déluge de Deucalion ou d'Ogygès, déluge partiel, qui remonte au temps où les Israélites sortant de l'Égypte, allaient s'établir dans la terre de Chanaan, et que les Grecs, alors sans lettres, ont mal à-propos confondu ensuite avec le déluge universel. C'est à ce cataclysme partiel que sont dûs les terrains meubles qui, sur les bords de la mer Glaciale, recèlent les grands mammifères des contrées voisines de l'équateur, les brèches osseuses des côtes de la Méditerranée, les brèches coquillières que l'on trouve sur les côtes occcidentales du vieux, du nouveau continent et de la Nouvelle-Hollande, ainsi que d'autres terrains dont il sera parlé en son lieu.

Ces quatre séjours ou invasions d'une énorme masse d'eau sur la surface du globe, tels qu'ils nous sont dépeints par les vénérables historiens de ces faits, expliquent parfaitement la structure des quatre grandes formations que nous ont dévoilées les précieux travaux des Werner, des Saussure, des Deluc, des Dolomieu, des Cuvier, des Brongniart, des de Buch, des Humboldt, et de cette foule de minéralogistes recommandables par la généreuse ardeur avec laquelle ils se son dévoués à la science et à la recherche des faits su lesquels l'édifice de la Géologie ne saurait tarder s'élever.

Pour le montrer avec le degré d'évidence que com porte la matière, les quatre grandes formations qu nous offre maintenant la science géologique, vont être dans les quatre chapitres suivans, successivement pas sées en revue, scrupuleusement analysées, rapprochée et comparées avec les effets résultant naturellemen des causes efficientes auxquelles on doit les attribue selon le récit de l'histoire. Un cinquième chapitre sera consacré à déterminer l'âge de ces quatre grandes formations. Chaque chapitre, subdivisé en trois paragraphes, offrira dans le premier les notions géologiques; dans le second, les rapprochemens historiques; et dans le troisième, les considérations générales relatives à la matière des paragraphes précédens. On ne s'écartera jamais de ce plan.

CHAPITRE PREMIER.

FORMATION DES TERRAINS PRIMITIFS,

et premier séjour des grandes eaux sur la terre.

Nous ne connaissons de notre Globe qu'un partie extrêmement mince de sa surface. Des mines s'enfoncent, il est vrai, à 5oo toises, des creux de volcans à 2,000 toises ; mais qu'est-ce que cette profondeur pour un sphéroïde de 6,543,728 toises de diamètre? C'est à peine une demi ligne; c'est comme une légère trace d'aiguille sur un globe d'argile de 7 pieds de diamètre : ce n'est rien.

Cependant, quelque mince que soit cette partie de la croûte superficielle relativement à la masse totale , elle ne laisse pas de présenter quatre grands dépôts évidemment différens et superposés les uns aux autres. Le premier, c'est-à-dire le plus inférieur (1), est celui des *Terrains primitifs*; le second, celui des *Terrains de transition*; le troisième, celui de *Terrains secondaires*; le quatrième ou dernier, celui des *Terrains de la grande formation de transport*. Chacun de ces grands dépôts offre encore en son particulier, plusieurs couches ou formations partielles superposées les unes aux autres, ainsi qu'on peut le voir dans le tableau ci-joint. Cet

---

(1) En géologie, on compte les couches en remontant de bas en haut : les mots *première*, *dernière*, signifient *inférieure*, *supérieure*, etc., toutes les fois que l'on ne dit pas que l'on va compter autrement ou de haut en bas.

TABLEAU GÉNÉRAL

Des formations de la croûte du Globe.

TERRAINS **TERTIAIRES** DE TRANSPORT.	*Alluvions modernes.* Dépôts pseudovolcaniques. Brèches osseuses, faluns, graviers, sables, *calcaire moëllon.*
TERRAINS SECONDAIRES.	Dépôts pseudovolcaniques. (Quartz meulière.) ARGILE alternant avec CALCAIRE (DERNIER). Calcaire supérieur *Brong.* (1). SABLES ou grès du dernier calcaire. Dépôts pseudovolcaniques. (Quartz meulière.) ARGILE alternant avec CALCAIRE (AVANT-DERNIER). Calcaire supérieur *Brong.* SABLES ou grès de l'avant-dernier calcaire. Dépôts pseudovolcaniques. (Quartz meulière.) ARGILE alternant avec CALCAIRE GYPSEUX. *Gypse à ossemens* Brong. SABLES ou grès du calcaire gypseux. Dépôts pseudovolcaniques. (Quartz meulière.) ARGILE alternant avec CALCAIRE PARISIEN. *Calcaire grossier* Brong. SABLES ou grès du calcaire parisien (2). Dépôts pseudovolcaniques. (Quartz meulière.) ARGILE. *Argile plastique* Brong. alternant avec CALCAIRE CRAYEUX. *Craie.* SABLES ou grès. *Grès vert. Glauconie. Grès à lignites.* Dépôts pseudovolcaniques. ARGILE alternant avec CALCAIRE jurassique. *Zechstein. Oolithes. Lias* des Anglais. SABLES ou grès, *Quadersanstein. Grès liasique.* Dépôts pseudovolcaniques. ARGILE alternant avec CALCAIRE MAGNÉSIEN OU ALPIN. *Zechstein. Muschelkalk.* SABLES ou grès bigarré. *Grès des Vosges. Grès du Keuper.*
TERRAINS INTERMÉDIAIRES.	Dépôts pseudovolcaniques. (Trachytes, euphotide, granit, porphyre, grès rouge, sel gemme, quartz). HOUILLES avec débris de végétaux des tropiques. SCHISTE ARGILEUX avec débris organiques des tropiques CALCAIRE. SCHISTE MICACÉ. GRANIT MICACÉ. GRANIT GRAVELEUX avec débris organiques des tropiques.
TERRAINS PRIMIMITIFS.	Dépôts pseudovolcaniques. (Granit non stratifié, serpentines, siénites, porphyres, quartz). SCHISTE ARGILEUX. SCHISTE MICACÉ. GRANIT MICACÉ. GRANIT PRIMITIF stratifié. Inconnu, mais probablement de même nature que les laves sortant des volcans dans l'état de liquidité pâteuse.

(1) La formation du *Calcaire supérieur* de Brongniart comprend deux dépôts de sable, calcaire, argile, silice, comme on verra en son lieu.

(2) On admet ici ce dépôt parce qu'il est généralement admis; mais on pense, pour des raisons qu'on verra en son lieu, qu'il fait double emploi avec le dépôt au-dessous, dont il n'est qu'un déguisement.

ordre de choses ne se montre pas seulement çà et là, mais dans tous les lieux du monde.

La plus ancienne de ces quatre grandes formations, celle des Terrains primitifs, se compose de la même manière sur tous les points du globe où il a été possible de l'observer. Ce sont des assises de roches de contexture et d'aspect différens, mais néanmoins de même nature. Les plus générales, celles qu'on retrouve par tout le monde, sont le *Granit commun*, le *Granit micacé*, le *Schiste micacé* et le *Schiste argileux*. Ces roches, qui comme on voit, sont toutes granitoïdes ou schisteuses, passent souvent, par une transition insensible, de l'une à l'autre, et se succèdent en général selon l'ordre qui vient d'être indiqué; le Granit commun occupant le plus ordinairement la partie inférieure du dépôt; et le Schiste argileux, la partie supérieure. Cependant l'ordre de ces roches souffre en certains lieux des anomalies. Tantôt elles alternent sans ordre les unes avec les autres; tantôt des couches simples, ou composées comme elles par une agrégation cristallisée, se montrant accidentellement dans leurs assises. Souvent dans l'intérieur, et principalement au-dessus de ces couches, se voyent des amas plus ou moins considérables, par fois très-étendus, de roches de même contexture, mais qui paraissent n'avoir de commun avec elles que leur association. Ce sont des Granits amphiboliques (*Siénites*), des Granits diallagiques (*Serpentines*), des Granits porphyriques (ou Porphyres).

Comparées avec les roches de la formation de transition, les roches primitives offrent avec celles-ci une ressemblance telle, qu'il est absolument impossible de les distinguer par aucun caractère minéralogique. Une seule différence avertit le géologue de ne pas les confondre, et cette unique différence est, que les roches de la formation de transition, renferment des débris des trois règnes de la nature, tandis que les roches de la formation primitive n'en renferment point. Mais à ce sujet, on doit faire ici une remarque fort importante. S'il est permis d'affirmer, que tel système de couches appartient à la formation de transition pour la raison qu'il renferme des débris des trois règnes de la nature, il ne peut l'être de dire : tel système de couches appartient incontestablement à la formation primitive, parce qu'on n'y a vu nul vestige de ces débris ; car il pourrait arriver, qu'en cherchant encore, on parvint à y en découvrir. Il suit nécessairement de là, que la nature primitive d'un terrain ne peut être déterminée avec certitude, et que des recherches plus heureuses, venant à montrer de pareils débris dans ce terrain, on pourrait se trouver forcé de le réunir à la formation de transition. Ainsi, la nature primitive d'un terrain est toujours essentiellement incertaine.

Cependant, que l'on se garde bien de tirer de là, cette conséquence, que tous les terrains, jusqu'à présent réputés primitifs, puissent devenir terrains de transition par la découverte de quelques débris des trois règnes dans leurs couches, et que par là il puisse arriver que la formation primitive disparaisse en géologie ; car ce serait une erreur grave. En effet, avant la formation des terrains de transition, il y avait sur la terre des végétaux, des animaux et des roches formant sa croûte extérieure, dont certains débris se trouvent empâtés dans les diverses couches de ces terrains, et par conséquent une formation primitive. En second lieu, dans l'état actuel de la science géologique, il est incontestable que la partie centrale ou le noyau du Globe terrestre est à l'état fluide, et c'est maintenant un fait démontré, comme on verra par la suite, que

les chaînes de montagnes du monde actuel ont été formées par l'expulsion de cette matière fluide au dehors,
laquelle ayant soulevé la croûte solide ou extérieure,
l'a renversée sur ses flancs. Or cette croûte extérieure
se composait non-seulement des Terrains de transition,
mais encore des Terrains primitifs qui les supportaient
et qui avaient fourni les débris qui se montrent empâtés dans leurs couches ; car ils ne nageaient certainement pas sur la partie fluide du Globe. Par conséquent,
entre le noyau soulevé des montagnes et les strates de
la formation de transition, se trouvent nécessairement
les roches appartenant à la formation primitive. Et puisque le noyau soulevé des montagnes, ainsi que les Terrains de transition, se montrent dans toutes les chaînes,
les Terrains primitifs, gisant entre deux, doivent s'y
montrer aussi.

Ces conséquences sont évidentes, elles ne peuvent
être éludées, puisque l'opinion qui ferait reposer les
Terrains de transition sur les roches granitoïdes soulevées, serait évidemment absurde. Ainsi quelle que soit
la liaison des couches, quelle que soit la similitude de
texture entre les Terrains de transition et les Terrains
réputés primitifs, uniquement parce qu'ils n'offrent
des débris d'aucun des trois règnes de la nature, et
qu'ils gisent d'ailleurs entre la matière soulevée et les
couches de la formation de transition, il n'est pas moins
incontestable que l'on est forcé de les distinguer. Ceux
donc, qui sous ces prétextes, croyent pouvoir les réunir en un seul terrain, commettent la grave inconséquence de confondre ensemble deux formations séparées l'une de l'autre par une longue période de siècles,
et dont l'indépendance ne peut sensément être contestée.

Cela posé, le doute qui accompagne la qualification

des Terrains dits primitifs, ne pouvant conduire à autre chose qu'à en faire réunir une partie aux Terrains de transition, la science ne saurait par la suite en recevoir aucune atteinte grave. La réunion de cette partie ainsi devenue indispensable étant faite, l'énumération des divers Terrains réputés primitifs, ne sera plus aussi considérable, il est vrai, mais elle n'en restera pas moins telle que la science nous l'offre en ce moment. Ainsi, il ne saurait y avoir le moindre inconvénient à considérer ici comme étant de formation primitive, tous les terrains actuellement réputés tels. Au reste, on ne perdra jamais de vue, dans ce qui va suivre, que leur qualification n'est point incontestable ; et afin de se trouver à l'abri de tout blâme sur ce sujet, les Terrains dits primitifs, n'y seront envisagés que sous leur point de vue général, c'est-à-dire, sans égard à tel système dit primitif de tel ou tel autre lieu.

§ Ier.

CARACTÈRES ESSENTIELS DES TERRAINS PRIMITIFS.

PREMIER CARACTÈRE. *Les Terrains primitifs offrent tous les signes caractéristiques d'un dépôt cristallisé.*

Tout en effet, selon l'observation de ceux qui ont le mieux étudié la nature du dépôt constituant cette formation, y est cristallisé ; non-seulement les matières qui s'y rencontrent accidentellement, lesquelles s'y montrent en cristaux réguliers bien formés et disséminés dans la roche ; mais encore les grandes masses de matière dont la pâte n'est autre chose qu'une agrégation de plusieurs minéraux cristallisés confusément. Les cristaux les plus gros se trouvent au fond de la masse, et leur grosseur diminue progressivement, quelquefois à tel point, que devenant imperceptibles, ils échappent ensuite même à l'œil armé du microscope. Alors la masse de l'agrégation n'offre plus à la vue qu'un tout uniforme, dont la pâte paraît toute homogène, et que l'on ne pourrait s'empêcher de regarder comme telle, si la trituration convenablement faite, ne démontrait que cette pâte uniforme, n'est autre chose qu'une agrégation de molécules extrêmement exiguës des mêmes minéraux qui se voient distinctement au fond du dépôt.

DEUXIÈME CARACTÈRE. *Au fond du dépôt ou à sa partie inférieure, se montre une grande abondance de matière quartzeuse, à la superficie des matières argileuses, et au centre des matières dont l'agrégation participe à la fois du fond et de la superficie, mais de manière cependant que la partie inférieure se rapproche bien plus de la texture du fond que de celle de la superficie, tandis que sa partie supérieure, au contraire, se rapproche plus de la superficie que du fond.*

La série des roches de formation primitive, telle qu'elle est présentée par les mémorables travaux des géologues de nos jours, se réduit aux quatre termes suivans, disposés selon l'ordre de superposition de bas en haut. 1 *Granit commun*; 2 *Granit micacé* (Gneis des Allemands); 3 *Schiste micacé*; 4 *Schiste argileux* (Thonschiefer), sans compter le *calcaire grenu talcqueux* (marbre salin), dont l'existence, au moins comme formation indépendante, est à présent fort douteuse; sans compter le Granit diallagique (Euphotide, Serpentine), qui indubitablement, n'est autre chose qu'une formation analogue au dépôt des Trachites intermédiaires, c'est-à-dire une sorte de produit volcanique dont les matières se sont déposées dans l'eau; sans compter non plus les roches de Quartz observées en Amérique et en Norwège, reposant immédiatement au-dessus du dernier terme de la série (1), de même que dans les formations intermédiaires et secondaires. Dans le cas où on reviendrait sur le doute de l'indépendance du calcaire primitif, il se trouverait placé dans la série; entre le Schiste micacé et le Schiste argileux; car c'est là que se trouvent les dépôts subordonnés de cette roche, qui se font remarquer dans la formation des Terrains primitifs.

Depuis quelque temps on remarque, que les Granits jusqu'à présent réputés primitifs n'offrent point de véritable stratification; que même dans les lieux où ils se montrent stratifiés, ils n'y forment point de véritables couches, mais des filons stratifiés. Cette importante observation porte à penser qu'il en est de même partout, et qu'alors le granit lui-même doit aussi être rangé dans la catégorie des roches dont il vient d'être parlé, et que nous désignerons par la dénomination de roches ou de formations *pseudovolcaniques* (2). Cependant, quelque probable que soit cette opinion, on est loin d'avoir encore constaté que parmi tous les granits réputés primitifs, il n'en est aucun qui soit réellement stratifié. Dans le doute de la science à cet égard, on considérera ici les Granits gisant au-dessus ou entre les strates du Terrain primitif, sous deux points de vue différens. Ceux-là seuls seront réputés primitifs, qui offrent des signes non équivoques de stratification, si tant est, qu'il y en ait de tels. Quant aux autres, ils

(1) Humboldt, *Dict. Sc. nat.* : INDÉP. DES FORM., p. 137.

(2) Certains géologues désignent en ce moment les roches de cette nature par la dénomination de *terrains plutoniens* ou *plutoniques*; mais, d'abord, dans le siècle où nous sommes, il y a plus que du ridicule à introduire ainsi la fable dans l'histoire; et d'ailleurs, le nom de terrains *pseudovolcaniques*, qu'on lui préfère ici, a pour lui la priorité, ayant été employé par M. Bonnard dans son savant Traité des *Terrains*, inséré au *Dict. Sc. nat.* publié par Levrault.

seront rapportés aux formations pseudovolcaniques, ou au moins considérés comme d'origine douteuse. Car, à ce sujet, il ne faut jamais perdre de vue cette vérité essentielle que tous les terrains de transition, reposant nécessairement sur la croûte primitive du globe qui leur a servi de base, la présence du premier de ces terrains, exige impérieusement et absolument dans tous les cas la présence simultanée du second. En sorte que, s'il est des lieux ou l'on ne voie au-dessus d'un noyau de montagne que des terrains de transition, il s'en suit nécessairement que ce noyau doit-être regardé comme appartenant à la formation primitive, quand bien même il n'offrirait pas le moindre signe de stratification, et quelle que soit d'ailleurs sa liaison ou son analogie avec les matières pseudovolcaniques. On doit concevoir aisément que si les couches déjetées sur les flancs du noyau n'offraient nul vestige de débris préexistans, il n'en serait pas de même. Dans ce cas, le noyau au lieu d'être réputé primitif, serait pseudovolcanique, tandis que les couches soulevées devraient être rapportées à cette formation.

Si dans la formation primitive on se borne à considérer le fond de la masse, la superficie et le centre, c'est-à-dire, si on la considère, avec la presque généralité des géologues modernes, comme un dépôt confusément cristallisé, cette série de quatre termes se réduit à trois par la réunion des deux moyens; et alors à la place d'une nomenclature de roches qui ne dit absolument rien à l'esprit, on ne voit plus que les trois choses suivantes ; 1° au fond, un composé de grains de Quartz, de Feldspath et de Mica, constituant le Granit ; ou bien, en substituant à la place de ces minéraux leurs élémens essentiels, on voit une agrégation de grains cristallisés formés de silice, d'alumine, de magnésie, de chaux et de fer ; 2° à la superficie, un amas des mêmes élémens minéralogiques, qui n'ayant pu cristalliser, ont formé la masse de pâte uniforme que l'on nomme Schiste argileux ; car à l'analyse, les élémens essentiels du schiste argileux sont absolument les mêmes que ceux qui ont formé les minéraux de l'agrégation granitique ; 3° enfin, on voit au centre une masse participant à la fois du fond et de la superficie, et d'autant plus de l'un ou de l'autre qu'elle l'avoisine davantage.

Le caractère qui dans cette formation, nous montre les matières argileuses occupant la partie supérieure du dépôt, est ici fort important, en ce qu'il contribue à démontrer que la masse entière du Terrain primitif, est due à l'eau et non au feu, ainsi que le pensent ceux qui admettent le refroidissement graduel et hypothétique du globe terrestre. En effet, les argiles jouissant de la propriété de faire pâte avec l'eau, et de ne l'abandonner qu'après que les autres matières qui s'y trouvent en suspension, se sont précipitées, toutes les fois qu'un dépôt renfermant de l'argile, offre les molécules de ce minéral déposées au-dessus des autres corps, on est en droit de conclure de là, que ce dépôt a été fait dans l'eau et non par le feu. Car s'il eût été fait par la voie ignée, il n'y aurait pas de raison pour que l'argile occupât la surface du précipité ; et d'ailleurs les roches de cette substance auraient été transformées en briques ou en verre, ainsi que cela a lieu sous nos yeux, partout où l'incendie des mines de houille chauffe plus ou moins vivement les roches de cette nature.

TROISIÈME CARACTÈRE. *On voit souvent dans les Terrains primitifs, la série devenir complexe par le retour ou redoublement des termes qui la composent.*

C'est-à-dire qu'au lieu de trouver toujours la série des roches primitives 1, 2, 3, 4, se succédant immédiatement l'une à l'autre, on voit auparavant s'intercaler entre elles, un ou plusieurs termes de la série que l'on a déjà observés. Par exemple, après avoir vu les roches 1, 2, au lieu de leur voir succéder les roches 3, 4, selon l'ordre de la série simple, on voit reparaître le roches 1, 2 ; ou bien après avoir vu les roches 1, 2, 3, au lieu de voir succéder 4 on voit reparaître 1, 2, etc.

QUATRIÈME CARACTÈRE. *Toutes les fois que les termes de la série se succèdent immédiatement selon l'ordre de leur superposition naturelle, on les voit généralement passer de l'un à l'autre par une transition graduelle et insensible, tandis qu'ils offrent une succession brusque et tranchée toutes les fois que la série, souffrant interruption, devient complexe par le redoublement d'un ou plusieurs termes.*

Partout où la série des roches primitives se montre dans son intégrité et sa simplicité, c'est-à-dire sans redoublemens, on voit le Granit commun passer au Granit micacé (*Gnéis*), celui-ci passer de même au Schiste micacé (*Micaschiste*), et ce dernier au Schiste argileux (*Thonschiefer*); et cela, non tout-à-coup ni brusquement, mais peu à peu ou d'une manière graduelle et insensible. Ainsi entre chaque terme et celui qui suit immédiatement, on peut remarquer des intermédiaires que l'on ne saurait rapporter à l'un des deux plutôt qu'à l'autre. Il en est de même, toutes les fois que deux ou plusieurs termes de cette série se succèdent immédiatement selon l'ordre de leur superposition. Mais lorsque la série souffre interruption ou devient complexe, il en est autrement. On remarque alors au point où le redoublement a lieu, une succes-

sion brusque, tranchée et sans intermédiaire, ou pour
user du terme employé par les géologues, la roche superposée offre alors le caractère d'une formation indépendante.

CINQUIÈME CARACTÈRE. *Les Terrains primitifs n'offrent
qu'un seul et même dépôt cristallisé, sans succession de
formations partielles.*

Ce caractère surprendra sans doute les géologues
modernes, puisqu'ils admettent plusieurs formations
distinctes dans le Terrain primitif; cependant cette
unité de dépôt n'en est pas moins l'expression d'une
vérité. En effet, ce n'est point sur le passage graduel
et insensible d'une roche à l'autre, qui se fait remarquer partout où la série ne souffre ni interruption ni
redoublement, que l'on peut se fonder pour distinguer
des formations partielles dans le Terrain primitif, puisque ce passage insensible tend au contraire à démontrer que la masse n'est qu'un seul et même dépôt cristallisé. Ce n'est pas non plus sur les différences qui se
montrent en cette même occurrence dans les phénomènes du fond, de la superficie et du centre de la masse
cristallisée, puisque n'étant évidemment autre chose
que les résultats nécessaires de la plus ou moins grande
facilité des minéraux à se cristalliser, des lois de la gravitation, et de la lenteur avec laquelle certains élémens minéralogiques abandonnent les liquides qui les
tiennent en suspension, ces différences tendent pareillement à démontrer l'unité de formation. C'est uniquement sur la transition brusque, tranchée d'une roche à l'autre, qui se montre partout où la série souffre
interruption ou devient complexe, que sont fondées
les distinctions de formations partielles et indépendantes admises dans le Terrain primitif. Mais pour qu'il
fût permis de tirer de ce fait une pareille conséquence,

il faudrait qu'il y eût impossibilité à ce que ce redoublement pût avoir lieu dans un seul et même dépôt. Or,
cette impossibilité n'est point démontrée, et ne le sera
certainement jamais ; car si on y réfléchit tant soit peu,
on voit au contraire, que rien n'est aussi facile que la
production de ces redoublemens, surtout dans un dépôt qui s'est formé, comme celui des Terrains primitifs,
sur une immense surface et dans une prodigieuse
masse de liquide, au sein duquel on ne peut supposer
que les matières tenues en suspension fussent réparties
avec égalité sur tous les points. Par exemple, il n'a
pour ainsi dire pu manquer d'arriver que les matières
de telle partie du dépôt, soit à cause de leur grande
abondance, soit à cause de la difficulté qu'elles ont
trouvé à cristalliser, continuassent encore à se précipiter sur tel point, pendant qu'elles étaient déjà précipitées partout ailleurs, et que déjà même les matières des autres parties commençaient à se déposer. Si
dans un tel état de choses, le moindre mouvement, la
moindre agitation, est communiquée à cette masse de
fluide par une cause quelconque, il y aura déplacement du liquide ; celui qui déposait encore la partie
inférieure du dépôt ou quelqu'autre que ce soit,
pourra se trouver ainsi à la place de celui qui venait
de déposer la deuxième, la troisième, même la première ou la dernière partie. Alors il y aura redoublement soit d'une partie, soit de la totalité de ces parties.
Il pourra même arriver que le liquide survenu se
trouve remplacer un liquide justement déposant la
partie, qui dans l'ordre de superposition, se trouve immédiatement au-dessus. Au quel cas il pourra y avoir
succession brusque et tranchée, même entre des couches qui se montrent selon l'ordre de superposion dans
la série, car dans ce cas, la partie supérieure de la

première et la partie inférieure de la deuxième manqueront évidemment.

Rapproché des Terrains de transition, le Terrain primitif offre bien moins de fréquence dans les redoublemens; ce qui fait supposer, que les légères agitations du liquide, auxquelles ces redoublemens sont dûs, ont duré moins long-temps, ou bien se sont succédé plus lentement. Quant à la cause de ces légères agitations, il est si facile de produire du mouvement dans une masse de liquide pareille à celle qui recouvrait alors la terre, qu'il serait superflu de s'arrêter à la chercher. En effet, ce qu'il est difficile de concevoir n'est pas que cette masse énorme de liquide, que la moindre cause, que tout, pour ainsi dire, tendait à mettre en mouvement, ait été légèrement agitée, mais bien de concevoir, au contraire, qu'elle ne l'ait point été du tout.

Qu'à ce propos il nous soit permis de remarquer ici que ce mouvement du liquide, qui a produit les alternances, ne permet plus de juger de l'ancienneté des couches ni de leur indépendance absolue, ou par le défaut de transition brusque et tranchée, ou par la superposition des roches seulement; que pour cela, il faut avoir égard et à ce défaut de transition insensible d'une roche à l'autre, et à la superposition tout à la fois.

Les géologues qui, se fondant sur les transitions brusques et tranchées de la série complexe, ont cru devoir admettre des formations partielles, se sont donc laissé séduire par une conséquence qui n'est rien moins qu'incontestable. Et comme d'ailleurs tout le reste, loin de favoriser une distinction quelconque de formations indépendantes dans le Terrain primitif, tend au contraire à démontrer l'unité et l'identité du dépôt, cette transition brusque et tranchée de la série complexe n'est plus qu'une simple anomalie qui s'explique pour ainsi dire d'elle-même, et l'unité de formation reste comme caractère essentiel au Terrain primitif, sans que l'on puisse le lui contester.

Sixième caractère. *Le dépôt des matières primitives n'offre, dans sa contexture, rien qui puisse faire présumer que quelque chose lui ait été antérieur sur la Terre : point de dépouilles d'animaux renfermés dans sa masse, point de débris de végétaux, nul vestige même de minéraux antérieurement existans.*

De ces faits découle cette conséquence, que la formation primitive est antérieure à tout ce qui, sur la Terre, jouit de la vie ou d'une organisation quelconque, qu'elle est contemporaine de l'époque où la toute-puissance créatrice a tiré notre planète du cahos.

On a dit qu'il n'y avait nulle raison de penser que la succession des terrains divers, qui se montrent à la surface de la Terre, se terminât aux Terrains primitifs, et qu'il ne faudrait pas être surpris si nous apprenions un jour, qu'au-dessous de ces terrains comme au-dessus, des couches renfermant des débris organiques, succèdent à des couches qui n'en renferment point. Mais ceux qui ont cru pouvoir admettre ce doute, n'ont pas remarqué que si de pareilles formations existaient, elles se montreraient à nos yeux. Et en effet, la matière fluide de l'intérieur du Globe, en soulevant sa croûte solide pour former les montagnes, les aurait transportées sur leurs flancs comme tout le reste; et on pourrait les voir entre le noyau soulevé et la formation primitive. Or, il n'y a rien.

Septième caractère. *La formation primitive est générale.*

Les géologues qui ont parcouru les pays les plus éloignés, n'ont pas seulement rencontré dans les deux

hémisphères la plupart des substances simples, telles
que le Quartz, la Felspath, le Mica, le Grenat ou l'Amphibole ; ils ont aussi reconnu que, par toute la Terre,
les grandes masses de montagnes offrent les mêmes
roches, c'est-à-dire, les mêmes agrégations de Quartz,
de Feldspath, de Mica dans les Granits communs et les
Granits micacés, de Feldspath et d'Amphibole dans les
Granits amphiboliques (*Siénites*). Si quelquefois, on
a d'abord cru qu'une roche appartenait à une seule
portion du Globe, on l'a constamment retrouvée par
des recherches ultérieures dans les régions les plus
éloignées de cette localité (1).

HUITIÈME CARACTÈRE. *Des roches granitoïdes, quelquefois de Quartz, qui ne se voyent que çà et là
en dépôts plus ou moins considérables, plus ou moins
étendus, et qui ne sont subordonnées à aucun des quatre
termes de la formation primitive, se montrent principalement au-dessus ou à la place des Schistes argileux.*

Ces roches sont des Granits porphyriques (*Porphyres*), des Granits diallagiques (*Serpentine, Ophite,
Euphotide*), des Granits amphiboliques, des roches
de Quartz. On les observe au-dessus de chacun des
termes de la série primitive. Lorsqu'elles se trouvent
superposées aux Granits communs, leur âge et leur nature sont alors incertains, parce que le Porphyre, n'é-
tant autre chose qu'un Granit à grains invisibles, il est
possible que des circonstances, qui ont gêné la cristallisation, aient forcé la matière granitique à se déposer
dans un pareil état. D'ailleurs on remarque, dans ce cas,
que le Granit passe au Porphyre par une transition graduelle et insensible. Cependant, lorsque la superposition a lieu sur les autres termes de la série, il est alors

______

(1) Humboldt, *Dict. Sc. nat* , mot INDÉPENDANCE DES FORMATIONS,
et *Dict. d'hist. nat.* de Déterville, *ibid.*

évident que ces roches leur sont postérieures, puisque quelquefois, leur masse déborde et recouvre les tranches de ces termes ; ce qui suppose que les couches du Terrain primitif étaient déjà déposées lorsque ces roches sont venues les recouvrir ainsi. D'un autre côté, comme elles ne présentent point d'indices de stratification ; si ce n'est lorsque leurs couches sont fort épaisses, que leur masse affecte souvent la structure *pseudo-régulière* en colonnes prismatiques ou en boules, que l'on y observe des cavités sphéroïdales remplies d'infiltrations de Quartz ou de fer oxidé, on ne peut s'empêcher de voir, entre ces roches et la masse des Terrains primitifs, les mêmes rapports que l'on trouve entre les dépôts trachytiques et les Terrains intermédiaires ; en d'autres mots, que leur masse ne soit aux Terrains primitifs ce que la masse des dépôts trachytiques est aux Terrains intermédiaires, c'est-à-dire, non de véritables formations générales, mais des formations circonscrites et accidentelles de matières volcaniques d'une nature particulière et différente de celle des volcans actuellement en activité sur la surface de la Terre.

Tels sont les principaux caractères essentiels de la formation des Terrains primitifs, d'après les observations des géologues qui les ont le mieux étudiés.

§ II.

CONCORDANCE HISTORIQUE.

Séjour des eaux de la création sur la Terre.

La formation des Terrains primitifs étant contemporaine de la création, les documens historiques qui s'y rapportent ne sauraient être que des traditions révélées. Car où était l'homme, lorsque la toute-puissance créatrice

a tiré la Terre du cahos ? Or, après le déluge qui a tout
détruit, les peuples de l'antiquité, à l'exception des
Hébreux et des Égyptiens, ont fort long-temps langui
dans un tel état de barbarie, qu'ils ont perdu toutes les
traditions qu'ils devaient tenir de leurs pères. La mémoire du déluge, que l'on retrouve partout, même en
Amérique, paraît être la seule qui ait échappé à l'ou-
bli. Quant aux Hébreux et aux Égyptiens, leur civilisation commençant, pour ainsi dire, au déluge même,
doit être regardée comme appartenant aux temps qui
ont précédé ce cataclysme. Car on ne se civilise qu'à la
longue, et tel peuple qui se montre civilisé tout-à-coup,
a trouvé sa législation ailleurs que chez lui. Les détails
relatifs à la création seraient donc perdus sans retour,
s'ils ne se fussent conservés dans les traditions hébraïques et égyptiennes. Fort heureusement Moïse, cet antique historien du genre humain, commence son histoire de l'homme par celle de la création, et Diodore
de Sicile nous a transmis la tradition égyptienne relative à la formation du Globe terrestre.

Ces documens étant historiques, entrent nécessairement dans le plan du sujet ici traité; mais en s'en servant,
on est loin de se dissimuler que des traditions révélées
ne sont point des axiomes de physique. On ne prétend
nullement faire violence à ceux qui pensent être fon-
dés à les rebuter. Tout ce qu'on aura emprunté à cette
partie litigieuse de l'histoire, pour servir à l'explication de quelque fait géologique, sera justifié ou plutôt
démontré directement et physiquement, dès que la matière se trouvera suffisamment débrouillée pour que
cette démonstration puisse être mise sous les yeux de
tous les lecteurs.

Commençons par la tradition des Hébreux :

« 1. Au commencement, l'Éternel avait créé (ou

« condensé) les élémens des cieux et de la Terre.

« 2. Alors la Terre était de la matière informe à l'état
« de molécules élémentaires (1). Un abîme liquide
« l'enveloppait (2). Au-dessus des eaux se déployait
« l'immensité de l'espace (3), et tout était enseveli
« dans les ténèbres.

« 3. Que la lumière (le calorique) soit, dit l'Éter-
« nel, et la lumière fut (4). 4. L'Éternel vit l'accom-
« plissement parfait de sa volonté, et il isola la lumière
« des ténèbres.

« 5. La lumière reçut le nom de jour, et l'obscurité
« celui de nuit. Tels furent la fin et le commence-
« ment (5) de la première œuvre de la création (6).

« 6. L'Éternel dit aussi : Qu'il soit un milieu de
« matière aëriforme (7) qui s'interpose entre les eaux
« et les sépare en deux parties. 7. L'Éternel rassem-
« bla donc cette matière subtile qui devait maintenir

(1) תהו, *matière informe* ; בהו, *divisée jusqu'à être impalpable,
jusqu'à l'anihilation.* Ainsi traduit la version samaritaine.

(2) *Terra erat abyssis cooperta, obruta mari.* Ainsi traduit la version arabe. Les Hébreux donnaient aux grandes eaux le nom d'abîme,
et distinguaient cet abîme proprement dit des abîmes de la Terre.

(3) רוח, traduit par *spiritus*, signifie aussi *espace, plage du monde.*
(Houbig. Rac., p. 154.)

(4) אור, *lumière, feu.* C'est un fait bien remarquable que le sens
de *calorique* et de *lumière* soit exprimé par un seul et même mot,
comme si c'était une seule et même chose. On doit donc comprendre
ici, dans le sens de l'hébreu, non-seulement la lumière, mais encore
le calorique. Au reste, le mot אור, *lumière, calorique*, pris dans son
sens radical, porte avec soi l'idée d'un *fluide sortant par effluves.*

(5) *Usquè ad vesperam et mane dies duo millia trecenti* (Dan.,
VIII, 14). Ainsi, les mots que l'on traduit par *soir et matin*, signifient aussi *fin et commencement.*

(6) יום, traduit par *jour*, signifie aussi *espace de temps, époque,*
et *manifestation phénoménique ou œuvre.*

(7) רקיע, traduit par *firmamentum* dans *la Vulgate*, signifie
matière *fine, déliée, subtile.* (Houbig. Rac., p. 161.)

« séparées les eaux élevées à sa partie supérieure de
« celles restées au-dessous d'elle, ce qui se fit confor-
« mément à sa toute puissante volonté.

« 8. Ce milieu aëriforme reçut le nom de cieux
« (*atmosphère*). Tels furent la fin et le commence-
« ment de la seconde œuvre de la création.

« 9. L'Éternel dit encore : Les eaux restées au-
« dessous des cieux (*de l'atmosphère*) iront se réunir
« en un même lieu, afin que les continens puissent se
« montrer à découvert et rester à sec ; ce qui se fit
« conformément à sa toute puissante volonté.

« 10. Les continens, ainsi découverts, ont reçu le
« nom de Terres, et les lieux du rassemblement des
« eaux celui de Mers (1). »

(1) Ce texte ayant été ou défiguré ou rendu sans intelligence par
tous les trducteurs, on ne peut se dispenser d'en donner ici la version
littérale mot pour mot : « 1. *Au commencement, l'Éternel avait*
« *créé (ou condensé) ce qui constitue les cieux et ce qui constitue la*
« *Terre. 2 Or la Terre était matière informe à l'état de molécules*
« *élémentaires et plongée dans l'obscurité. Autour de la surface*
« *l'abîme liquide, et l'espace de Dieu se déployait au-dessus de la*
« *superficie des eaux.* 3. Et dit, l'Éternel : *Soit lumière (calo-*
« *rique), et fut lumière (calorique).* 4. *Et il vit, l'Éternel, ce qui*
« *constitue la lumière comme bon ; et il fit séparation, l'Éternel,*
« *entre la lumière et entre les ténèbres.* 5. *L'Éternel donna nom à*
« *la lumière jour, et aux ténèbres nuit. Et fut la fin et fut le com-*
« *mencement, première œuvre.* 6. *L'Éternel dit aussi : Qu'il soit*
« *une matière aëriforme dans l'intérieur des eaux, et qu'il soit un*
« *faisant séparer entre les eaux des eaux.* 7. *L'Éternel rassembla*
« *(donc) cette matière aëriforme, devant faire séparation entre les*
« *eaux qui à la partie inférieure de la matière aëriforme, et entre*
« *les eaux qui dans la partie supérieure de la matière aëriforme, et*
« *fut comme.* 8. *L'Éternel donna le nom de Cieux (atmosphère) à*
« *la matière aëriforme, et fut la fin et fut le commencement, se-*
« *conde œuvre.* 9. *L'Éternel dit encore : Les eaux de la partie in-*
« *férieure des Cieux couleront vers un lieu unique, et apparaîtra le*
« *sec, et fut comme.* 10. *L'Éternel donna au sec le nom de Terres,*
« *et au lieu des eaux le nom de Mers.* » (*Genèse*, ch. 1.)

Quelle que soit la brièveté de ce récit, la Terre y est représentée comme une agglomération confuse de molécules élémentaires, et enveloppée de toutes parts par la masse des eaux qui, maintenant, se trouvent dispersées sous forme gazeuse dans l'atmosphère, ou rassemblée dans le bassin des mers. Il n'en faut pas davantage. Ces deux faits essentiels, aidés de la saine physique, suffisent pour expliquer tous les phénomènes des Terrains primitifs, et même en y joignant la lumière dont la création les suit immédiatement dans le récit, pour expliquer les principaux phénomènes de l'univers. Car depuis les brillans progrès qu'a faits la physique de nos jours, le calorique, l'électricité, le magnétisme, ne sont très-vraisemblablement que divers attributs, ou, si on l'aime mieux, que diverses manières d'être de la lumière. Les naturalistes physiciens ne peuvent, il est vrai, le démontrer encore avec toute la précision qu'exige maintenant la science ; mais presque tous sont à peu près convaincus que la majorité des phénomènes de la nature organique et inorganique sont dûs, en tout ou en partie, à cet élément pour ainsi dire universel : du moins, la plupart ne peuvent s'empêcher de concevoir l'espérance de le démontrer un jour. Il paraît, en effet, être l'organe de la nature sensitive, celui de la nutrition végétale. Il est très-vraisemblablement la cause de la gravitation, de la rotation diurne de la Terre sur son axe : peut-être est-il la cause de la rotation des planètes autour du Soleil, ainsi que de tous les autres phénomènes attribués à l'attraction hypothétique de Newton.

La création de la lumière avant toutes choses, après avoir choqué jusqu'à présent toutes les idées reçues, se trouve si merveilleusement d'accord avec les nouvelles découvertes, que nous n'avons pu résister au désir de faire remarquer ici cette concordance inattendue.

Voici maintenant la tradition égyptienne prise dans Diodore de Sicile.

« Au commencement, toute la matière était dans
« une confusion et un désordre qui mêlait le ciel et la
« Terre sans qu'on put les discerner. La matière s'étant
« ensuite dégagée et débarrassée, l'univers se forma
« et ses parties se rangèrent dans l'état où nous les
« voyons. L'air se mit en mouvement : le calorique
« s'éleva en haut par sa légèreté et forma les astres.
« Ce qui se trouva pétri d'eau et de matière terreuse
« demeura mêlé jusqu'à ce que, s'étant mis dans une
« violente agitation circulaire, les parties humides et
« aqueuses se dégagèrent et formèrent les mers : les
« parties solides formèrent la Terre. » (1)

Pour exposer avec précision un système du monde, il faut le comprendre, et l'historien grec qui nous a transmis celui-ci ne le comprenait nullement. Il ne faut donc pas chercher dans ses expressions la justesse et l'exactitude rigoureure : elle n'a pu y être mise. Il faut y voir les choses et rien de plus. Or, au travers des expressions de ce passage, quelqu'incorrectes, quelqu'inexactes qu'on puisse les juger, on ne peut s'empêcher de voir : 1° La Terre, d'abord à l'état moléculaire : car, autrement, comment eut-elle été invisible et confondue avec ce qui l'environnait ; 2° Toutes les eaux, actuellement rassemblées dans les bassins des mers, répandues sur la surface de la Terre et mêlées avec les molécules terreuses ou minérales : ce qui suppose qu'elle en était entièrement recouverte, car la capacité de ces bassins est telle, qu'ils renferment assez

(1) Diodor. Sicil., *Biblioth.*, l. 1 *initio*. — D. Calmet, *Comment. Genès*, ch. 1, v. 2.

de liquide pour couvrir le Globe jusqu'au sommet des plus hautes montagnes; 3° Les continens se montrer à découvert par la retraite des eaux de la mer dans ses bassins; et 4° Cette retraite de la mer s'opérer par un mouvement violent de rotation circulaire qui tout à coup saisit le Globe.

Il y a entre ces deux traditions plusieurs points de ressemblance fort remarquables, et en même temps des différences notables. C'est ainsi qu'elles s'accordent pour nous apprendre que la Terre, au commencement, se trouvait à l'état moléculaire; que l'immensité des eaux de la mer la recouvrait, et que les continens se sont montrés lorsque ses eaux se sont retirées dans leurs bassins; tandis que chacune d'elles renferme d'ailleurs plusieurs documens qui ne se voient point dans l'autre, telles sont la création de la lumière, celle de l'atmosphère, etc., qui ne se trouvent que dans la tradition hébraïque et la rotation violente du Globe, cause de la retraite des eaux, qui ne se montre que dans la tradition égyptienne. Si d'un côté les points de ressemblance tendent à faire imaginer que l'une pourrait être la source de l'autre, d'un autre côté, les différences conduisent à penser que toutes deux sont originales, et que si elles ont de si grands rapports de ressemblance, cela vient de ce qu'elles ont sans doute une origine commune. Quoiqu'il en soit, le petit nombre de documens qu'elles nous fournissent suffisent, comme on va voir, pour dévoiler les mystères de la formation primitive.

Les minéraux dont se compose la masse des Terrains primitifs, sont : le Quartz, qui n'est que de la silice pure, le Feldspath, le Mica, l'Amphibole et l'Argile, qui ont pour élémens, la silice, l'alumine, la chaux, la magnésie et le fer combinés en des proportions diverses, le soufre, et divers autres métaux moins importans. Ainsi, les élémens dont se sont formées ces roches sont la silice (oxide de silicium) et l'alumine (oxide d'aluminium) au premier rang, la chaux (oxide de calcium) au second, la magnésie et le fer. D'où provenaient ces élémens? Était-ce des vapeurs exhalées de la Terre dont la masse est très-probablement composée des mêmes matières? Était-ce des élémens sortis du çahos à la voix du sublime créateur de l'univers?

Quelqu'étonnans que soient les progrès que la physique a faits de nos jours, la science n'en est pas encore au point de permettre la discussion de pareilles matières. Peut-être son perfectionnement progressif permettra-t-il un jour d'aborder ainsi les causes premières. En attendant, au lieu de nous perdre dans de vaines conjectures sur l'origine de ces élémens, et sur la cause qui les tenait en suspension dans le liquide qui recouvrait la Terre au moment de leur agrégation, nous devons sagement nous contenter de les voir, à l'aide des connaissances actuelles, se combiner, s'agréger, comme sous nos yeux, pour former la croûte extérieure du Globe.

Tous ces élémens ne jouissent pas d'une égale tendance à s'agréger en cristaux réguliers. D'ailleurs, on ne peut raisonnablement supposer que, par tous les points du liquide, toutes les circonstances essentielles qu'exige la cristallisation régulière se soient trouvées réunies. On est même forcé de supposer le contraire; car, la magnésie, la chaux, les oxides de fer, et autres métaux qui se trouvaient dans le mélange, n'ayant que peu ou point de tendance à cristalliser, ont dû gêner par l'interposition de leurs molécules, la libre cristallisation des autres matières. Or, la silice qui

dominait partout, étant aussi la matière qui a le plus
de tendance à l'agrégation, a dû cristalliser la première, soit en cristaux réguliers de Quartz, toutes les
fois que les molécules se sont trouvées dans les circonstances favorables à l'exercice de leur affinité réciproque, soit confusément toutes les fois que l'absence de
ces circonstances ne l'a pas permis. Les grains de
Quartz formés de cette manière, en se précipitant,
ont dû accrocher les molécules d'alumine, de soude
qui se trouvaient dans leur voisinage, former ainsi du
Feldspath et empâter dans leur masse les cristaux
d'abord formés. Delà, les granits renfermant de gros
cristaux de Quartz et de Mica ou dans lesquels les
grains de Quartz dominent, qui se montrent au fond
du précipité selon l'observation des minéralogistes; ce
qui constitue le premier caractère essentiel des Terrains primitifs.

Pendant que la silice se déposait en cristaux de
Quartz et devenait par là moins abondante dans le li-
quide, les particules de Mica s'agrégeaient avec plus
de facilité; il se formait des paillettes de ce minéral
qui se précipitaient dans la pâte du dépôt granitique.
C'est une propriété du Mica de diviser en feuillets
les roches dans lesquelles il se trouve abondamment.
Toutes les roches feuilletées ne renferment pas du
Mica; mais, toutes les roches micacées sont feuilletées.
Ce minéral tendait donc continuellement à rendre le
précipité granitique feuilleté à mesure qu'il se déposait.
Ainsi, dès que les paillettes de Mica se sont trouvées
assez abondantes pour cela dans la pâte du dépôt, il a
dû graduellement cesser de se former du *Granit commun*
pour ne plus se faire que du *Granit micacé* (*Gneis des
Allemands*), et le passage de l'une de ces roches à
l'autre a dû s'opérer graduellement et insensiblement,

de telle manière que l'on ne puisse voir où finit la première et où commence la seconde.

A mesure que les particules de silice, de Mica, se précipitaient, entraînant avec elles les particules feldspathiques, c'est-à-dire, à mesure que les Granits communs et les Granits micacés se formaient, la lessive, comme on dit dans les laboratoires, *s'engraissait*; la cristallisation par conséquent devenait de plus en plus confuse; les grains de silice et de Feldspath, devenant de plus en plus petits, ont dû finir par échapper à la vue : la pâte du précipité n'a plus dû offrir dès lors qu'un composé de molécules de Quartz, de Feldspath et d'Amphibole, dont l'extrême exiguité ne permet plus de distinguer les matières, même à l'aide du microscope. En d'autres mots, la pâte a pris un aspect tout-à-fait homogène. Cependant, le Mica continuant encore à se déposer, en divisait la masse en feuillets, et peu à peu, par une transition graduelle et insensible, il se formait des Schistes micacés (*micaschistes* des Allemands).

Quand les élémens de la pâte n'ont plus pu se cristalliser, on peut, ce semble, concevoir qu'il a dû arriver ce qui arrive par fois dans les dépôts cristallisés de nos laboratoires; que certains élémens se trouvant à côté les uns des autres, ont encore pu se réunir pour former un corps régulier. De là, divers cristaux engagés dans la masse de la pâte de ces roches.

La difficulté de la cristallisation, croissant de plus en plus, la silice, l'alumine et la magnésie, ont dû peu à peu et insensiblement cesser de former et du Quartz, et du Feldspath, et du Mica. Leurs particules se sont agrégées confusément et il en est résulté une sorte d'argile; car ce sont là, en effet, les élémens constitutifs de cette terre. Dès ce moment, il ne s'est plus déposé que des *Schistes argileux* (*Thonschiefer* des Allemands, *ardoise* du vulgaire), lesquels d'après l'analyse ne sont que de l'argile (silicate d'alumine), colorée et durcie par le fer ou par la silice en solution que renfermaient les eaux de la création, comme on le verra aux chapitres suivans, et peut-être aussi par la pression de la masse de liquide au fond duquel cette roche s'est formée.

On doit concevoir aisément que les dernières couches argileuses déposées, savoir, celles dont le dépôt n'a précédé que de quelques momens la retraite des eaux et celles qui se seront déposées dans les cavités de la surface du Globe après leur retraite, n'ayant été soumises à aucune pression, et se trouvant d'ailleurs composées de molécules qui ne se groupaient plus que pour former des particules terreuses, seront restées à l'état d'argile et auront ainsi préparé le sol de la Terre à la végétation.

Dans les lieux où il s'est trouvé des carbonates de chaux dans le magma, le calcaire qui en est résulté a dû se placer au-dessous du Schiste argileux et dans le Schiste micacé. Car, dans les mélanges de carbonate de chaux et d'argile, c'est le carbonate de chaux qui occupe le fond, et l'argile qui occupe la superficie du précipité. C'est là aussi que se montrent les calcaires grenus talqueux regardés jadis comme formation primitive indépendante et auxquels maintenant on conteste ce titre.

Tout, comme on voit, s'est passé de la même manière que dans nos laboratoires ; mais, remarquons ici que l'inconcevable pression de l'énorme masse de liquide recouvrant alors la Terre, a dû exercer une puissante influence sur la contexture du dépôt ; car elle a pu rompre la force d'affinité et isoler les molécules de la même manière que le calorique. Les expériences faites dans la vue de reconnaître les effets ainsi produits, ont démontré qu'une très-forte compression rend les composés pierreux, fusibles et cristallisables (1).

A ces détails il est facile de reconnaître le second caractère essentiel des Terrains primitifs. Du reste on imagine aisément que cette succession de phénomènes chimiques qui ont produit les Granits micacés au-dessus des Granits communs, les Schistes micacés au-dessus des premiers, et les Schistes argileux au-dessus de tout, a dû être répétée sur quelques points en totalité ou en partie. Par exemple, le Schiste argileux se déposait-il sur un point, pendant que dans le voisinage il se déposait du granit, qu'il soit survenu un léger mouvement occasionné en ce moment par une cause quelconque, lequel ait déplacé l'eau qui déposait le Schiste argileux et lui ait amené celle qui déposait le granit, il est évident qu'il se sera ensuite déposé du granit sur le schiste antérieurement formé. On peut en dire autant de chacun des termes de la série relativement aux autres. De là les alternances ou redoublemens des termes qui se font remarquer dans certaines parties des Terrains primitifs et qui constituent le troisième caractère essentiel de cette formation. Si ce déplacement s'est opéré à la fin du dépôt, pendant que la dernière couche se précipitait, il a pu arriver que sur ce point la masse du précipité se soit terminée par une couche superposée à la dernière. Remarquons ici, que toutes les fois qu'un mouvement est imprimé à une masse liquide, il en resulte des oscillations plus ou moins prolongées. Ces oscillations du liquide ont dû en produire dans le dépôt. Si pendant qu'il se déposait en un point du Granit micacé, il se déposait à côté du Schiste micacé, ce qui a dû avoir lieu le plus souvent, les oscillations produites par les lé-

____

(1) *Journal des Mines*, t. XXIV, p. 31 et suiv.

gers mouvemens du liquide devaient continuellement remplacer celui qui déposait le granit, par celui déposant le schiste et réciproquement. Il a dû en être de même pour tous les termes de la série pris deux à deux dans l'ordre de leur superposition. De là ces alternances répétées, ces oscillations perpétuelles, car les géologues leur donnent ce nom, qui se font remarquer en une foule de lieux et sur de vastes étendues de pays, entre le Granit commun et le Granit micacé, entre celui-ci et le Schiste micacé, entre ce dernier et le Schiste argileux, avant de passer de l'un à l'autre.

On conçoit aussi facilement que, partout où le dépôt s'est fait tranquillement et sans trouble, la succession du Granit commun au Granit micacé, de celui-ci au Schiste micacé, et de ce dernier au Schiste argileux, a dû avoir lieu d'une manière graduelle et tout-à-fait insensible, tandis qu'il n'a pu en être ainsi partout où il y a eu redoublement d'un ou plusieurs termes de la série. Car, dans ce cas, la partie supérieure d'une couche s'étant trouvée supprimée, de même que la partie inférieure de la couche superposée, la transition de l'une à l'autre, au lieu d'être graduelle et insensible, a dû être brusque et d'autant plus tranchée que la suppression a été plus considérable. Ainsi s'explique, pour ainsi dire de soi-même, le quatrième caractère essentiel de la formation primitive.

On conçoit encore que l'affluence des élémens minéralogiques, très-faible sur certains points, peut avoir été très-forte sur certains autres. Delà des inégalités sur la croûte du Globe. Delà peut-être aussi le premier noyau des chaînes de montagnes. Nous disons peut-être, parce qu'il est très-probable, on pourrait même dire incontestable, qu'il y a eu des soulèvemens et des affaissemens de la croûte terrestre, dont il sera parlé

en son lieu, auxquels on peut, avec bien plus de fondement, attribuer la formation des chaînes de montagnes et des vallées formées de roches primitives.
Quoiqu'il en soit, on verra par la suite, que ces montagnes et ces vallées originelles sont absolument sans
aucune importance sous le point de vue géologique,
parce que les vallées et les montagnes actuelles sont
postérieures à la formation des Terrains intermédiaires
comme on le verra pareillement en son lieu. D'ailleurs
il faut bien se garder de se laisser aller à l'effroi qu'inspire à notre frêle imagination, la hauteur si considérable, pour elle, de certaines montagnes et la profondeur de certaines vallées du monde actuel. Sur l'énorme
masse de notre sphéroïde, ces inégalités, quoique plus
considérables que celles du monde primitif, ne sont
que des rides à peine sensibles de sa surface; et comme
on l'a précédemment observé, la tracé presque im-
perceptible d'une aiguille sur un globe de sept pieds
de diamètre est plus profonde que ces rides.

Au reste, un ordre parfait, une exacte régularité,
n'ont pu ni dû présider à la formation primitive dans
tous les points du Globe. Telle substance, parmi celles
qui constituent les roches de ce dépôt, peut avoir manqué sur tels points. Telle autre, au contraire, peut y
avoir été tellement abondante, qu'elle ait tout formé à
elle seule. Une substance accidentelle ou essentielle telle
que l'Amphibole, le Feldspath ou la Diallage, peut aussi
s'être trouvée en abondance en certains lieux et avoir
changé la texture et l'aspect de la roche déposée. Par
exemple, l'Amphibole s'est-elle ainsi rencontrée en un
point sur lequel il se déposait du granit? Il se sera
formé de la *Siénite* qui est un *Granit amphibolique*. Le
Feldspath s'est-il trouvé dominer sur tel point où il
commençait à se déposer du *Granit micacé* (*Gneis*)? il

se sera formé de l'*Eurite* (*Weisten*) qui est un *Granit feldspathique*. La Diallage est-elle venue s'associer à cette abondance de Feldspath? il se sera formé ou de l'*Euphotide granitoïde* ou de l'*Euphotide schistoïde* (*Serpentines*, *Ophites* de certains géologues) suivant qu'il se déposait en ce lieu, ou de la roche granitoïde ou de la roche schisteuse.

Pour le géologue qui est tout occupé à saisir les rapports de formation, de superposition et de gisement, ces anomalies sont de fort mince importance et n'occupent que faiblement son attention. A ses yeux, une roche granitoïde peut se surcharger de l'Amphibole qui en fait une Siénite aux yeux du minéralogiste, sans cesser, pour cela, d'être une roche granitoïde, même un Granit primitif. Le Feldspath aussi peut se montrer abondamment dans une roche granitoïde micacée dite Gneis, sans qu'elle cesse pour cela d'être un Granit micacé, la Diallage s'entremêler avec la pâte granitoïde ou schisteuse, qui en fait un *Euphotide*, sans que la roche cesse d'être un Granit micacé ou un schiste (1). Mais pour les minéralogistes dont toute l'attention se concentre sur le classement des roches d'après leurs caractères extérieurs, ou les élémens de leur texture intime, ces anomalies si simples, d'une explication si naturelle et si aisée, ont été, pour ainsi dire, des pierres d'achoppement contre lesquelles ils sont venus se heurter. Ils ont donné des noms divers à une foule de roches qui, en bonne géologie, devraient être dési-

---

(1) Au reste, leur terminologie est loin de se borner à ces exemples. Une roche granitoïde manque-t-elle de Feldspath, c'est un *Pegamite*; le Feldspath passe-t-il au Talc ou à la Stealite, c'est un *Protogine*; se borne-t-il à perdre sa texture lamellaire qui devient grenue ou bien compacte, et les autres élémens deviennent-ils dominans, c'est du *Leptinite*, du *Porphyre*, de l'*Ophite*, du *Diorite*, etc.

gnées par un seul et même nom, ou tout au plus par deux accompagnés chacun d'un attribut caractéristique, ainsi qu'on le voit dans le tableau de nomenclature placé en tête des terrains primitifs. A commencer par les dénominations de *Granit*, *Gneis*, *Micaschiste*, *Thonschiefer* et leurs synonymes français qui révoltent le sens commun, puisqu'ils appartiennent aux diverses parties d'un seul et même dépôt cristallisé, tous leurs noms de roches ne sont que de vaines dénominations empiriques plutôt embarrassantes qu'utiles pour la science. Quand on n'y regarde qu'à la dérobée, une pareille inconséquence de la part des minéralogistes excite d'abord la surprise; mais on voit qu'il leur était impossible d'éviter cet écueil, dès que l'on considère qu'il n'est aucun classement de roches qui ait été fait par eux, d'après les études géologiques sur la nature; que tous ont été élaborés sur des collections dans lesquelles on se complaît toujours à placer des échantillons choisis, remarquables par les différences tranchées qu'ils présentent, et où l'on ne se donne point le souci de compiler les nombreux intermédiaires, au moyen desquels une roche passe à une autre roche par une transition graduelle et insensible.

Ainsi, dans les terrains primitifs, point de formation partielle indépendante dans le sens absolu de ce mot. C'est un dépôt confusément cristalisé, simple, ou avec des redoublemens d'un ou de plusieurs termes, offrant au-dessus de sa masse des amas accidentels et locaux de matières pseudovolcaniques; ce qui constitue le cinquième caractère de cette formation.

Au surplus, toutes les anomalies de superposition observées jusqu'à présent dans les deux hémisphères, se réduisent aux suivantes.

TABLEAU

DES FORMATIONS PRIMITIVES OBSERVÉES DANS LES DEUX HÉMISPHÈRES;

D'APRÈS M. DE HUMBOLDT,

(Dict. des Sc. nat. : INDÉPENDANCE DES FORMATIONS. *)*

(N. B.) *Les chiffres* 1, 2, 3, 4, *indiquent les principales parties du dépôt, c'est-à-dire,* 1 *Granit,* 2 *Granit micacé,* 3 *Schiste micacé,* 4 *Schiste argileux, et par conséquent les redoublemens. Les chiffres romains indiquent les formations les plus généralement répandues, celles qu'on retrouve presque partout.*

I.   1 GRANIT. *Au-dessus ont été observées les formations suivantes :*

   1, 2 GRANIT COMMUN et GRANIT MICACÉ, *alternant l'un avec l'autre.*

   1 GRANIT STAMNIFÈRE.

   2 GRANIT FELDSPATHIQUE avec GRANIT DIALLAGIQUE.

II.   2 GRANIT MICACÉ (*Gneis*). *Au-dessus ont été remarquées les formations suivantes :*

   2, 3, 1 GRANIT MICACÉ et SCHISTE MICACÉ, *alternant :* ailleurs GRANIT, *peut-être* GRANIT AMPHIBOLIQUE (*Siénite*), *peut-être* GRANIT DIALLAGIQUE, *et peut-être aussi* CALCAIRE GRENU (*Marbre salin*); car il est douteux que ces trois dernières formations appartiennent, au moins essentiellement, à la formation primitive.

III.   3 SCHISTE MICACÉ (*Micaschiste*). *Au-dessus ont été observées les formations suivantes :*

   1 GRANIT COMMUN.

   2 GRANIT MICACÉ.

   ROCHE GRANITOÏDE AMPHIBOLIQUE (*Grunstein*)?

IV.   4 SCHISTE ARGILEUX (*Thonschiefer*). *Au-dessus, quelquefois à sa place, ont été vues les forma-*

tions suivantes : ROCHE DE QUARTZ avec
masse de FER OLIGISTE MÉTALLOÏDE, ou
GRANIT COMMUN et GRANIT MICACÉ, *alter-*
nant l'un avec l'autre. Dépôt de GRANIT
PORPHYRIQUE OU DIALLAGIQUE (1).

Ces anomalies, comparées à celles qui se montrent
dans les terrains de transition, sont en bien petit
nombre. Il suit nécessairement de là, que le liquide au
fond duquel ces terrains se sont déposés, était à peu
près tranquille ou n'éprouvait que de bien rares et
bien faibles agitations. Le récit de la Genèse ne dit rien
à cet égard, mais comme son historien nous dépeint
avec soin le mouvement des eaux quand il a eu lieu, ainsi
qu'on le verra au chapitre des Terrains secondaires, il
est probable que son silence est moins une omission
qu'un avertissement tacite, que les eaux dans lesquelles
se déposaient les Terrains primitifs n'étaient point agitées d'une manière notable.

Ce serait ici le lieu de parler de la formation de ces
roches de Quartz et de Granit commun ou porphyrique dont il est question au huitième caractère, et qui
se montrent recouvrant le dernier terme de la série des
Terrains primitifs ; mais comme des roches de cette nature se montrent au-dessus des formations de tous les
âges, et qu'il en sera amplement parlé dans les chapitres suivans, pour ne pas répéter les mêmes choses,
on se dispensera d'en rien dire ici.

(1) A l'époque où ce tableau a été publié, on confondait avec les
roches primitives les Granits pseudovolcaniques appartenant aux Terrains postérieurs. Probablement une partie des roches granitiques
qu'il mentionne, doivent être rangées dans cette cathégorie ; mais
comme on ne l'insère ici que pour donner une idée du peu de fréquence des redoublemens de termes, l'erreur qu'il renferme est sans
doute peu importante.

Enfin, selon ces récits historiques, le cataclysme qui couvrait alors la Terre, l'enveloppait de toutes parts, et il a présidé à la naissance de tout ce qui maintenant existe sur la terre. Les terrains qui se sont formés dans son sein, doivent donc être répandus sur toute la surface du Globe, et on ne doit y trouver ni débris de végétaux, ni dépouilles d'animaux, ni même vestige de minéraux préexistans ; ce qui constitue les sixième et septième caractères essentiels de la formation primitive.

Mais qu'est devenue la masse d'eau qui couvrait le Globe lorsque ces terrains se sont formés ? Car, parvenus au point où nous sommes, on ne peut s'empêcher de se faire cette question. On n'en sait rien : l'histoire est muette sur ce point, ou du moins le peu qu'elle nous en dit est loin d'être satisfaisant.

Si au défaut de documens historiques l'on veut appliquer le raisonnement à cette question, on se voit contraint d'abord d'admettre de deux choses l'une, ou que cette masse d'eau a été diminuée par l'évaporation jusqu'au point où elle est maintenant, ou bien elle est restée en entier sur la surface de la Terre. Si on admet qu'elle s'est évaporée, on demandera avec raison ce qu'est devenue la vapeur. Où a-t-elle été, pourquoi ne la retrouve-t-on nulle part dans l'univers ? Et surtout on demandera pourquoi la masse restée sur le Globe, en continuant à s'évaporer ainsi depuis tant de siècles, n'a pas sensiblement diminué ? Car touchant le point de savoir si l'eau des mers diminue, il n'y a plus maintenant qu'une opinion parmi les physiciens, c'est que tous les efforts que l'on a faits pour le démontrer ont été vains. Or, ce sont là autant de questions auxquelles il n'y a rien de plausible à répondre. D'ailleurs une telle opération supposerait un miracle inoui ; savoir, que l'eau soustraite à la mer par l'évaporation, ne lui aurait pas été restituée par les pluies, ainsi que cela se fait tous les jours et sous nos yeux.

Si, abandonnant cette évaporation comme insoutenable, on admet que la masse entière de l'eau dans laquelle se sont formés les Terrains primitifs, est restée sur la surface du Globe; on demandera comment il a pu se faire alors que les continens se soient découverts? Mais cette question n'est pas, il s'en faut de beaucoup, aussi scabreuse que celles auxquelles donne lieu la supposition de leur évaporation partielle et définitive. En effet, c'est un fait démontré aux yeux de tous les physiciens, que l'aplatissement du Globe terrestre sur les pôles et son expansion vers les régions équatoriales, n'a d'autre cause que la rotation de la Terre sur son axe, au moment où elle était encore dans un état de fluidité pâteuse (1). Or, cette expansion vers les régions équatoriales et cet affaissement sur les pôles, n'ont pu avoir lieu sans produire, entre autres effets, des rides ou des gerçures, une sorte de froncement dans la croûte déjà solide, ou qui se solidifiait; en d'autres mots, sans produire sur sa surface des dépressions et des éminences alternant les unes avec les autres. Les eaux se rendant toujours dans les lieux les plus bas, auront été se rassembler d'elles-mêmes dans ces dépressions, qui seront ainsi devenues les bassins des mers, pendant que les éminences, en se découvrant, auront formé les continens et les montagnes antédiluviennes. La vive image par laquelle l'antique poème de Job nous représente en style oriental, l'eau coulant

(1) L'applatissement du Globe terrestre sur ses pôles est un des faits les plus incontestables du système du Monde. On le démontre par trois méthodes différentes : par la mesure directe des méridiens, par les expériences du pendule et par les perturbations lunaires.

vers le bassin des mers, de la même manière qu'un filet d'eau sortant de son réservoir, induit à penser que cela a eu lieu ainsi, et la tradition égyptienne le dit expressément. Mais demandera-t-on ici avec raison, pourquoi la Genèse ne nous dit elle pas ce que nous apprend la tradition égyptienne ? On sera forcé de revenir sur ce sujet dans le chapitre suivant. La discussion sur ce point se trouvera là encore plus à sa place qu'ici; par conséquent, la thèse s'y trouvera plus complétement développée. Pour ne pas répéter les mêmes choses, on est forcé de renvoyer à ce chapitre la réponse à cette question. D'ailleurs, le lecteur impatient peut l'y aller chercher de suite.

Les mouvemens de contraction aux pôles, d'expansion sur l'équateur, dont on vient de parler, qui ont saisi le Globe dès qu'il a commencé à tourner sur son axe, ont dû non-seulement produire les froncemens ci-dessus, mais encore ils ont pu casser la croûte de la Terre en une foule d'endroits. Il peut ainsi s'y être fait une multitude de fissures, de crevasses. La matière encore fluide de l'intérieur refoulée des pôles vers l'équateur, et sollicitée en même temps à s'échapper dans la direction tangentielle, a dû agir contre la croûte et s'échapper partout où elle a trouvé des issues pour se répandre à la superficie. De là, ces dépôts de roches porphyriques, granitoïdes quartzeuses, qui se montrent au-dessus des formations primitives comme un hors-d'œuvre, qui n'ont avec celles-ci rien de commun, si ce n'est cette superposition qui ne nous apprend rien, et qui recouvrent les tranches produites par la rupture des couches, conformément au huitième et dernier caractère.

Si l'on remarque que la roche de silex en masse est fort rare dans la formation primitive proprement dite, on sera peut-être étonné de voir ici des roches de Quartz rapportées à des coulées pseudovolcaniques. A ce sujet, on doit se contenter pour le moment de dire que la formation de ces roches s'explique par le dépôt de la silice en solution, que contiennent toujours les eaux dans lesquelles se sont déposées ces coulées pseudovolcaniques, ainsi qu'on le verra plus amplement dans le chapitre suivant au sujet des roches intermédiaires de même nature.

Ainsi, les effets résultant immédiatement et nécessairement d'un fait aussi constant, aussi bien démontré que celui de l'affaissement du Globe sur ses pôles et de sa dilatation sur l'équateur, sont bien plus satisfaisans que la gratuite et insoutenable hypothèse de l'évaporation.

En résumé, les conséquences que fournit tout naturellement le récit de l'histoire touchant le premier séjour des grandes eaux sur la Terre, ne sont que la reproduction exacte et parfaite de tout ce qui caractérise le dépôt cristallisé des Terrains primitifs. Même genre, même nature de dépôt par cristallisation confuse, même succession dans les phénomènes du fond, du centre et de la superficie du précipité, même continuité, même unité, même généralité, enfin, même antériorité à l'existence de tout ce qui, sur la Terre, jouit de la vie ou d'une organisation quelconque. L'histoire et la géologie sont donc parfaitement d'accord l'une avec l'autre touchant la formation des Terrains primitifs.

Ceux qui regardent l'auteur du livre de la Genèse comme un homme inspiré d'en haut, ne sauraient qu'applaudir à ce qui vient d'être dit ici ; mais ceux qui croient pouvoir se refuser à admettre la révélation des écritures, ne manqueront pas de se récrier et de dire : que l'histoire de la création, écrite par des hommes qui n'y ont point assisté, ne saurait être regardée comme authentique et incontestable; que ce n'était pas la peine de se donner tant de souci pour substituer la révélation à des hypothèses hazardées ou gratuites; que pour l'avancement de la science, l'une ne vaut pas mieux que l'autre, etc. On répond à ceux-ci, que touchant les deux points de savoir, d'abord : en quel état se trouvait la matière de la croûte du Globe avant de se solidifier, et ensuite, si la Terre était alors enveloppée par une énorme masse d'eau, l'histoire et les faits géologiques sont dans le plus parfait accord, et que puisqu'ils croient ne devoir point admettre l'authenticité de cette partie de l'histoire, ces deux points vont leur être démontrés ici directement et sans son secours.

Premièrement. *Avant de se solidifier, la masse qui constitue la formation primitive, s'est trouvée réduite à ses molécules élémentaires.*

La cristallisation ne peut s'opérer que de deux manières, par la sublimation des molécules élémentaires produite par l'action du calorique, ou par la suspension de ces mêmes molécules dans un liquide. Mais toujours dans l'un comme dans l'autre cas, la cristallisation exige, comme condition préalable et essentielle, que les matières se trouvent réduites à leurs molécules élémentaires. Ainsi, tout dans les Terrains primitifs, se montrant plus ou moins bien cristallisé, il s'ensuit nécessairement que la matière de ces terrains, avant de se solidifier, s'est trouvée à l'état de molécules élémentaires.

Ce raisonnement n'est pas le seul qui établisse cette vérité : en voici un autre. Au commencement de toutes choses, la Terre était solide ou ne l'était pas. Si elle l'était, il n'y a point de raison pour qu'elle soit aplatie sur un certain point plutôt qu'en d'autres ; mais si elle ne l'était pas, ce qui est plus probable, elle doit nécessairement avoir été aplatie justement sous les pôles, car aussitôt qu'elle a commencé à tourner sur son axe, les molécules élémentaires placées vers l'équateur, s'étant trouvées animées d'une plus grande quantité de mouvement que celles qui se trouvaient vers les pôles, par conséquent d'une plus grande force centrifuge, il a dû en résulter que les premières se sont plus écartées de leur centre de mouvement que les dernières. En sorte que le Globe terrestre doit se présenter comme un sphéroïde aplati vers les pôles. Tel était le raisonnement que faisait Newton avant que les mathématiciens français, par des opérations géométriques faites en Amérique et dans le nord de l'Europe, eussent démontré que cet aplatissement est réellement tel qu'un degré aux pôles est plus grand de mille toises qu'un degré à l'équateur, et que les évaluations plus récentes en eussent fixé la quantité à un 305e.

Il résulte évidemment de ce dernier raisonnement, tout comme du précédent, qu'avant de se solidifier, le Globe a été liquide ou du moins qu'il n'a pas été solide dès le principe.

Secondement. *Avant la solidification de sa croûte, le Globe terrestre était enveloppé d'une énorme masse d'eau.*

Ainsi que nous l'avons déjà remarqué au sujet du deuxième caractère essentiel des Terrains primitifs, lorsque des matières renfermant des élémens argileux, telles que les matières de la formation primitive, se sont solidifiées dans l'eau, les cristaux occupent le fond du dépôt ; et les élémens argileux, à cause de leur propriété de se tenir assez long-temps en suspension dans les liquides, en occupent la superficie. Il ne peut évidemment en être ainsi, lorsque ces matières ont été sublimées ou fondues par le feu. Le refroidissement, qui alors saisit bientôt les molécules de matière, les solidifiant complètement ou en partie, leur ôte la faculté de s'arranger dans un pareil ordre. Il doit donc être facile de reconnaître la nature du dépôt à l'inspection de la masse. Or, le dépôt des Terrains primitifs présente les matières argileuses à la surface, et les cristaux de grosseur progressivement croissante à mesure que l'on s'enfonce. Donc, ces terrains ont été formés par l'eau, non par le feu. Et comme il est d'ailleurs bien reconnu que la formation primitive est générale et uniforme partout, sauf les redoublemens expliqués plus haut, il s'ensuit, que la terre a dû être entourée d'une énorme masse d'eau à l'époque où ce terrain a été formé. D'ailleurs, si les matières primitives avaient été formées par le feu, en les fondant de nouveau dans nos fourneaux, on devrait obtenir, par le refroidissement, des masses analogues. Or, il n'en est point ainsi; les roches primitives mises en fusion, ne donnent pour résultat que du verre. Ainsi, le célèbre Leibnitz, et ceux qui d'après lui, ont cru pouvoir attribuer à l'action du feu la formation des roches primitives, se trouvent avoir fort inconsidérément confondu des matières vitrifiables avec des matières vitrifiées. Incompréhensible et lourde méprise qui atteste combien, malgré de grands talens, il est facile de s'abuser lorsqu'on caresse trop long-temps des idées hasardées !

Pour répondre à cet argument péremptoire, les partisans de la voie ignée remarquent qu'il sort des volcans des roches composées de Feldspath, d'Amphibole, de Quartz, de Mica, etc., absolument pareilles à certaines roches d'origine primitive. Le fait est certain et incontestable : mais pour en conclure comme eux, que les roches primitives peuvent avoir été produites par la voie ignée, il faudrait que la fluidité des laves fut elle-même un produit incontestable de cette voie. Or, il n'en est point ainsi, car on va voir bientôt ici, que la fluidité des laves ne ressemble nullement à la fluidité ignée produite par le feu ; que sous une foule de rapports, on ne peut la comparer à celle produite dans nos fourneaux, et qu'elle n'est sans doute autre chose qu'une fluidité pâteuse résultant de l'action physico-chimique des matières les unes sur les autres ; en d'autres mots, qu'une fluidité originelle qui se maintient encore dans l'intérieur du Globe ; que le refroidissement ne doit point la transformer en verre, tandis que cette transformation a lieu toutes les fois que les mêmes élémens sont soumis à l'action liquéfiante du calorique. Au reste, les roches volcaniques ne ressemblent nullement à la majeure partie des Terrains primitifs, qui se compose comme on sait, de Granit micacé, de Schiste micacé et de Schiste argileux alternant ensemble. Et non-seulement on ne voit jamais des roches de cette texture parmi les produits variés des volcans, mais encore on ne voit jamais cette disposition par couches alternantes, distinctes et rangées comme on a vu selon l'ordre des pesanteurs spécifiques.

Si donc on se refuse à admettre les deux faits empruntés au récit biblique comme historiques et authentiques, on est forcé de les admettre comme certains et démontrés.

Qu'importe maintenant au sujet ici traité, que Moïse, en cela, n'ait fait autre chose que rapporter une vérité qui aurait passé au travers du déluge universel, et dont la découverte appartiendrait aux savans antédiluviens? Qu'importe qu'il ait écrit ces faits d'inspiration, ou qu'il les ait empruntés des Égyptiens, dont le système du monde commence aussi par les molécules élémentaires et la submersion du Globe? Ceux qui regardent Moïse comme inspiré, pourront dire que l'un et l'autre système proviennent de la même source, et ceux qui lui refusent cette qualité, pourront s'étonner tout à leur aise, de voir les deux plus anciens systèmes du monde s'accorder non-seulement l'un avec l'autre, mais encore avec les faits géologiques que présente la formation primitive. Il suffit sans doute ici que l'histoire et les faits géologiques se trouvent concorder entre eux avec évidence et exactitude. Que ceux qui se plaisent à repaître leur esprit de conjectures hasardées, s'occupent de la discussion de ces points litigieux !

§ III.

REMARQUES ESSENTIELLES.

Pour ne pas sortir des bornes du sujet, on a dû se contenter ici de montrer combien il est facile au moyen de ces deux faits, d'expliquer la formation des Terrains primitifs. Cependant, une foule d'autres phénomènes physiques, la plupart pour ainsi dire mystérieux, y trouvent pareillement leur explication. Qu'il nous soit permis, avant de parler des Terrains intermédiaires, de soumettre les principales de ces explications au jugement du lecteur.

Pendant que la Terre n'était encore qu'une agglomération de molécules élémentaires recouverte par une énorme masse d'eau, qu'a-t-il dû arriver selon les lois de la physique ?

Il a dû arriver, premièrement, que ces molécules élémentaires se sont trouvées alors sous l'influence d'une double compression, savoir : celle produite par le poids des molécules supérieures sur les molécules inférieures en vertu des lois de la gravitation, et celle produite par le poids de l'énorme masse de liquide qui enveloppait l'agrégation moléculaire. Remarquons ici que ces deux pressions à la fois ont dû agir sur la masse du noyau de la Terre, et que la pression de l'eau a dû agir seule et isolément sur les molécules de la surface. Gardons-nous de confondre ensemble ces deux pressions; car il résulte de là deux opérations différentes, qui vont être exposées successivement.

Molécules du noyau. La double pression sous l'influence de laquelle les molécules du noyau du Globe se trouvaient placées allait toujours croissant de la surface au centre, car les inférieures supportaient le poids des supérieures, lequel allait croissant du centre à la circonférence. De cet état de choses, il a dû résulter nécessairement augmentation de densité de la surface au centre, et de plus, cette densité a dû croître en progression géométrique. ainsi que cela arrive toutes les fois que la matière se trouve sous l'influence de la gravitation. De là, *l'augmentation de densité de la circonférence au centre du Globe*, admise comme vérité par tous les physiciens, et dont le terme moyen, selon les évaluations les plus récentes, serait égal au double de celle de l'écorce superficielle.

Secondement, il a dû résulter de cette compression, combinaison des molécules du noyau, et par conséquent, formation de silicates, de bisilicates et trisilicates d'alumine, de magnésie, de fer, etc. ; c'est-à-dire, formation de molécules de Quartz, de Feldspath, de Mica, d'Amphibole, etc. Il a dû aussi se former des cristaux réguliers toutes les fois que les molécules se sont trouvées en nombre suffisant à côté les unes des autres. Cependant cette cristallisation n'a pu avoir lieu qu'au voisinage de la superficie; car, plus profondément, l'augmentation combinée de la pression et de la chaleur ont dû, comme on verra plus bas, les empêcher de s'agréger.

Troisièmement, il a dû arriver que les molécules de ces silicates, bisilicates, trisilicates d'alumine, de magnésie, etc., se comprimant les unes les autres, ont dû produire les deux effets résultant de la compression, savoir, de la chaleur augmentant progressivement d'intensité de la surface au centre, et de l'électricité, ou plutôt des courans magnétiques, car deux corps différens ne sauraient se comprimer sans se constituer en deux états électriques différens. De là, *la chaleur toujours croissante qui se manifeste dans l'intérieur de la Terre à mesure que l'on s'y enfonce plus profondément;* chaleur toujours constante, et qui paraît ne point diminuer, ainsi que l'avaient fort inconsidérément annoncé les partisans du système de l'incandescence originaire de notre planète (1). De là aussi, *le magnétisme permanent du Globe terrestre, la direction de l'aiguille aimantée vers les pôles de la Terre, son inclinaison vers le pôle nord dans l'hémisphère boréal, vers le pôle sud dans l'hémisphère austral, et sa position horizontale sur l'équateur;* peut-être aussi sa rotation diurne, sa rotation annuelle. Mais nous sommes encore trop novices en *électro-magnétisme* pour faire autre chose qu'entrevoir l'espérance d'expliquer ainsi de pareils phénomènes.

Quatrièmement, la chaleur parvenue à un certain

---

(1) L'hypothèse du refroidissement du Globe terrestre est toute gratuite; car la science ne possède qu'un seul fait relatif à cette question, et ce fait nous apprend que depuis deux mille ans il n'y a pas eu de refroidissement sensible.

degré de force tend à désagréger les molécules des composés pierreux : il en est de même de la pression portée à un certain degré de violence. Or la chaleur, ainsi que la pression, augmentant progressivement d'intensité, de la superficie au centre, il est arrivé nécessairement que, parvenue à un tel terme de la progression (lequel peut très-approximativement être déterminé par le calcul), l'une et l'autre se sont trouvées avoir acquis assez d'énergie pour s'opposer à la solidification des molécules minérales. Ainsi, après une certaine profondeur, tout le reste du noyau de la Terre ne doit être qu'un amas de matières minérales désagrégées, et non une masse solide et compacte, comme l'avaient avancé témérairement et sans preuves les anciens physiciens.

De là, *cette fluidité pâteuse du noyau du Globe,* heureusement imaginée par Dolomieu avant même d'avoir pu en soupçonner la cause, et assez généralement admise maintenant par les physiciens modernes, comme étant bien plus probable et plus féconde en conséquences que la stérile et gratuite hypothèse de sa solidité (1).

La liquéfaction du noyau de la Terre ainsi établie, les phénomènes volcaniques perdent, pour ainsi dire, tout ce qu'ils avaient de mystérieux. Une matière quelconque susceptible d'être transformée en fluide élastique, de l'eau, par exemple, s'introduit-elle au-dessous de la croûte du Globe, elle est à l'instant ré-

---

(1) L'épaisseur moyenne de la croûte du Globe terrestre, calculée d'après l'accroissement seul de la chaleur à mesure que l'on s'enfonce dans la Terre, n'excéderait probablement pas vingt lieues de cinq mille mètres ; mais elle est beaucoup moindre, puisque la chaleur, combinée avec la pression, doit rendre les composés pierreux, fluides et cristallisables à une profondeur moins considérable. (*Cord.*)

duite en vapeur. Pour s'échapper, sa force expansive soulève alors cette matière pâteuse, la pousse par les crevasses de l'enveloppe solide de la Terre et il coule de la lave (1).

Avec un pareil état de choses, on conçoit aisément comment la source des laves est intarissable en quelques lieux, comme, par exemple, celle de l'Etna, quoiqu'elle en fournisse continuellement depuis le commencement des siècles; comment des montagnes de mille toises de hauteur ont pu sortir de terre sans laisser au-dessous des cavités équivalantes à leur volume; cavités qui n'auraient pu soutenir cet énorme et nouveau poids. On conçoit pourquoi les volcans se montraient en aussi grand nombre autrefois, lorsque l'écorce était moins épaisse et les crevasses plus libres d'embarras; pourquoi aucun nouveau volcan ne s'ouvre maintenant dans aucun lieu où l'action des anciens ne lui a pas préparé des issues. On conçoit comment il peut se faire que des masses de lave compacte ressemblent si fort aux roches de la formation primitive, que l'on ne puisse les en distinguer autrement que par leur surface scorifiée, et surtout on conçoit, que, lorsque ces laves se sont déposées dans l'eau, comme celles qui çà et là recouvrent la masse des formations primitive et intermédiaire, on les ait si longtemps confondues avec les véritables roches de ces

(1) D'après les derniers calculs, la chaleur centrale du Globe serait excessive; car, en supposant un accroissement continu de un degré par 25 mètres de profondeur, qui est le terme moyen des expériences, celle du centre de la Terre excéderait 3,500 degrés du pyromètre de Wedgwod, plus de 250,000 degrés centigrades. Ainsi, la température de 100 degrés de ce pyromètre existerait à une petite profondeur, eu égard au diamètre de la Terre; et on doit admettre que cette chaleur serait capable de fondre toutes les laves et une partie des roches connues. (Cordier, *Ann. Mus.*, 1827.)

deux formations. On conçoit comment on peut voir une couche mince de lave continuer à couler pendant dix ans après sa sortie de la montagne, tandis que la centième partie de ce temps suffit pour refroidir complètement une masse de même matière mise en fusion par l'action du feu; car le réfroidissement ne saurait produire sur une masse, dont la liquéfaction est due en grande partie à une violente compression, le même effet qu'il produit sur une pareille masse liquéfiée par un violent coup de feu. On conçoit pourquoi on trouve dans les laves tant de cristaux qui ne sont point fondus, tandis qu'il se liquéfient si aisément dans nos fourneaux, etc. ; car, au moyen de la liquéfaction pàteuse du noyau de la Terre, causée par la compression jointe au calorique, tous les phénomènes volcaniques deviennent de l'explication la plus facile et la plus simple, en sorte qu'on pourrait les énumérer tous ici.

Par les oscillations de cette matière pâteuse, on explique fort aisément la propagation des secousses des tremblemens de terre à de grandes distances.

On vient de voir comment la supposition de cet état de choses avait conduit Newton à deviner et à évaluer par le calcul l'aplatissement de la Terre aux pôles, avant que cet aplatissement eût été confirmé par les opérations geodésiques des mathématiciens français. De cet aplatissement résultant de la fluidité pâteuse du Globe, on peut conclure et évaluer par le calcul, l'augmentation de densité de la Terre en allant de l'équateur vers les pôles et l'homogénéité de cette densité aux mêmes latitudes.

Enfin cette masse de fluide pâteux et chaud peut communiquer aux eaux qui se rendent dans son voisinage au travers des fissures en syphon une température plus ou moins élevée. Dès lors, on peut concevoir la chaleur toujours constante, toujours invariable et, jusqu'à présent, si mystérieuse des eaux thermales (1).

Nous terminons ici l'énumération des faits ou phénomènes qui reçoivent leur explication dans un pareil ordre de choses. Il eût été facile de la pousser plus loin; mais ce n'est pas ici le lieu où elle doit figurer. On a dû se contenter de mettre les principaux faits sous les yeux du lecteur.

Molécules de la surface. Les molécules de la surface n'étant point soumises à la pression de molécules supérieures, n'ont pu être élaborées par cette compression. Pour celles-là, tout a dû d'abord se borner à l'exercice de l'affinité réciproque. Il se sera formé par ce moyen de simples silicates d'alumine, de magnésie, etc. S'il s'est produit la moindre agitation, le moindre mouvement dans la masse du liquide recouvrant l'agrégation moléculaire du Globe, ces silicates auront été saisis par l'eau et s'y seront tenus en suspension plus ou moins longtemps; car c'est une propriété remarquable de ces minéraux terreux de se délayer facilement, et de ne se déposer qu'après que la tranquillité s'est rétablie dans le liquide. Si, au lieu de s'agiter, le liquide s'est, au contraire, maintenu dans une tranquillité parfaite, tout a dû se passer bien autrement. Or, y a-t-il eu agitation légère dans les eaux ou bien tranquillité parfaite? Le récit historique laisse ignorer absolument ce qui en était; mais, comme il a déjà été dit, il est remarquable d'abord que, dans une immense masse d'eau pareille à celle qui enveloppait la Terre informe, ce qu'il y a de difficile à concevoir n'est point le mouvement

______

(1) D'après les observations faites à l'Observatoire de Paris, il suffirait de pénétrer jusqu'à la profondeur de 2,503 mètres dans l'intérieur du Globe pour y trouver la température de l'eau bouillante. (Cordier, *Ann. Mus.*, 1827.)

d'un liquide que tout, pour ainsi dire, tend à agiter, mais bien sa parfaite tranquillité. La probabilité est donc ici toute en faveur du mouvement. D'un autre côté, dès qu'on réfléchit sur ce qui s'est alors passé, on se trouve en quelque sorte forcé d'écarter toute supposition de tranquillité comme absolument impossible. En effet, il se présente ici plusieurs causes d'agitation : la première, lorsque la Terre a commencé à se mouvoir sur son axe et à s'aplatir sur ses pôles ; la seconde, lorsque la lumière ou, pour mieux dire, le calorique a commencé à agir par l'évaporation sur la matière liquide ; la troisième, lorsque les molécules du noyau se sont comprimées, se sont combinées, pour former des silicates simples, doubles ou triples. Toutes ces causes, séparément ou réunies, tendaient à produire dans l'eau une plus ou moins grande agitation. Or, le moindre trouble une fois admis, il s'ensuit nécessairement que les silicates terreux qui se trouvaient formés à la superficie de l'agrégation moléculaire de la Terre, ont été saisis par l'eau qui les recouvrait, et s'y sont tenus en suspension un certain temps ; après quoi ils ont dû se déposer en formant un précipité pareil à celui que l'on appelle, dans les laboratoires, dépôt par décantation.

La manière dont ce dépôt a eu lieu a été traitée précédemment avec assez de détail pour qu'on soit dispensé d'y revenir ici. On doit remarquer seulement que, si l'action combinée de la chaleur et de la compression toujours croissante de la surface au centre ont dû empêcher les silicates du noyau de la Terre de se solidifier, il n'a pu en être de même pour les silicates de la superficie. On conçoit, en effet, que cette pression et cette chaleur manquant ici, l'effet qu'elles ont produit ailleurs a aussi manqué. Mais il y a plus, à en juger par la lenteur excessive avec laquelle les coulées de lave se solidifient à l'air, il paraît que les silicates doubles d'alumine et de magnésie se pétrifient difficilement sous l'influence de l'atmosphère, tandis que dans l'eau ils acquièrent instantanément une dureté extrême. On sait avec quelle étonnante promptitude le mortier hydraulique, qui est un mélange de silicate d'alumine et de silicate de chaux, se solidifie, ou plutôt se pétrifie dans l'eau, et comment les coulées de lave elles-mêmes, arrivant dans la mer, se transforment presque instantanément en basaltes prismatiques. C'est vraisemblablement ainsi que les roches primitives se sont solidifiées. Quand on considère que les matières volcaniques qui les recouvrent en tant d'endroits, et qui se sont pareillement solidifiées dans l'eau, offrent une texture absolument identique avec la leur, il est bien difficile d'en pouvoir douter.

CHAPITRE II.

____

FORMATION DES TERRAINS SECONDAIRES DE TRANSITION,

Et première époque du séjour des eaux du déluge universel sur la Terre.

Au-dessus des Terrains primitifs, se montrent des systèmes de couches qu'il faut bien se garder de confondre avec celles de cette formation. Ces couches sont de deux sortes fort différentes : les unes sont siliceuses, les autres calcaires. Les couches siliceuses peuvent toutes être rapportées et assimilées à celles des Terrains primitifs, car, de même que celles-ci, elles sont toutes granitoïdes ou schisteuses. Ce sont, en effet, des Granits graveleux (*Grauwacke*), des Granits micacés, des Schistes micacés, ou des Schistes argileux. Les couches calcaires sont ou des marbre grenus talcqueux, ou des calcaires bitumineux fétides. La plupart de ces roches ressemblent si fort à tout ce qu'on voit de même nature dans les Terrains primitifs, qu'il serait absolument impossible de les en distinguer par des caractères propres. Mais quelques-unes de ces roches renferment des débris du règne organique, ou des minéraux préexistans. Celles qui n'en renferment point, se trouvent intercalées parmi celles qui les renferment. Cette circonstance caractérise parfaitement des formations indépendantes des Terrains primitifs ; car il devient par là incontestable qu'elles sont postérieures, non-seulement à la formation des roches primitives au-dessus desquelles elles se montrent, mais encore à la création des êtres organisés.

Ceux qui ont étudié et caractérisé ces terrains, voyant là des roches siliceuses absolument pareilles à celles de la formation primitive, et des roches calcaires analogues à celles qui forment la majeure partie des formations secondaires, se sont imaginé que c'était les restes de la formation primitive, mêlangés avec les premiers dépôts des formations secondaires. On verra bientôt que cette idée n'est qu'une vaine imagination de leur part, et même une erreur. C'est pourtant sur cette supposition toute gratuite, que sont fondées les dénominations de *Terrains de transition* et de *Terrains intermédiaires,* qu'ils leur ont données. On croit, néanmoins, devoir les conserver ici, quoique celle de *Première formation diluvienne* les eût bien mieux désignés.

C'est aux mémorables travaux de Werner que nous devons la distinction des Terrains intermédiaires. Jusqu'à lui, certains naturalistes avaient bien pu remarquer et avaient remarqué en effet, qu'il se trouvait des roches granitoïdes et schisteuses superposées à des roches postérieures à la création des êtres organisés, et parconséquent à la formation des Terrains primitifs ; mais leur voix avait, pour ainsi dire, été étouffée par ceux qui ne voulaient absolument pas reconnaître des roches granitoïdes de formation diverse, soit parce que l'admission de pareils faits répugnait au système qu'ils s'étaient créé, soit parce qu'ils étaient en contradiction trop formelle avec les idées alors reçues et accréditées par des noms justement célèbres. En lisant les écrits des géologues du siècle dernier, on est obligé de se tenir sur ses gardes pour ne pas confondre avec eux deux sortes de terrains, dont la formation respective appartient à des cataclysmes différens , et séparés l'un de l'autre par une longue période de siècles.

On comprend ici, avec certains géologues, dans la formation de transition, et le terrain houiller et l'argile muriatifère, que l'on regarde assez généralement comme faisant partie des Terrains secondaires. C'est-à-dire, que l'on y considère le grand dépôt de sel gomme comme étant la couche de séparation entre le Terrain de transition et le Terrain secondaire inférieur. On verra en son lieu, que de graves et solides raisons commandent cette extension que rien, d'ailleurs, ne saurait contrarier.

§ Ier.

CARACTÈRES ESSENTIELS DES TERRAINS DE TRANSITION.

PREMIER CARACTÈRE. *Les Terrains de transition ou intermédiaires se montrent superposés aux Terrains primitifs de manière à ce qu'ils les recouvrent et en suivent les ondulations.*

Dans les grandes chaînes de montagnes, les couches du Terrain de transition sont tellement inclinées à l'horizon, que leur plan en est souvent presque vertical, tandis qu'elles présentent leurs tranches au ciel. Ainsi placées, de part et d'autre du noyau de chaque montagne, elles semblent s'incliner les unes vers les autres, comme pour s'étayer mutuellement, et présentent à l'esprit l'image gigantesque de ces plateaux de bois qui ne se soutiennent en l'air que par leur appui respectif. A Valorsine, dans les Alpes, on voit plusieurs bancs verticaux de cailloux roulés, empâtés dans un Granit graveleux (*Grauwacke*). Certainement ces couches, celle de cailloux surtout, n'ont point été déposées ainsi. Elles ont donc été redressées par le sou-

lèvement du noyau granitique, sur les flancs duquel
elles reposent. Dans les lieux où ces couches sont soulevées à peu de hauteur, l'inclinaison à l'horizon est
d'autant moindre. Cependant, quelle que soit leur position, leur plan paraît toujours être sensiblement parallèle à celui des couches primitives qui les supportent. En est-il ainsi partout ? On verra bientôt qu'il y
a des raisons de douter que la stratification des Terrains
de transition soit, partout et constamment, parallèle à
celle des Terrains primitifs. Mais l'intervention des
soulèvemens, récemment introduite, a répandu trop
d'incertitude sur les documens que la science avait recueillis sur ce sujet, pour que l'on puisse répondre à
cette question. D'ailleurs nous ne connaissons ces terrains que dans un très-petit nombre de points d'une
très-petite partie du Globe, et encore ces points sont-
ils ceux où ces formations ont été soulevées.

- DEUXIÈME CARACTÈRE. *Dans la formation de transition, on voit des couches de roche calcaire alternant
avec des couches de roches siliceuses, tout-à-fait semblables à celles de la formation primitive, c'est-à-dire,
avec des roches granitoïdes et schisteuses.*

Les roches calcaires, surtout le marbre grenu talcqueux, dans lequel on ne voit que très-peu ou point
de débris organiques, ont long-temps été regardés par
les géologues comme fesant incontestablement partie
des Terrains primitifs. Son existence dans ces terrains,
au moins comme couche indépendante, est maintenant très-problématique ou douteuse. On pense assez
généralement que ces calcaires font partie des Terrains
de transition, de même que ces nombreuses couches
de calcaire gris pétris de débris des trois règnes qui
s'y montrent presque partout. Le carbonate de chaux
est tellement essentiel à la formation de transition,

qu'il pénètre au travers de la plupart des roches granitoïdes et schisteuses de cette formation, lors même que les couches calcaires en sont très-éloignées. On doit à M. Beudant, l'observation importante qu'une foule de roches granitoïdes ou schisteuses intermédiaires de l'ancien et du nouveau continent, font effervescence avec les acides, et par conséquent, renferment du carbonate de chaux, tandis que les roches pseudo-volcaniques de Hongrie, intercalées dans ces terrains, ne présentent point le même phénomène; ce qui est un fait bien remarquable et essentiel. Cette abondance de matière calcaire ne peut provenir des débris de la formation primitive, qui est toute siliceuse. Force est donc d'en aller chercher la source au fond de la mer, où elle abonde, parce que la décomposition des coquillages et autres animaux marins, en fournit continuellement et abondamment. De là, cette conséquence nécessaire et forcée, que lors de la formation intermédiaire, il y a eu une irruption de la mer, qui avec ses eaux, a transporté sur les continens la matière calcaire qui forme son fond. D'un autre côté, la similitude si remarquable des couches siliceuses de la formation intermédiaire, avec celles de la formation primitive, forcent à admettre une cause agissante très-analogue à celle qui a produit les Terrains primitifs; c'est-à-dire, à admettre que la formation intermédiaire, de même que la formation primitive, a eu lieu au fond d'une énorme masse d'eau recouvrant la Terre.

Au surplus, les phénomènes de l'alternance, si fréquens dans les Terrains intermédiaires, démontrent que généralement le dépôt des calcaires noirs est postérieur au dépôt des Granits et des Schistes micacés; car dans la partie la plus rapprochée du Terrain primitif, le Granit graveleux et les Schistes dominent dans la masse, en sorte que le calcaire leur est subordonné, tandis que dans la partie moins ancienne, au contraire, le calcaire domine pendant que le Granit graveleux et le Schiste sont subordonnés (1).

TROISIÈME CARACTÈRE. *La série de superposition des roches constituant la formation intermédiaire, ne se présente jamais dans un ordre simple, mais toujours complexe et même avec des redoublemens de termes très-multipliés.*

La formation intermédiaire de même que la formation primitive, s'est opérée dans une grande masse de liquide. L'identité, ou si l'on aime mieux, l'extrême analogie des roches, qui ont été déposées dans l'une et l'autre formation, ne permet point de douter que le liquide de la formation intermédiaire, ne contînt les mêmes élémens minéralogiques. Il est donc permis de juger du dépôt de transition par analogie avec le dépôt des Terrains primitifs. Et puisque la nature ne nous offre jamais dans les Terrains intermédiaires, que des séries de termes complexes, on peut juger l'ordre de la série simple de ces termes par l'ordre de la série primitive. D'après cela, et abstraction faite des roches ou amas pseudovolcaniques, qui parfois en occupent le fond, et qui sont ici ou des Granits communs, ou amphiboliques, ou diallagiques, ou porphyriques, (c'est-à-dire, *Granits, Siénites, Serpentines, Porphyres*), la série des termes simples de la formation intermédiaire, sera donc pareille à celle de la formation primitive; c'est-à-dire que l'on aura : Granit graveleux (*Grauwacke*), Granit micacé de transition (*Gneis de transition*), Schiste micacé de transition, Schiste argileux de transition. Mais outre ces quatre termes, les Terrains intermédiaires en renferment un cinquième,

____

(1) Humboldt, *Dict. Sc. nat.*, l. c., p. 186.

qui est le calcaire de transition ; or, quelle place ce calcaire doit-il occuper dans cette série?

Selon l'opinion de deux célèbres géologues, M. de
Humboldt et M. de Charpantier, les calcaires de transition seraient d'une formation postérieure à celle des
schistes argileux. D'après cela, il faudrait les placer au
cinquième rang ; mais cette opinion est-elle sans difficulté? Voici comment s'expriment à ce sujet ces deux
savans : « Généralement les *Grauwackes* et les *Thons-*
« *chiefer* de transition (Granits graveleux, Schistes
« argileux), sont plus anciens que les calcaires noirs;
« en effet, on observe généralement que malgré l'al-
« ternance de la partie du Terrain intermédiaire la
« plus rapprochée des Terrains primitifs, c'est le *Grau-*
« *wacke* et le *Thonschiefer* qui dominent dans la masse ;
« que le calcaire leur est subordonné, tandis que, dans
« la partie la plus moderne du Terrain de transition ,
« c'est au contraire le calcaire qui est la roche prépon-
« dérante, et le Thonschiefer est seulement intercalé
« en couches plus ou moins épaisses (1) ».

On ne peut se dissimuler que l'opinion de deux géologues aussi célèbres, ne soit ici d'un très grand poids,
et qu'il y a peut-être de la témérité à la contredire. Cependant le fait qui leur fournit cette conséquence, que
la formation du calcaire est postérieure à celle du Schiste
argileux, est-il de nature à la justifier rigoureusement?
Non sans doute, car qui est-ce qui ne sait, que dans
le phénomène de l'alternance, les élémens d'une telle
roche peuvent s'être trouvés en un point en telle abondance, qu'elle forme pour ainsi dire tout à elle seule ,
et que la roche qui devrait s'y montrer prépondérante,
ne s'y montre que comme subordonnée? M. Charpantier a bien vu ce qu'il a observé dans les Pyrénées ;

(1) Humboldt, l. c., p. 186.

mais en est-il de même sur tous les points du Globe? Et quand il en serait ainsi partout, le fait sur lequel on s'appuie, n'étant point de nature à permettre que l'on en déduise une conséquence rigoureuse et incontestable, on ne saurait s'en étayer pour fixer la place du calcaire dans la série au-dessus du Schiste argileux. Il serait, ce me semble, bien plus sensé de le placer de telle manière qu'il fût postérieur au Schiste micacé et antérieur au Schiste argileux. D'abord, parce qu'il en est ainsi dans les Terrains primitifs, que l'analogie de formation et de matières minérales, forcent en quelque sorte à regarder comme le type de ceux de transition; en second lieu, parce qu'on voit souvent le calcaire occuper la place géologique du Schiste argileux (1). Enfin, parce que lorsqu'il se rencontre dans un liquide du carbonate de chaux et des élémens argileux, les carbonates de chaux occupent le fond du dépôt, pendant que les élémens argileux en occupent la surface. C'est là sans doute l'unique cause qui a fait déposer les nids de Calcaire primitif au-dessous des Schistes argileux. Pourquoi en serait il autrement dans les Terrains de transition? On est donc autorisé à penser que l'ordre de superposition des termes simples de la série de transition, abstraction faite des amas ou dépôts pseudovolcaniques, est de bas en haut; 1 Granit graveleux, 2 Granit micacé de transition, 3 Schiste micacé de transition, 4 Calcaire de transition, 5 Schiste argileux.

De même que dans les Terrains primitifs, lorsque les roches siliceuses de cette série se succèdent sans intermédiaire, elles passent souvent de l'une à l'autre par une transition graduelle et insensible (2), le

(1) Humboldt, l. c., p. 184.
(2) *Ibid.*, l. c., p. 63-64.

Quartz cesse-t-il d'arriver en grande abondance dans la pâte, pendant que le Mica se précipite plus abondamment, le Granit graveleux (*Grauwacke*) passe insensiblement au Granit micacé. A mesure que la cristallisation de la pâte devient plus confuse, le Granit micacé passe par une transition insensible au Schiste micacé. On conçoit facilement, vu la nature si différente du carbonate de chaux et des roches siliceuses, que malgré l'association constante du calcaire et du Schiste argileux qui se montre presque partout, ces deux roches se transforment de l'une à l'autre par une transition moins insensible.

Dans les Terrains primitifs, les termes de la série sont ou simples, ou à peine complexes; dans les Terrains de transition, ils sont tous complexes et très-complexes à cause de la fréquence des redoublemens. De là, l'extrême difficulté qu'il y a pour étudier par assises, une formation dont il est peut-être impossible de saisir l'ensemble. Aussi leur étude a-t-elle fait le désespoir de tous les géologues qui ont entrepris ou tenté de l'envisager ainsi en détail. Mais pourquoi se tourmenter tant à la recherche de la circonscription des formations partielles de ces terrains? Sans doute, on ne se propose d'autre but en cette étude, que de fixer l'ordre de succession de ces formations et leur âge relatif; or on vient de voir que l'ordre successif de ces roches ne saurait différer de celui des Terrains primitifs, et on verra bientôt que le Terrain de transition, quelque compliqué qu'il soit, n'est qu'un seul et même dépôt pour ainsi dire contemporain, car ses diverses parties ne diffèrent d'ancienneté entre elles que de quelques mois seulement comme on verra bientôt.

D'après cela, l'étude de la formation de transition par couches ou par assises, ne saurait avoir d'autre but que celui de constater la parfaite similitude des deux plus anciens dépôts géologiques, soit quant à l'ordre de succession de leurs roches, soit quant à la durée de leur formation. Il est probable qu'entreprise dans ce but, cette étude serait bien moins scabreuse qu'en s'évertuant à y chercher une ancienneté et une superposition imaginaires entre les formations partielles. Mais personne n'a encore songé à étudier les Terrains intermédiaires dans cette vue. On s'est aheurté à chercher ce qui n'est pas ; on n'a rien trouvé, et pour s'entendre, on s'est vu réduit à faire des coupures tout-à-fait arbitraires. Car celles dont on se sert, ne sont fondées que sur la prédominance de telle ou telle autre roche ; caractère artificiel tout-à-fait insignifiant, puisqu'on convient qu'il ne saurait à lui seul attester d'une manière tant soit peu sûre, l'âge divers des formations.

On ne donne point ici ces coupures des Terrains intermédiaires, pour cela même qu'elles sont purement arbitraires. Il vaut mieux ne pas savoir, que de savoir des choses tout-à-fait incertaines ou erronées. En traitant des Terrains primitifs, on a montré combien étaient peu importans les redoublemens des termes de la série, vu l'extrême facilité qu'il y a de les expliquer au moyen des légers mouvemens du liquide dans lequel se fait le dépôt. Il en est de même dans les Terrains de transition, quelque multipliés que soient ces redoublemens. Des mouvemens plus fréquens dans la masse du liquide qui les déposait, les expliqueront tout aussi facilement que s'ils se présentaient avec la simplicité qu'ils offrent dans la formation primitive.

QUATRIÈME CARACTÈRE. *Une grande abondance de Fer oxidulé magnétique, de Fer titanifère, de magnésie, de carbonate de chaux, de carbone, se montre disséminée partout dans la formation intermédiaire, et les couches les premières formées offrent çà et là des nids plus ou moins considérables d'Anthracite.*

On a vu déjà que le carbonate de chaux manifeste sa présence dans presque toutes les couches des Terrains de transition. Il en est de même du fer, de la magnésie, et surtout du carbone. Ce dernier ne s'y montre pas seulement à l'état d'Anthracite, de Houille ou de bitume, il pénètre les schistes, les calcaires qui en deviennent plus ou moins noirs, et contractent par là une odeur bitumeuse, qu'ils manifestent par la percussion.

Le carbone n'est point un minéral particulier aux Terrains intermédiaires. Il existe à l'état de Graphite (*Fer carburé, Plombagine des crayons*) dans les couches de la formation primitive ; mais il n'y est qu'en petite quantité relativement aux Terrains de transition. Son extrême abondance dans ceux-ci devient donc un caractère très-notable et essentiel. Que cette abondance ait été produite par la décomposition de la nature organique ensevelie dans cette formation, c'est ce dont il est impossible de douter. Il s'ensuit donc que le règne végétal et le règne animal avaient acquis une grande extension, un grand développement, à l'époque où les Terrains intermédiaires sont venus recouvrir la formation primitive.

A l'état d'Anthracite (*charbon de terre incombustible*), le carbone se montre en amas dans les couches les plus anciennes des Terrains intermédiaires, c'est-à-dire, dans les Granits graveleux et les Schistes argileux (*Grauwackes, Thonschiefers*). A l'état de Houille (*charbon de terre*) il forme les couches superficielles du grand dépôt houiller. Il est des minéralogistes qui pensent que l'Anthracite n'est autre chose que de la houille privée de bitume. Quant à la houille même, il en est qui soutiennent que sa formation n'est due qu'à la décomposition des matières végétales, tandis que d'autres prétendent qu'elle est due à la décomposition des matières animales. Les premiers fondent leur opinion sur l'abondance des vestiges de végétaux qui se montrent dans les houillères, et sur le défaut d'abondance des débris du règne animal; les seconds sur l'abondance du bitume renfermé dans les houilles, abondance qui ne saurait, selon eux, provenir de la seule décomposition des végétaux. S'il faut en juger par ce qui se passe actuellement sous nos yeux dans la nature, il serait peut-être plus sensé et plus raisonnable de dire qu'elle est le produit et de matières végétales et de matières animales tout à la fois. Du moins est-il certain qu'il en est ainsi dans les lieux où il se forme journellement de la tourbe, qui est en quelque sorte la houille de nos jours. Dans ces lieux, lorsque les eaux pluviales, qui pendant l'hiver ont couvert les environs, commencent à diminuer par l'effet de l'évaporation, les têtards de grenouilles, les larves d'insectes, les petits brochets et autres animaux d'abord répandus de tous côtés, se trouvent entassés dans les cavités où l'eau séjourne encore. Bientôt l'eau de ces creux, cessant d'être entretenue par les pluies, est elle-même évaporée. Tous ces animaux restent à sec, meurent, se décomposent, et le fond du creux se trouve alors tapissé par une couche noire et épaisse de matière animale. Mêlée ensuite avec les détritus des végétaux qui croissent en ces lieux, cette matière forme les tourbières. Telle est l'opération de la nature qui forme la tourbe dans les lieux aquatiques du sud-ouest de la France, où le mélange de sable mobile qui couvre ces contrées l'empêche d'être utilisée comme combustible, et telle est vraisemblablement l'opération par laquelle elle se forme partout.

Au reste, que l'on considère la houille comme un produit purement végétal, ou animal et végétal tout à la fois, et l'Anthracite comme une houille privée de bitume, ce qui est très-vraisemblable, toujours sera-ce un fait très-remarquable que le défaut de bitume dans ce dernier minéral.

Les empreintes de plantes observées dans l'Anthracite de Wilkesbarre, par Zac. Cist, sont des plantes terrestres et aquatiques qui paraissent avoir été déposées tranquillement dans l'eau où elles ont vécu. Elles sembleraient prouver que l'Anthracite a pris son origine de végétaux décomposés dans l'eau (1); mais, en général, les débris organiques, qu'on trouve dans les grès accompagnant l'Anthracite, appartiennent tous à des végetaux dont la plupart sont des plantes herbacées de la famille des fougères, des équisetacées et autres cryptogames. On y remarque aussi des débris de grands roseaux.

Ces débris ne se montrent point dans l'Anthracite même où l'on ne voit que quelques parties fibreuses, brillantes, ressemblant à du charbon de fusain; mais bien dans les parties terreuses et arénacées qui accompagnent le combustible. Ces débris n'ont conservé aucune forme qui puisse permettre de les rapporter à des genres (2).

Tous ces végétaux évidemment originaires des contrées équatoriales, caractérisent une formation intermédiaire, mais ne font point préjuger la natur de ceux qui ont fourni l'Anthracite, et n'empêchen pas qu'on ne puisse en induire que le dépôt de c

(1) *Bull. Ferrus.*, 1825, p. 186.
(2) Beud., *Minéralogie*, p. 377.

combustible peut être dû à d'autres genres de plantes. Cette remarque aura son application par la suite.

CINQUIÈME CARACTÈRE. *Des restes de végétaux, tels que des débris de palmiers, de roseaux et de fougères arborescentes ; des dépouilles d'animaux marins, telles que des coraux et autres polypiers, des crustacés et une foule de coquillages pour la plupart univalves, en d'autres mots, des végétaux et des animaux des contrées équatoriales, se montrent dans les diverses couches des Terrains de transition. Enfin, dans les dépôts les premiers formés, on voit des débris de roches appartenant à la formation primitive, et dans les couches superficielles, des dépôts de houille et de bitume avec des nids de sel et des empreintes de poisson.*

C'est dans le Granit graveleux (*Grauwacke*), surtout dans le Schiste graveleux (*Grauwacke schisteuse*), dans dans les couches calcaires soit inférieures ou anciennes, soit supérieures ou plus récentes de cette formation, que se trouvent tous ces débris des trois règnes. La présence d'animaux marins dans ces terrains, atteste que la formation intermédiaire est postérieure à celle des Terrains primitifs ; car ceux-ci existaient avant la création des êtres organisés. D'ailleurs les amas de cailloux ou de gravier qu'ils renferment, ne sont autre chose que des débris roulés par les eaux des roches primitives ; ce qui fait supposer qu'entre ces deux formations, ils s'est écoulé un espace de temps considérable pendant lequel divers accidens naturels, peut-être même des catastrophes inconnues, ont dégradé les roches primitives.

Les fossiles qui se montrent dans les couches siliceuses de cette formation gisent dans les Granits graveleux, surtout dans les Schistes argileux. Ce sont de grandes graminées analogues aux roseaux et aux bambous ; ce sont des polypiers appartenant aux genres *Entroque, Corallite* ; des coquilles univalves appartenant aux genres marins *Ammonite, Histerolite, Orthoceratite*; une bivalve de la famille des peignes (*Pectinite*), et des crustacés appartenant aux genres *Trilobite, Ogygie, Calimene.*

Ceux qui se montrent dans les couches anciennes de calcaire sont presque les mêmes que ceux des couches siliceuses. Ce sont des polypiers des genres *Entroque, Madrépore,* des coquilles univalves des genres *Belemnite, Orthoceratite, Ammonite,* des crustacés appartenant au genre *Asaphus.* Dans les couches les plus récentes de calcaire on trouve des polypiers du genre *Encrinite,* des crustacés des genres *Asaphus* et *Calimene,* des coquilles univalves du genre *Ammonite* et des bivalves du genre *Gryphée.*

C'est une chose bien digne de remarque, que les dépouilles organiques renfermées dans les Terrains de transition, appartiennent presqu'en général ou au sol maritime, ou à la mer même de la zone torride. Car, c'est seulement dans ces contrées que se montrent maintenant et la famille des palmiers et celle des grands roseaux, des bambous, des fougères arborescentes. C'est aussi dans la mer des tropiques que se trouvent les polypiers, les crustacés, et c'est là aussi que les coquilles univalves dominent sur les bivalves.

C'est encore un fait bien remarquable qu'on ne trouve dans la masse de la formation intermédiaire nul vestige de mammifères, et que les ossemens de poisson ne s'y montrent que dans l'argile bitumineuse dépendante du grand dépôt de houille, c'est-à-dire, dans ce qui est ici regardé comme les dernières couches supérieures de cette formation. Car on comprend ici dans les Terrains de transition, ainsi qu'il a déjà été dit, les premières couches mal à-propos dites secondaires, et jusqu'au Grès bigarré ou au dépôt de sel gemme inclusivement.

Dirons-nous, avec la plupart des géologues, que ni l'homme, ni les singes, ni les quadrupèdes, n'existaient pas encore sur la Terre lorsqu'elle a été ensevelie sous les eaux qui ont formé le dépôt des Terrains intermédiaires? Ou bien nous bornerons-nous à dire avec le célèbre Cuvier : Qu'il ne s'en suit point de là que l'homme n'existât pas à cette époque; que l'espèce humaine aujourd'hui si nombreuse, si répandue, pouvait alors être peu multipliée et resserrée dans des contrées de peu d'étendue; que ces contrés ont pu être abîmées et les ossemens ensevelis et perdus au fond des mers actuelles, etc. (1). Mais le dépôt des Terrains de transition peut s'être opéré de telle manière que les dépouilles de tous ces animaux ne puissent et ne doivent point s'y trouver. Par exemple, si au lieu d'avoir resté long-temps à se former, le dépôt s'est fait dans un court espace de temps, il a dû en être ainsi, comme on le verra plus bas.

Quoiqu'il en soit, ce transport de végétaux et d'animaux appartenant aux rivages ou à la mer même des tropiques, atteste de nouveau qu'il y a eu une irruption de la mer qui les a transportés, répandus sur les continens, et de plus, que cette irruption a été assez violente pour arracher les palmiers, les grands roseaux, les grandes fougères et les coraux.

On trouve dans le dépôt houiller des débris organiques. Ce sont des empreintes de plantes analogues aux grandes fougères, aux équisetacées, aux lycopodes, aux aroidées, aux bambous, c'est-à-dire, des végétaux des contrées équatoriales, tout comme ceux qui accom-

(1) Cuvier, *Disc. Rév. Globe*, éd. 2, p. 131 et suiv.

pagnent les terrains dans lesquels gît l'Anthracite. Ces débris se montrent dans le grès houiller ; mais, principalement dans les couches d'argile très-voisines du dépôt de houille, ou qui se trouvent intercalées dans le dépôt même.

On y trouve aussi des poissons enveloppés de rognons de carbonate de fer, et quelquefois des coquilles bivalves qui ont de l'analogie avec les Mulettes ou Anodontes d'eau douce.

Les houilles offrent une forme de dépôt toute particulière. Au premier aperçu, on les dirait formées par des couches horizontales ; mais, dès qu'on les examine sur toute leur étendue, on voit qu'elles affectent une forme naviculaire que les mineurs nomment le *bateau*, le *cul de chaudron*.

Cette disposition remarquable des couches de houille, leur direction qui suit toujours les sinuosités du pied des montagnes environnantes, la manière dont elles se modèlent sur les inégalités, les accidens, les ondulations de la surface des terrains qui les supportent, ne permettent point de douter que le dépôt houiller ne se soit opéré au fond des bassins ou dans les enfoncemens des vallées de manière à en recouvrir les pentes jusqu'à une certaine hauteur.

Rien n'est plus varié que le niveau auquel se trouvent les dépôts de houille. Il y en a en Angleterre, à Whithaven, dont l'exploitation s'étend à plus d'un quart de lieue au-dessous du niveau de la mer, et qui s'enfoncent à 5o toises au-dessous du fond de l'eau. Il en est d'autres, tels que celui du plateau de Santa Fé de Bogota, qui se trouvent à 136o toises au-dessus de l'océan ; et il en existe dans la cordillière des Andes qui sont encore plus élevés au-dessus du niveau des mers.

La houille ne se distingue de l'Anthracite que parce qu'elle contient plus ou moins de bitume; mais il arrive quelquefois qu'elle n'en contient pas du tout. Alors, géologiquement parlant, c'est toujours de la houille puisqu'elle appartient au dépôt houiller; cependant, minéralogiquement parlant, c'est de l'Anthracite, puisqu'elle ne renferme pas de bitume. On voit par là, qu'aux yeux du géologue, l'Anthracite ne doit être qu'une houille privée de bitume. En général, il faut se tenir en garde contre les dénominations des minéralogistes : elles tendent par fois à induire en erreur ceux qui étudient la Géologie, parce que fort inconsidérément ils ont érigé en genres et en espèces, des roches qui ne sont que de simples modifications les unes des autres.

SIXIÈME CARACTÈRE. *La disposition respective des matières dans les Terrains intermédiaires, offre tous les signes caractéristiques d'un dépôt par décantation ou de sédiment.*

D'abord, la masse s'y montre modelée sur la surface des Terrains primitifs de manière à en suivre toutes les ondulations, ainsi que cela a toujours lieu dans les dépôts de ce genre. En second lieu, ces matières s'y montrent disposées entre elles suivant l'ordre des pesanteurs respectives; car, il est bien constaté par l'observation, que les roches renfermant des débris ou des fragmens de minéraux préexistans, telles que les Granits graveleux (*Grauwacke*), sont plus anciennes que les Granits micacés (*Gneis*), et celles-ci, plus que les roches à pâte homogène telles que les Schistes micacés; que les Schistes argileux sont postérieurs à celui-ci et même aux Calcaires noirs; que la houille enfin surmonte tout. En d'autres mots, les matières les plus pesantes occupent le fond, celles de pesanteur moyenne le centre, les élémens argileux la superficie, et les végétaux, et autres corps surnageant dans l'eau, reposent au-dessus de ces diverses formations. Tout y offre donc la plus parfaite analogie avec les dépôts par décantation ou de sédiment.

SEPTIÈME CARACTÈRE. *Les débris de roches préexistantes se fondent quelquefois insensiblement dans la pâte de la masse et s'y évanouissent, comme si ces débris avaient été ramolis et mis en fusion après leur empatement.*

Ce n'est pas seulement dans les roches à pâte siliceuse telles que les Granits communs ou graveleux, les Granits micacés, etc., que se fait remarquer la tendance à la cristallisation; elle se montre jusque dans les poudingues calcaires à pâte grenue et à fragmens compactes, dans les Granits graveleux à fragmens arrondis ou anguleux et dans certains Grès rouges. Des masses que dans quelques couches on a prises pour des fragmens anguleux et nettement circonscrits, se fondent à quelque distance de ce lieu dans la pâte même de la roche. D'autres masses, qui ressemblent à des cailloux roulés, deviennent des nœuds fortement adhérens aux lames contournées d'un schiste, s'allongent et s'évanouissent peu à peu. Ce phénomène géologique, disent des géologues célèbres de nos jours, est l'un des plus difficiles à expliquer dans l'état actuel de nos connaissances (1). Certains, pour se tirer de cet embarras, ont pris le parti hasardeux de nier qu'il y ait dans ces roches des fragmens de minéraux préexistans, et de soutenir que ce fait n'est autre chose que le résultat d'une cristallisation confuse mais contemporaine.

HUITIÈME CARACTÈRE. *Des amas ou dépôts de sel gemme se montrent çà et là dans la couche argileuse ou*

(1) Humboldt, l. c., p. 152.

plutôt dans une couche arénacée (Grès bigarré, Grès du Keuper) *qui sépare les terains intermédiaires des terrains secondaires.*

Les dépôts de sel dans les deux continens se trouvent généralement à découvert. Quelquefois ils supportent de petites couches de gypse et de calcaire fétide qui leur appartiennent exclusivement. Il n'est par conséquent pas facile de prononcer sur l'âge relatif des dépôts muriatifères. La principale formation paraît évidemment appartenir à l'argile qui termine le dépôt des Terrains intermédiaires ; mais cette assertion n'exclut pas la possibilité que d'autres dépôts partiels puissent se trouver peut-être dans les formatious secondaires proprement dites.

D'où a pu provenir l'hydro-chlorate de soude (*sel gemme*) qui se montre à la limite des Terrains de transition ? La nature n'offre cette substance saline qu'en solution dans l'eau des mers et de quelques lacs sans écoulement. Son isolement, son existence en quelque sorte est toujours le produit de l'évaporation de l'eau salée. Le sel que renferme le Grès bigarré ne provient pas vraisemblablement d'une source mytérieuse : il est sans doute le produit de l'évaporation de l'eau de la mer, tout comme celui des marais salans.

Les Terrains primitifs ne présentent point de sel gemme. Ce n'est pas qu'il ne s'en soit formé après l'opération qui a déposé ces terrains. Toute l'eau de la mer ne s'est pas retirée dans ses bassins jusqu'à la dernière goutte. Certainement il a dû en rester dans les dépressions des plaines dans divers creux ; et l'évaporation définitive de cette eau a dû laisser à la surface de la terre des couches de sel. Mais son extrême facilité à se dissoudre et sa position tout-à-fait superficielle a permis aux eaux pluviales de l'entraîner à la mer. D'ailleurs., en fût-il resté ou n'eût-il jamais plû avant le cataclysme qui a déposé les Terrains intermédiaires, l'eau de ce cataclysme l'aurait dissous et s'en serait emparée. Il n'a pu en être de même pour celui formé de cette même manière à la surface des Terrains de transition, parce que leur formation, ayant pour ainsi dire, été immédiatement suivie de celle des dépôts secondaires, il aura été recouvert par de l'argile au travers de laquelle l'eau ne passe pas, et qui l'aura empêché d'être entièrement dissous.

Le sel gemme ne forme point de couche géologique proprement dite; il est subordonné au dépôt d'Argile muriatifère dans laquelle il se trouve constamment accompagné (circonstance remarquable) par du gypse souvent anhydre (sulfate de chaux).

Les débris organiques renfermés dans cette formation sont presque nuls; on dit cependant y avoir trouvé des coquilles marines multiloculaires, des fragmens de polypiers, et cela dans la masse même du sel. On a dit aussi qu'il s'y trouvait des feuilles de plantes dicotylédones; mais on regardait alors le sel gemme comme une dépendance du Calcaire alpin dans lequel se montrent ces débris de végétaux.

Cependant tout cela n'est pas sans difficulté. On voit des dépôts de sel dans les volcans qui quelquefois en vomissent de grosses masses que l'on exploite. Or la place qu'occupe le sel en roche est justement celle où se montrent principalement ces roches naguère encore dites problématiques, et que les géologues regardent maintenant comme pseudovolcaniques. Si la masse du sel, qui se trouve dans la formation d'argile et Grès bigarré, n'est point due en totalité à cette dernière cause, que les fragmens de madrépore observés dans la masse même du sel gemme s'y opposent, du moins rien n'empêche que certains amas, qui ne montrent nul vestige de débris organique , ne puissent être attribués à cette action volcanique.

Quoiqu'il en soit , on doit remarquer , que si véritablement il est des amas de sel qui ne puissent être regardés comme volcaniques , il résulterait nécessairement de là , qu'entre la formation d'argile ou Grès bigarré et la formation du Calcaire alpin, il y a eu repos suffisant pour que l'eau de la mer restée à la surface des continens ait eu le temps de s'évaporer et de former ce sel.

NEUVIÈME CARACTÈRE. *Partout où il y a des chaînes de montagnes ou de collines, la formation de transition offre de fréquentes solutions de continuité ou des ruptures compliquées de différences de niveau plus ou moins considérables au point de séparation des parties.*

Depuis Saussure , qui le premier a attiré l'attention sur ce phémomène géologique , il n'y a pas de minéralogiste voyageur qui n'ait eu mille fois l'occasion de le constater par lui-même. C'est maintenant une chose évidente et incontestable, que la masse des couches primitives et intermédiaires, partout où se montrent des chaînes de montagnes, a été fracturée souvent dans toute sa profondeur ; que l'une des parties s'est plus ou moins affaissée , tandis que l'autre s'est soulevée et a produit des redressemens de couches quelquefois extrêmement surprenans. Ces ruptures, ces differences de niveau relatif des parties fracturées, ces redressemens si remarquables, ont eu lieu non pas une fois seulement , mais plusieurs fois et à des reprises différentes. Il n'y a plus de doute sur ces terribles symptômes des convulsions éprouvées par la croûte solide de notre Globe. Mais ceci demande quelques développemens.

Quel que soit le mode de formation qui ait présidé au dépôt des Terrains primitifs et intermédiaires, il est certain que si les couches de ces terrains fussent restées dans l'état où elles avaient été formées, elles ne pourraient jamais paraître se terminer d'une manière subite, brusque, en un mot, par une solution de continuité. Quelque changement qui pût les modifier, elles formeraint chacune une roche continue, et se termineraient, dans tous les cas où il devrait en être ainsi, autrement que par la cassure des corps durs, et par des différences de niveau entre les parties fracturées.

C'est sur les flancs des montagnes, des collines et des côtes maritimes des continens, que se montrent les tranches des couches d'abord brisées et mises à nud par l'affaissement ou le soulèvement de la partie jadis contigue. Mais c'est surtout dans les galeries des mines que ce fait se montre avec évidence. Lorsque, selon l'expression des mineurs, il survient une *faille*, un *brouillage*, c'est-à-dire une solution de continuité dans le filon, tout à coup ce filon est interrompu, un plan distinct, oblique ou vertical se montre interposé, et pour retrouver la couche, il faut l'aller chercher à une hauteur de niveau plus ou moins remarquable au-delà de ce plan.

Ces failles sont quelquefois très-considérables. La grandeur des masses déplacées et la distance à laquelle elles ont été portées par le changement de niveau en est la mesure. Quelquefois un filon de nouvelle matière s'est formé au point de la solution de continuité. D'autres fois les deux parties sont demeurées contigues et ne présentent que quelques matières molles entre elles. Ce sont là sans doute des effets irrécusables de grandes convulsions qui ont tourmenté la masse entière des couches.

Ces divers phénomènes géologiques appartiennent indubitablement à diverses époques. Car, lorsque deux failles s'entre-coupent entre elles, on distingue la plus ancienne de la plus moderne. Mais toutes ces ruptures sont évidemnent postérieures aux ondulations, aux autres accidens sans solution de continuité des couches, puisqu'on n'y voit jamais rien de pareil. C'est absolument la rupture des corps durs, et pas autre chose.

Ces alternances de dépressions et de protubérances que l'on appelle chaînes de montagnes, bassins des mers et continens, ne sont autre chose que les résultats nécessaires de ces ruptures compliquées de soulèvemens et d'affaissemens. Qui pourrait maintenant en douter depuis que les précieuses observations du célèbre de Buch ont constaté que le Thuringerwald, le Tyrol, la chaîne entière des Alpes ne sont dues qu'au soulèvement produit par l'expansion de la matière fluide du noyau du Globe (la matière pseudovolcanique) qui a poussé devant elle le Granit commun, le Granit amphibolique (*Siénite*), le Granit porphyrique (Porphyre), le Grés houiller; que la fente par laquelle cette matière s'est fait jour jusqu'à la surface de la formation intermédiaire, traverse dans les Alpes la chaîne entière dans toute sa longueur, et que celle du Thuringerwald n'est qu'un embranchement de la fente immense qui traverse l'Europe depuis Mayence jusqu'à la mer Baltique? Toutes les observations provoquées par ces découvertes importantes pour la Géologie, ont déjà montré qu'il en est de même dans les Pyrénées, en Angleterre, en bien d'autres lieux, et probablement des observations ultérieures montreront que le même phénomène se reproduit avec une plus ou moins grande évidence dans la plupart, si ce n'est dans toutes les grandes chaînes de montagnes du monde.

DIXIÈME CARACTÈRE. *Dans la formation de transition on ne remarque nulle correspondance entre les angles rentrans et les angles saillans des vallées.*

Ce fait force à supposer que les vallées des Terrains intermédiaires ne sont point dues à des courans d'eau; car si elles eussent été formées de la sorte, les angles rentrans seraient opposés aux angles saillans, ainsi que cela arrive toujours en pareil cas.

Puisque pendant la formation primitive le liquide était encore moins agité, il a dû arriver, quant à la disposition des inégalités du terrain, ce qui est arrivé dans le dépôt de la formation de transition. Mais il serait sans doute fort inutile de s'en occuper ici, puisque la croûte du Globe ayant éprouvé à plusieurs reprises, comme on le verra en son lieu, des convulsions d'où sont résultés des soulèvemens et des affaissemens qui ont tout dérangé, on ignore absolument quelle peut avoir été la forme extérieure de la croûte primitive du Globe.

ONZIÈME CARACTÈRE. *On voit au-dessous et au-dessus des Terrains de transition, principalement dans les pays de montagnes, des roches granitiques non stratifiées d'une nature particulière dites Siénites, Amygdaloïdes, Porphyres, Trachites, Traps, Grès rouge ou Grès houiller, et des roches de Quartz qui n'ont avec celles qu'elles supportent ou par qui elles sont supportées que cette relation insignifiante de position.*

On se bornera ici à parler des roches de cette nature qui surmontent les Terrains de transition proprement dits. Quant à celles qui gisent au-dessous, on se contentera de faire remarquer, que leur parfaite identité avec les Granits communs et les Granits amphiboliques (Siénites), les a fait prendre pour des roches primitives par les anciens géologues. Celles dont il va être ici question ont aussi les plus grands rapports de texture avec les roches primitives et intermédiaires. Doit-on les regarder comme étant de même origine que les Schistes argileux renfermant des crustacés et les Calcaires noirs de transition renfermant des coquillages marins, c'est-à-dire, comme un dépôt aqueux? Ou bien doit-on les regarder comme des déjections volcaniques d'une nature particulière autre que celle des volcans actuellement en activité? On a d'abord beaucoup disputé sur ce sujet, après quoi on leur a donné le nom de roches problématiques, puis celui de pseudovolcanique adopté ici, et enfin celui de *plutoniques*, qui ne peut être admis, puisque les matières vraiment volcaniques provenant comme elles de l'intérieur du Globe, se trouveraient forcément comprises dans cette dénomination.

En Angleterre, la matière de ces roches remplit des filons ou plutôt des fentes très-nombreuses, très-puissantes, nommées *dykes* dans le pays, et qui ont de trente à cent cinquante pieds d'épaisseur. On ne saurait douter que ces filons ne traversent toutes les couches intermédiaires jusqu'à la formation d'Argile et Grès bigarré exclusivement. A leur voisinage, la houille a été convertie en coak, c'est-à-dire en charbon, le soufre a été sublimé et les grès ont acquis une plus grande dureté. On note aussi la chûte des couches de houille comme un des effets remarquables de ces *dykes* ou filons. D'ailleurs rien ne fait présumer qu'ils aient été remplis par en haut, tandis qu'au contraire, tout tend à persuader qu'ils l'ont été de bas en haut par injection. Enfin il est certain que la matière de ces filons a été dans un certain état de fluidité, puisque tout y est cristallisé confusément, et puisqu'elle s'est exactement modelée sur les protubérances et les inflexions que présentent les fentes qu'elle remplit. On remarque encore que partout où il s'est formé des granits et des porphyres, il y a eu aussi formation de Grès rouge dit grès houiller (1), qui peut-être n'est que la roche de Quarz déguisée par une texture singulière. Du reste ces roches ne renferment nul vestige des débris du règne organique qui caractérisent les formations intermédiaires.

Ce terrain recouvre par fois la houille, plus généralement il surmonte le grès houiller au travers duquel il pénètre comme par des crevasses et s'élève en forme de dômes, de clochers, de rochers à pentes abruptes.

Dans les Alpes, d'après les observations récentes du célèbre de Buch, il paraît qu'une vaste crevasse traverse la chaîne entière dans toute sa longueur; que la matière pseudovolcanique abondamment sortie par cette immense fissure a soulevé les sommités; que les divers agens chimiques sortis avec elles du sein de la Terre y ont modifié, même souvent transformé les diverses sortes de roches qui se sont trouvées dans le voisinage, en de nouvelles substances. C'est ainsi que des calcaires compactes de transition y sont transformés en calcaires grenus, et d'autres en carbonate de magnésie (*Dolomie*) par la décomposition du carbonate de chaux et l'affluence de la magnésie qui accompagne les matières provenant de l'intérieur du Globe. C'est ainsi que dans l'Argile muriatifère ce même calcaire est transformé en sulfate de chaux hydraté ou anhydre par la même décomposition et l'affluence des agens sulfureux, accompagnant les matières sorties du sein du Globe. Enfin c'est à ces éruptions qu'est due la majeure partie des filons métallifères que renferment les Terrains de transition.

(1) Boué, *Bull. Ferr.*, 1828, p. 311 et suiv.

Dans les Pyrénées, qui, selon les observations les plus récentes, se composent de roches intermédiaires recouvrant les flancs des protubérances pseudovolcaniques, la matière est sortie du sein du Globe à l'état de granit. Par son expansion, les roches feuilletées de transition ont été rompues et soulevées. Ce qui était en dessous s'est ensuite trouvé au centre et au sommet, et ce qui était au-dessus s'est trouvé sur les côtés. De là ce singulier phénomène de roches feuilletées dont la tranche regarde le ciel pendant que les feuillets redressés sont d'autant plus voisins de la situation verticale que les pentes qui les supportent sont plus abruptes.

Quelque surprenans qu'ils paraissent, on ne saurait plus douter de ces faits géologiques, lorsqu'avec MM. Palassou et Boué, on remarque que le noyau central ou granitique de ces montagnes ne se montre qu'en masses non stratifiées ou en filons plus ou moins puissans et très-fréquens remplissant de mille manières les interstices laissés par les couches rompues et soulevées. Si par fois cette matière paraît au premier aspect former des couches intercalées entre les feuillets des Schistes de transition, un examen attentif montre bientôt que ce sont des filons stratifiés et non de véritables couches. En effet, loin de se prolonger avec constance entre les mêmes feuillets, elles en coupent çà et là le plan pour s'aller intercaler ailleurs entre d'autres feuillets (1).

Lors de l'expansion de la matière pseudovolcanique, les couches qui se sont trouvées en contact avec elle, après avoir été sans doute ramollies, ont été fléchies, contournées de mille manières et pénétrées par le Granit (2). Les calcaires de transition ont été trans-

(1) Boué, *Ann. Sc. nat.*, 1824, p. 18 à 20.
(2) Ramond, voy. au *Mont Perdu*, p. 186.

formés en marbre grenu. Les minéraux de ces calcaires, qui se montrent toujours dans les parties les plus voisines du granit, ont à leur surface cet aspect *scoriacé* que présentent souvent les substances qui ont cristallisé par la voie ignée. Enfin les Schistes ferrugineux, au voisinage de la matière granitique, offrent des bandes de couleurs variées, d'abord blanches, puis rouges, puis jaunes, puis pourprées et grises, lesquelles provenant d'un degré d'oxidation de plus en en plus moindre, ne permettent pas de douter que ce ne soit là une altération produite par l'influence de la matière pseudovolcanique (1).

On nous reprochera peut-être d'avoir confondu dans ce qui précède des faits qui se rattachent aux Terrains de transition avec des faits qui doivent être rapportés aux Terrains secondaires supérieurs dits tertiaires. On convient ici de la possibilité de cette confusion. Mais aussi comment oser se flatter de parvenir en ce moment à tracer entre de tels faits des limites précises et sûres, lorsque les éruptions pseudovolcaniques survenues après la formation du Dépôt crayeux, en bouleversant tout ce qui s'était fait auparavant dans les chaînes de montagnes, y ont apporté le désordre et la confusion ; lorsque les yeux des géologues sont à peine ouverts sur ces grands faits, et que la science est encore fort loin de posséder sur ce sujet tous les documens qu'elle a droit d'attendre de leur zèle et de leurs études ? D'ailleurs ce défaut de précision ne saurait conduire à des conséquences graves. Car les Terrains de transition et les Terrains secondaires supérieurs, quelle que soit la différence de leur texture, ne sont au fond, que la première et la deuxième partie des formations diluviennes, c'est-à-

(1) Boué, l. c., 26 à 30.

dire, les parties d'un même tout comme on le verra par la suite ; et si l'on avait réellement confondu ici des faits qui appartiennent à des éruptions séparées l'une de l'autre par un intervalle de trois ou quatre mois seulement, l'erreur ne saurait être sans doute d'une gravité alarmante.

DOUZIÈME CARACTÈRE. *Dans les pays de montagnes, la direction du plan des couches est toujours parallèle à la direction de la chaîne.*

On entend par direction des couches celle d'une ligne horizontale menée sur leur plan. Ainsi pour déterminer cette direction, il suffit de reconnaître, au moyen de la boussole, vers quel point de l'horizon cette ligne se dirige.

Sur ce fait capital les observations des géologues sont pour ainsi dire unanimes. Il en est ainsi en France, en Ecosse, en Allemagne, en Norwège, dans l'Amérique méridionale, l'Amérique septentrionale, etc.

Au reste, il faut observer ici qu'il ne s'agit que de la direction générale ; car d'ailleurs, dans un grand nombre de lieux, il se rencontre des directions partielles qui en dévient plus ou moins (1).

Qu'elle est la cause d'une pareille concordance entre la direction des couches et celle de la chaîne des montagnes ?

Au lieu de placer la limite des formations de transition au Grès houiller (*Grès rouge*) selon l'opinion la plus généralement suivie, on l'a transportée ici au dépôt d'argile salifère inclusivement. Avant de passer outre, on doit soumettre au lecteur les motifs qui ont rovoqué cette sorte d'innovation.

1° Selon M. de Humboldt, qui place le terme des

(1) Daubuisson, *Géog.*, I, p. 335 à 337.

formations intermédiaires au grès houiller, « les der-
« nières couches du Terrain de transition se trouvent
« partout dans une liaison intime avec les couches de
« la formation secondaire (1). »

2° Les formations secondaires se reconnaissent à des
signes caractéristiques qui ne permettent pas de les
confondre avec la formation de transition. D'abord les
bancs de ces roches sont horizontaux ou bien tendent
évidemment à le devenir, et ne se montrent pas aussi
généralement inclinés à l'horizon que dans les Terrains
intermédiaires. En second lieu, tous les dépôts qui les
forment consistent en sables, calcaires et argiles. Enfin,
dans les Terrains de transition, les élémens argileux
sont toujours à l'état schisteux. Or, ce n'est qu'au-dessus du dépôt de sel gemme du Grès bigarré que les
couches tendent à devenir horizontales, que se montre
la série alternative des calcaires et des sables, et que
l'on voit paraître le premier banc d'argile.

3° Le dépôt de sel gemme, à moins qu'on ne l'attribue en totalité à la formation pseudovolcanique, annonce soit le retour dans leurs bassins des eaux de l
mer qui ont déposé les Terrains de transition, soi
l'évaporation à siccité de l'eau salée restée dans le
creux de la surface de la Terre. Or, tout cela force
supposer qu'elle a fini de travailler comme aupara
vant, et qu'il va désormais paraître un nouvel ord
de choses.

4° Durant tout le temps que l'eau a couvert la Terre
les poissons n'ont pu être échoués. Ils ne l'ont été qu
dans l'argile schisteuse dépendante du dépôt houiller
Ainsi, l'eau se retirait ou diminuait lors de la forma
tion des houilles. Ce terrain appartient donc à la fo
mation de transition.

(1) Humboldt, l. c., § XXII, p. 219.

5° La matière pseudovolcanique se montre en plusieurs lieux immédiatement au-dessus du terrain houiller, et on a déjà vu précédemment que de puissans filons, nommés dickes en Angleterre, après avoir traversé tous les terrains inférieurs, s'arrêtent au-dessous de la formation du premier Grès secondaire (Dépôt magnésien ou alpin). Or, les éruptions pseudovolcaniques ayant eu lieu d'une formation à l'autre, il suit de ce fait géologique, que le terrain houiller appartient aux Terrains de transition et non aux formations secondaires. On peut objecter ici, il est vrai, que la cause qui a produit les crevasses par lesquelles la matière pseudovolcanique s'est introduite, peut ne pas avoir été suffisante pour produire un pareil effet sur ce calcaire. Mais ces crevasses doivent traverser les calcaires compactes de transition qui ont dû opposer une résistance au moins aussi forte que le calcaire du Dépôt magnésien, et par-là l'objection se détruit elle-même.

§ II.

CONCORDANCE HISTORIQUE.

Premier séjour des eaux du déluge universel sur la Terre.

Tous les peuples, même les plus barbares, sans en excepter ceux de l'Amérique, ont conservé la mémoire du déluge universel; mais aucun ne l'a conservée avec des détails aussi circonstanciés que les ébreux.

« L'an six cent de la vie de Noë, dit *la Genèse*, le « dix-septième jour du second mois, TOUS LES BASSINS DE L'IMMENSITÉ DES EAUX DE LA MER FURENT DÉTRUITS (ou disparurent); les réservoirs de l'espace s'ouvri-

« rent, et la pluie ne cessa de tomber sur la Terre
« durant quarante jours et quarante nuits. Dès le
« commencement de la journée, Noë, Sem, Cham et
« Japhet, ses trois fils, leur mère, ainsi que leurs
« trois femmes, se renfermèrent dans l'Arche avec les
« animaux de toute sorte qui les y suivirent..... Pen-
« dant ces quarantes jours, une averse continue tomba
« sur la Terre, les eaux s'accrurent prodigieusement
« et portèrent l'Arche fort haut au-dessus de sa sur-
« face.

« Ce fut avec une TRÈS-GRANDE IMPÉTUOSITÉ qu'elles
« envahirent et submergèrent la superficie entière du
« Globe. Cependant l'Arche nageait toujours à leur
« surface, leur niveau continuait toujours à s'exhaus-
« ser. Toutes les hauteurs furent recouvertes, et l'eau
« s'éleva jusqu'à quinze coudées au-dessus des hautes
« montagnes. Les hôtes du Globe terrestre, hommes,
« quadrupèdes, oiseaux, reptiles, tout fut noyé. Tout
« ce qui jouissait de la vie fut anéanti, et leur dépouille
« disparut de dessus la Terre. Il ne resta que Noë et
« tout ce qui, avec lui, s'était renfermé dans l'Arche.
« LES EAUX SÉJOURNÈRENT SUR LA TERRE PENDANT CENT
« CINQUANTE JOURS (*cinq mois*).

« Dieu se ressouvint alors de Noë et de tous les êtres
« qui, avec lui, s'étaient renfermés dans l'Arche. Il
« envoya un grand vent sur la Terre, et les eaux
« commencèrent à diminuer. L'IMMENSE CAPACITÉ DU
« BASSIN DES MERS FUT RÉTABLIE, les réservoirs de l'es-
« pace furent fermés, la pluie cessa de tomber, et les
« eaux se retirèrent avec un mouvement alternatif de
« retraite et d'invasion (1). »

(1) *Version littérale.* 11. L'an six cent, année de la vie de Noë,
dans le mois second, le dix-septième jour du mois, en ce jour là furent
détruits (*rompus, désunis, fracassés*) tous les bassins (*concavités,*

Mais arrêtons-nous ici; car bien que ce ne soit qu'une suite immédiate de ce qui précède, là commence un ordre de choses tout différent.

Il résulte de ce récit, que lors du déluge universel, indépendamment de l'eau qui n'a cessé de tomber sur la Terre pendant quarante jours, la mer est sortie avec impétuosité de ses vastes bassins pour se répandre sur la surface du Globe; et ensuite que cette immense masse de liquide, après s'être élevée au-dessus des plus hautes montagnes de ce temps-là, y a séjourné cent cinquante jours (cinq mois). Ces deux circonstances sont précisément celles qui expliquent de la manière la plus satisfaisante tous les détails essentiels de la formation secondaire de transition. Il n'y a, pour cela, qu'à suivre pas à pas cette invasion de la mer en s'éclairant du flambeau des sciences physiques.

D'abord, une pareille invasion n'a pas manqué d'entraîner tous les matériaux meubles qui se sont trouvés sur la surface de la Terre. Or, quels étaient ce matériaux ?

fontaines) de l'abîme liquide immense, et les cataractes du Ciel furent ouvertes.

12. Et fut l'averse continue sur la Terre quarante jours et quarante nuits. Dans le courant du jour même, entra Noë, et Sem, et Cham, et Japhet, enfans de Noë, et les trois femmes de ses enfans avec eux dans l'Arche.

18. Et envahirent avec force victorieuse (irrésistible) les eaux, et s'élevèrent beaucoup sur la Terre. Et se mouvait çà et là l'Arche à la surface de l'immensité des eaux.

19. Et les eaux s'élevèrent prodigieusement au-dessus de la Terre, et furent couvertes toutes les montagnes élevées qui au-dessous des cieux.

20. De quinze coudées au-dessus s'élevèrent les eaux, et furent recouvertes les montagnes.

24. Et dominèrent les eaux sur la Terre cent cinquante jours. (*Genèse*, VII.)

Les roches de la formation primitive se dégradent et se décomposent, sous l'influence des variations journalière de l'athmosphère, bien plus facilement que les roches de la formation secondaire proprement dite. Comme ce fait est attesté par la généralité des géolologues voyageurs, qu'il ne saurait éprouver de contradiction, une seule citation, empruntée à l'un des plus connus d'entre eux, suffira ici pour l'établir.

« Tous ceux qui ont observé les montagnes (*grani-*
« *toïdes ou schisteuses*), ont remarqué qu'elles étaient
« dans une continuelle dégradation. Mais au Col du
« Géant (dans les Alpes), cette vérité s'annonce avec
« une *fréquence* et un *fracas* qui l'inculque à l'esprit
« avec la plus grande force. Je n'exagère pas, quand
« je dirai que nous ne passions pas une heure sans
« voir ou entendre quelqu'àvalanche de roches qui se
« précipitait avec le bruit du tonnerre, soit des
« flancs du *Mont-Blanc*, soit de l'*Aiguille marbrée*,
« soit de l'arête où nous étions (1). »

On doit remarquer ici que ces dégradations n'étaient point alors circonscrites dans quelques lieux isolés comme à présent ; que les matières primitives, presque partout à découvert, parce que la végétation s'empare avec une extrême difficulté des Terrains siliceux, se détérioraient, se pulvérisaient sur toute la surface du Globe, excepté dans les bas fonds où s'était déposée l'argile qui a dû former la superficie du Terrain primitif dans ces lieux.

Quelle prodigieuse quantité de débris une aussi prompte dégradation n'a-t-elle pas dû accumuler sur la surface du Globe pendant la longue suite de siècles qui s'est écoulée entre la formation primitive et la formation intermédiaire ? On ne parle point ici de la dé-

(1) Saussure, voy. Alp.

gradation produite par certains animaux et par la végétation de certaines plantes, parce que, quelque
considérable qu'elle put être, ce n'est presque rien à
côté des effets produits par les variations continuelles
de l'atmosphère. Or, quelle est en définitive la poussière terreuse produite par ces décompositions, ou
pour mieux dire, par cette dégradation des élémens
minéralogiques du Terrain primitif? Ce sont ces élémens minéralogiques même, c'est-à-dire des silicates
d'alumine, de magnésie, de fer, etc.; en d'autres
mots, ce sont des élémens argileux.

En troisième lieu, pendant la longue période de
siècles qui s'est écoulée entre la formation primitive et
la formation intermédiaire, il s'est accumulé au fond
de la mer une grande quantité de carbonate de chaux
provenant soit de débris de coquillages morts, brisés,
pulvérisés par les flots, soit du travail de cette foule innombrable d'animaux qui peuplent cés mystérieuses
profondeurs, et qui en fournissent en grande abondance.

Indépendamment de cette immense quantité d'élémens minéralogiques fournis par la nature organique
et la nature inorganique tout à la fois, il en est encore d'autres, fournis par la nature organique seulement, qui doivent occuper ici une place importante.
Par exemple, le carbone provenant de la décomposition des végétaux et des animaux accumulé depuis tant
de siècles, formait nécessairement à lui seul une masse
énorme disséminée sur la surface des continens et dans
le vaste sein des mers. L'abondance avec laquelle il se
montre dans les Terrains de transition, où il pénètre
dans la substance des roches de toute nature, est un
fait qui atteste que le règne organique avait acquis un
très-grand développement lorsque ces Terrains se sont

formés, et qui contredit formellement et victorieusement l'opinion de ceux qui voudraient insinuer que
cette nature organique n'a acquis, qu'ensuite et long-
temps après, ce grand développement.

Tels étaient donc les matériaux meubles gisant sur
la surface des continens ou dans le sein des mers; une
prodigieuse quantité de molécules de silicates d'alumine, de magnésie, de fer, etc., débris du Terrain
primitif; un immense amas de carbonate de chaux
provenant des animaux marins; une étonnante quantité de carbone fournie par la décomposition des êtres
du règne organique, et enfin les sables, les graviers
et autres débris des roches primitives, les coquillages,
les débris de végétaux non encore réduits en poussière, etc. Éminemment susceptibles de se mêler avec
l'eau en mouvement ou d'être entraînés dans son cours,
tous ces élémens auront été lavés, délayés et emportés
par la mer, lorsqu'avec la violence dont parle l'histoire
elle s'est précipitée sur la Terre pour la recouvrir.

Si l'on s'imaginait ici que les eaux, dans lesquelles
se sont formés les Terrains de transition, ne différaient en rien de l'eau des mers actuelles, on commet-
trait une erreur très-grave, car les eaux des mers actuelles n'ont point la propriété de former des pierres
dures, telles que les roches de grès, de Quartz, de
calcaire, etc., pendant que celles du déluge universel avaient incontestablement toutes les qualités re-
quises pour les produire. En effet, lorsque la formation de transition a commencé à se déposer, le Globe
venait d'éprouver, comme on a vu, des convulsions
qui avaient dû produire une multitude de crevasses
par lesquelles l'eau avait pu pénétrer à l'intérieur, et
se charger là des élémens qu'elle y prend toujours,
savoir : de la silice en solution, de la magnésie à l'état

élémentaire, des agens sulfureux, de l'acide carbonique, etc. D'ailleurs, la matière fluide du noyau de la Terre était aussi sortie par ces crevasses, et son contact avec l'eau avait dû produire les mêmes effets. Les eaux du déluge universel étaient donc dans le même état que les eaux volcaniques et minérales. Comme celles-ci, elles contenaient de la silice en solution, de l'acide carbonique, etc. Et puisqu'il se forme journellement des roches dures au voisinage des volcans, ainsi que dans les eaux minérales, il s'ensuit qu'il a dû pareillement s'en former dans les eaux du déluge universel.

En cherchant ici à se représenter l'état du Globe terrestre sous l'influence des eaux du déluge universel, on se rappelle tout naturellement, qu'au temps de la création, l'Écriture nous représente la Terre encore informe, pareillement noyée ou enveloppée par une immense masse d'eau, et on ne peut alors s'empêcher de remarquer que le déluge universel n'a, pour ainsi dire, été que le rétablissement momentané de l'état originel du Globe. Lorsque Dieu veut débarrasser la Terre sortant de ses mains, de la trop grande abondance des eaux et découvrir les continens, le liquide superflu s'élève en haut où il est soutenu par l'atmosphère créée pour cela, et le reste se rassemble dans le vaste bassin des mers formé pour le recevoir. Lorsqu'il veut noyer dans un déluge le genre humain perverti et organiser un nouveau monde, tous ses vastes bassins des mers sont détruits, disparaissent, les vapeurs aqueuses suspendues en l'air cessent d'y être retenues, et l'immensité des eaux de l'univers, ainsi rassemblées, se répandent sur la surface du Globe. Par là, la Terre se trouve ensevelie, comme au temps de la création, dans une immense et énorme masse de liquide,

ou, pour mieux dire, dans le même liquide qui la recouvrait alors. Quand on remarque, ensuite, que les
eaux du déluge renfermaient de la silice en solution,
de la magnésie à l'état élémentaire, et qu'elles tenaient
en suspension la prodigieuse quantité de molécules de
silicates simples, doubles ou triples d'alumine, de magnésie, de fer, etc., provenus de la désagrégation des
roches de la formation primitive dont il vient d'être
parlé, c'est-à-dire, les mêmes matériaux de formation
que les eaux de la création, on ne peut s'empêcher de
remarquer qu'une parfaite parité de circonstances a
présidé à l'agrégation des mêmes élémens minéralogiques dans les formations primitive et intermédiaire.
Dès lors les résultats, produits par l'agrégation des
élémens cristallisables suspendus dans les eaux du déluge, ne peuvent être autres que ceux produits par les
élémens cristallisables des eaux de la création. En sorte
que, pour tout ce qui concerne les dépôts de la formation diluvienne ou intermédiaire, rien ne sçaurait
s'opposer à ce qu'on en juge par analogie avec les dépôts de la formation primitive.

Que l'on se représente donc maintenant l'énorme
masse des eaux réunies de la mer et de l'atmosphère
répandues sur la surface entière du Globe, tenant en
solution ou en suspension tout ce prodigieux amas d'é-
lémens siliceux, argileux, calcaires, la plupart éminemment cristallisables, de carbone, et voiturant avec
ses flots impétueux les cailloux de toute sorte, de toute
grosseur, les sables, les coquillages, les polypiers, les
végétaux que sa violence a pu arracher, et les cadavres
noyés de tous les hôtes de la Terre. Aussitôt que le
mouvement, qui a transporté cette immensité de liquide sur la surface entière du Globe, aura commencé
à se ralentir, tous ces matériaux cristallisables et de

transport se seront déposés en suivant les lois de la gravitation. Ils auront formé un dépôt de sédiment qui aura recouvert les Terrains primitifs sur toute la surface de la Terre, qui se sera modelé sur toutes ses inégalités en suivant ses ondulations; en d'autres mots, qui aura incrusté la surface des bassins de la Terre alors existans de la même manière qu'un dépôt dans nos laboratoires recouvre les parois du vase dans lequel on le fait opérer; ce qui constitue le premier caractère des Terrains de transition.

On nous dira peut-être ici : Vous supposez gratuitement que ce mouvement violent de la mer s'est ralenti. Il est vrai que le texte ne le dit pas expressément ; mais son silence et les circonstances du récit ne le disent-ils pas suffisamment? D'abord, en nous disant que *ce fut avec une grande impétuosité que les eaux envahirent la Terre*, l'Écriture semble nous dire, que la mer reçut une impulsion violente qui se ralentit ensuite progressivement, par cela même qu'elle ne fut ni renouvelée ni entretenue. En second lieu, c'est seulement après cinq mois de séjour de ces eaux sur la Terre, qu'elle nous les représente commençant à s'agiter par un mouvement alternatif de retraite et d'invasion, ce qui force à supposer qu'auparavant elles étaient au moins dans un état d'agitation peu notable. Du reste, rien de tout ce qui, selon le récit, s'est passé pendant ces cinq mois, ne tend à faire penser qu'il en a été autrement. Au contraire, ayant à nous peindre le sort d'un frêle bâtiment qui inspire le plus vif, le plus touchant intérêt, parce qu'il porte l'unique espérance des races futures et les faibles restes de l'humanité, l'Écriture se borne à nous le représenter tout simplement s'élevant au-dessus de la Terre avec le niveau de l'eau (*porro arca ferebatur super aquas*). Si ce silence ne témoigne pas la tranquillité des eaux du déluge après l'irruption, on ne peut disconvenir qu'elle la peint, pour ainsi dire, à l'esprit.

Suivons donc cette grande opération dans tous ses détails, afin de voir ce qu'ont dû devenir tous ces matériaux divers de formation.

Quant aux élémens minéralogiques cristallisables, il est certain qu'étant les mêmes que ceux qui ont formé le terrain primitif, et s'étant trouvés en suspension dans le même liquide, ils auront formé un dépôt au moins confusément cristallisé analogue dans ses détails, si ce n'est identique, avec celui de la formation primitive. De même donc que dans la formation des Terrains primitifs, les premiers groupes de matières confusément cristallisées, formées par les silicates simples, doubles, triples d'alumine, de magnésie, de fer, etc., qui constituent la masse entière des terrains siliceux de transition, ont été généralement les plus gros. En se déposant, se soudant ensemble, ces groupes ont d'abord dû former des pâtes granitoïdes qui auront empâté tous les matériaux de transport les premiers précipités. Puis le Mica, d'abord confondu et comme caché dans la pâte, s'est développé avec plus d'abondance, et a commencé à se déposer en paillettes, et il s'est formé du Granit micacé (*Gneis* de transition). Pendant que le Mica continuait ainsi à se précipiter, les groupes de silicates qui se formaient, devenant de plus en plus petits, ont fini par ne plus fournir que des Schistes micacés (*Micaschistes* de transition). Alors les molécules de carbonate de chaux, qui ont peu de tendance à la cristallisation, ont commencé à se déposer et à former des marbres talqueux ou des calcaires compactes, selon que la cristallisation confuse a été plus ou moins favorisée par les circonstances. Pendant ce temps, les silicates d'alumine ou molécules d'argile qui, de tous les élémens terreux, sont ceux qui se précipitent les derniers, restaient encore en suspension dans le liquide. Enfin ces élémens argileux se sont eux-mêmes déposés, et il s'est alors formé des Schistes argileux (*Thonschiefer* de transition).

On remarquera ici qu'indépendamment des dépôts de calcaire dont il vient d'être parlé, il doit se montrer des indices de cette matière dans presque toutes les couches ; car son extrême abondance lui permettant de se trouver partout dans le mélange des élémens minéralogiques, à mesure que les particules qui ont formé la masse de la roche se précipitaient, elles entrainaient les molécules de calcaire qui se trouvaient en contact avec elles. De là ces indices de carbonate de chaux qui se manifestent presque dans toutes les couches des Terrains intermédiaires.

Que telle soit l'opération par laquelle se sont déposés les terrains siliceux et calcaires de transition, c'est ce que plusieurs raisons tendent à prouver. La première est fournie par l'analogie parfaite des élémens, et la réunion des circonstances essentielles de la formation de transition avec les élémens et les circonstances essentielles de la formation primitive, analogie qui ne permet point de douter que, dans l'une et l'autre de ces deux formations, les résultats n'aient été absolument les mêmes ; car, quoique les molécules des silicates simples, doubles et triples de l'agrégation primitive se fussent formées dans l'eau même, tandis que celles de l'agrégation intermédiaire y étaient arrivées toutes formées, il n'en est pas moins vrai qu'au moment de la précipitation, les eaux mères des deux dépôts, tenant de la silice en solution, de l'acide carbonique, des agens sulfuriques, etc., étaient identiques, et que d'ailleurs les molécules minérales tenues en suspension dans ces eaux étant les mêmes, quelle que fût leur origine, il s'ensuit que le dépôt précipité dans l'une ne peut qu'être identique ou analogue à celui déposé dans l'autre. La deuxième est fournie par l'expérience journalière et triviale des potiers, laquelle démontre avec complète évidence que, lorsque les matières provenues de la décomposition ou désagrégation des couches terrestres ont été agitées pêle-mêle dans l'eau, les parties sableuses occupent le fond du dépôt précipité, les parties crayeuses ou calcaires le centre, et les parties argileuses la surface. La troisième enfin est fournie par la transition graduelle et insensible d'une roche à l'autre qui se montre dans la formation intermédiaire, et au moyen de laquelle le premier terme de la série passe au second, le second au troisième, et celui-ci au quatrième, lorsqu'on ne voit point entre ces deux termes le calcaire qui doit les séparer dans l'ordre naturel, et qui jamais, comme on le prévoit aisément, ne se transforme en roche siliceuse, quoiqu'il y passe par une transition qui n'est ni brusque ni tranchée.

Cette transition graduelle et insensible d'un terme à l'autre qui, dans ces terrains, prouve incontestablement que l'ordre de la série des termes simples ou non complexes est, 1, Granit graveleux, 2, Granit micacé, 3, Schiste micacé, 4, Calcaire compacte, 5, Schiste argileux, ne se montre pas aussi fréquemment que dans la formation primitive. Si le liquide dans lequel se déposaient les Terrains de transition eût été tranquille ou à peu près tranquille, comme au temps de la création, il en eût sans doute été ainsi ; mais ici tout écarte cette idée de tranquillité. A l'invasion impétueuse de la mer n'a pu succéder immédiatement l'état presque tranquille ou peu agité qui paraît avoir ensuite présidé au travail des eaux du déluge. Ce n'est que par une diminution progressive du mouvement d'abord violent imprimé au liquide qu'a pu avoir lieu le passage du premier état au second. Il a donc dû y avoir bien des déplacemens du liquide sur chaque point du dépôt, par conséquent la série a dû en être fréquemment redoublée en tout ou en partie. Une prodigieuse masse d'eau, pareille à celle qui a submergé le Globe entier, chassée avec violence de ses bassins, a dû éprouver des ondulations, des balancemens d'autant plus prolongés, que la masse du liquide était immense, et que l'air devait être dans une continuelle agitation, soit pendant l'averse des premiers quarante jours, soit par la cessation de la pluie, soit par les suites de l'évaporation qui a eu lieu après, etc. D'ailleurs, la tranquillité parfaite, dans une aussi prodigieuse masse de liquide, est une supposition inadmissible, ainsi que cela a déjà été montré ici plusieurs fois. On a vu, au chapitre premier, comment l'agitation produisait les déplacemens du liquide, et comment ceux-ci produisaient à leur tour les redoublemens des termes de la série en amenant sur un tel point le liquide qui ailleurs déposait ou le terme suivant, ou le précédent, ou tel autre terme : on ne répétera point ici ce qui en a déjà été dit. Il suffit sans doute de remarquer que les causes d'agitation ayant été plus fortes, plus nombreuses, lors de la formation intermédiaire, il a dû en résulter que les termes de la série se sont trouvés bien plus souvent, bien plus fréquemment redoublés ou complexes que dans la formation primitive. De là cette alternance fréquente, presque continuelle, des roches granitoïdes, schisteuses et calcaires de transition, qui constituent les deuxième et troisième caractères de cette formation.

Quant aux matériaux de transport qui ne cristallisent pas, tels que les cailloux ou graviers de toute sorte, de toute grosseur, les sables, le carbone ; le bitume, les coquillages, les polypiers et autres animaux marins, les végétaux arrachés par la violence des flots et les cadavres noyés des hôtes de la Terre, comme tous ces matériaux se comportent dans l'eau de manières diverses, il devient nécessaire de les suivre ici attentivement et soigneusement chacun en particulier.

Cailloux, Graviers et Sables.—Ces débris des Terrains primitifs, trop pesans ; si ce n'est les sables à grains fins, pour se mélanger avec les matières tenues en suspension, n'auront pu qu'être entraînés, balottés par les flots et accumulés dans tous les lieux où la configuration du sol modérait l'impétuosité du courant. Enveloppés à mesure qu'ils se déposaient par la pâte gratinoïde la première précipitée, c'est-à-dire la plus abondante en Quartz (oxide de silicium), ils auront formé les Granits graveleux (*Grauwavke* à gros gravier). Ces Granits graveleux doivent donc être regardés et sont en effet regardés par tous les géologues comme la plus ancienne des couches de la formation intermédiaire (1). Quant aux sables à grains fins, ils se seront déposés plus tard, lorsque la tranquillité aura commencé à s'établir dans le liquide ; et lorsqu'il sera arrivé que la pâte schisteuse aura pu envelopper les grains, il se sera formé des *Schistes graveleux* (*Grauwacke schisteuse*). On voit par là que les graviers et les sables de toute grosseur ne sont, dans les couches de transition, que des élémens accidentels qui en modifient la texture, sans qu'il soit nécessaire pour cela de donner à ces couches un nom particulier, qui induise à penser que c'est une formation différente, ainsi que l'ont fait les géologues de l'école de

(1) Humboldt, l. c., p. 192 et ailleurs.

Werner en leur donnant la dénomination barbare et insignifiante de *Grauwacke*.

Carbone, Fer, Magnésie. — Ces trois substances, qui ne cristallisent pas du tout, ou que très-rarement, ou difficilement, se trouvant en très-grande abondance, surtout le carbone, dans le magma qui cristallisait, gênaient la cristallisation des molécules de silicates. Celles-ci les accrochaient et les entraînaient dans leur chûte de même que les molécules de carbonate de chaux dont il vient d'être parlé. De là la présence du carbone en grande abondance, du fer et de la magnésie, qui semblent pénétrer au travers de toutes les couches du Terrain de transition : ce qui constitue la première partie du quatrième caractère de cette formation.

Ici se présente une remarque importante à faire. Le carbone fourni par le règne végétal et animal, qui s'était accumulé en si grande quantité à la surface du Globe depuis la formation primitive, était nécessairement de pesanteur fort diverse selon que ses particules étaient arrivées à un plus ou moins grand degré de décomposition. Il a pu résulter de là que les particules les plus lourdes se soient précipitées avant les autres, et aient formé des dépôts ou nids en certains lieux. Or, ces dépôts s'étant trouvés soumis à l'énorme pression d'une masse d'eau d'environ une lieue de hauteur, ont dû perdre leur bitume ; car c'est une propriété de la compression violente de séparer des matières végétales et animales les parties bitumeuses des parties purement charbonneuses. Ainsi isolé de la masse, le bitume se sera porté à la surface de l'eau, en vertu de la pesanteur spécifique qui le fait surnager comme tous les corps gras. De là l'origine de la Houille privée de bitume qui se montre dans les Terrains de transition, et à laquelle on a donné le nom fallacieux d'*Antracite*, pour remplacer celui de Houille ou charbon incombustible qu'elle portait auparavant, comme si la Houille sans bitume et la Houille avec bitume ne se montraient point dans la même formation, et comme si ce n'était pas là de simples variétés ou modifications de la même substance minérale.

Mais il peut s'être fait des dépôts et nids d'Anthracite d'une autre manière : il est même bien plus probable que la plupart des dépôts ont été formés ainsi qu'on va voir.

Dans les forêts et les marécages du monde antédiluvien, il avait dû se former par la décomposition des débris de végétaux une immmense quantité de terreau charbonneux. Les hommes de nos jours, pour avoir des champs où ils cultivent les céréales et les fruits dont ils font leur principale nourriture, détruisent ou détériorent continuellement les forêts. S'ils sont forcés d'en conserver une partie, ils en consomment facilement tous les produits, soit pour faire le feu dont ils ont besoin, soit pour se construire des habitations, des navires, des meubles, etc. Ils exploitent aussi pour certains besoins les tourbières qui se sont formées dans le temps où le genre humain n'était pas aussi répandu qu'à présent. Pour engraisser leurs guérêts ou rétablir leur fertilité épuisée, ils exploitent aussi, à mesure qu'il se forme, le terreau partout où il est produit par l'accumulation des végétaux. Ce n'est pas sur nos forêts d'Europe, et sur nos marécages insignifians qu'il faut jeter les yeux pour se faire une idée juste de la masse de terreau charbonneux qui peut s'accumuler en de pareils lieux. C'est dans les contrées inhabitées, où la nature abandonnée à elle-même travaille sans gêne, dans les forêts vierges de l'Amérique, par exemple, qu'il faut regarder pour concevoir quelle énorme quantité il s'y en accumule. Là il s'y en trouve immensément, et c'est ainsi sans doute qu'il y en avait avant le déluge, temps auquel le genre humain, bien moins multiplié qu'il ne l'est de nos jours, n'occupait que quelques contrées de l'Orient. Attaqués par les flots de la mer lorsqu'elle est venue avec impétuosité submerger la surface du Globe, ces immenses amas ont été en grande partie délayés et entraînés; mais il a dû en rester des nids dans une foule de lieux où ce terreau s'est trouvé garanti, soit par la conformation du sol, soit par des dépôts superficiels de gravier qui se sont faits de prime abord, soit par d'autres moyens qu'il serait facile d'imaginer. Ces nids ont donc été recouverts ou entremêlés avec les graviers, les sables qui se sont précipités les premiers, et qui ont formé les Granits graveleux et les Schistes graveleux. Remarquons que c'est dans les lieux couverts ou marécageux, et sur le terreau charbonneux provenant de la décomposition des êtres du règne organique qui y ont précédemment vécu, que se plaisent les plantes que l'on remarque au-dessus de l'Anthracite, telles que les fougères, les roseaux, et surtout les équisetacées. Garanties de la violence de la mer par les mêmes circonstances qui ont protégé ces amas de terreau, ou bien par la flexibilité de leurs tiges qui les empêchait de se rompre sous l'effort des courans, et par leurs racines traçantes, fortement adhérentes, toujours fort grosses relativement à leurs tiges, tous ces végétaux auront pu se maintenir dans un sol d'ailleurs protégé contre l'action des eaux. Ces amas de terreau charbonneux, privés de leur bitume par la compression, ont vraisemblablement formé une partie des dépôts ou nids d'Anthracite, et les végétaux qu'ils nourrissaient,

les empreintes de fougères, de graminées et d'équisetacées qui se font remarquer dans la couche qui les a
recouverts; ce qui constitue la dernière partie du quatrième caractère des Terrains de transition.

Mais, dira-t-on peut-être ici, pourquoi les débris
de végétaux se trouvent-ils dans les couches recouvrant l'Anthracite au lieu de se montrer immédiatement à la superficie du combustible même? Les amas
de terreau charbonneux sont très-compressibles : dès
qu'ils se seront trouvés surchargés par un certain poids
de matériaux de transport, ils se seront affaissés, et les
plantes de leur surface, retenues dans ces matériaux,
se seront séparées de leur sol natal, et auront dû rester engagées dans la roche superposée.

D'un autre côté le courant de la mer envahissant les
continens ne paraît pas avoir exercé une égale violence
sur toutes les parties du globe. A en juger par les débris du règne organique qu'elle y a apportés, et dont
la majeure partie appartient évidemment aux rivages
où à la mer même des tropiques, il paraît que sa plus
grande quantité de mouvement était sur l'équateur.
Or, ne serait-il pas possible alors que dans certains
lieux, surtout dans ceux éloignés des contrées équatoriales, l'effort de ces eaux n'eût abouti qu'à renverser
les uns sur les autres les arbres de certaines forêts;
que cet amoncèlement de végétaux recouverts presque
immédiatement par le gravier qu'elles voituraient,
convertis en charbon et privés de bitume par la compression, eût aussi formé de grands dépôts d'Anthracite?

Végétaux, Bithume. — Lorsque les eaux de la mer,
des lacs, des rivières même, sont tant soit peu agitées,
tous les corps flottans à leur surface, balottés, chassés
de tous côtés par le mouvement du liquide, finissent

tôt ou tard par gagner le rivage. Arrivés là ils y restent échoués, parce que le mouvement du liquide diminuant de plus en plus sur les bords à mesure que sa masse y diminue, finit par n'avoir plus assez de force pour vaincre le frottement qui les retient contre le sol. Ce serait se tromper grossièrement que de s'imaginer ici que des corps flottans à la surface de l'eau s'échouent pêle-mêle ou au hazard : il n'en est pas ainsi. Chassés par l'agitation du liquide qui les porte, ils arrivent au rivage par zones, les uns en avant des autres. Les plus légers, ceux qui déplacent le moins de liquide, marchent à la tête et sont les premiers échoués, ceux dont la légèreté est moindre viennent après, et ainsi de suite jusqu'aux plus lourds, qui se tiennent au dernier rang. Il y a bien çà et là quelques exceptions à la règle, mais ces exceptions sont dues à des circonstances fortuites; tout se range de la sorte en général. Ainsi, parmi les végétaux, et en avant de tout, devaient se trouver les feuilles coriaces et légères' des grosses graminées et des fougères, qui, fort minces et présentant une grande surface, déplacent peu d'eau et nagent mieux. Ensuite les tiges des roseaux, qui sont fort légères, puis les bois selon l'ordre de leur pesanteur relative, très-variable, puis encore les coquillages terrestres et d'eau douce, aussi selon l'ordre de leur pesanteur respective, et enfin les cadavres noyés des animaux.

La raison d'un pareil arrangement est fort simple. Les ondulations de l'eau chassent les corps flottans d'autant plus loin et avec d'autant plus de facilité que ces corps sont plus légers, en sorte qu'ils doivent arriver au rivage successivement et selon l'ordre de leur légèreté respective.

On remarquera encore que lorsque ces corps flottans de diverse nature sont en grande quantité, ainsi que dans les eaux du déluge où l'amas devait être immense, prodigieux, et couvrait peut-être la sixième partie de sa surface, les premiers arrivés au rivage repoussent les autres; qu'il n'y a que ceux-là d'échoués; que les autres sont peu à peu en partie entraînés ou par des ondulations, qui de temps à autre deviennent plus fortes, ou par la retraite subite du liquide qui les traîne pour ainsi dire à sa suite en en faisant échouer une partie à mesure qu'il baisse de niveau. Il n'a pù en être autrement lors de la retraite des eaux du déluge. Les roseaux, les fougères, se trouvaient là entassés au premier rang. Ils ont parconséquent dû être les premiers échoués. Mais comme ils formaient nécessairement un énorme et immense amas, une partie seulement aura pu rester, et l'autre avec tout ce qui nageait à sa suite, aura été entraînée par la retraite de la mer.

Si l'eau n'eût pas recouvert la Terre entière lors du déluge, les débris de la végétation antédiluvienne flottans à sa surface auraient été échoués dès les premiers momens; mais comme elle l'a entièrement recouverte, tous ces végétaux ont dû continuer à surnager, à être le jouet des flots, jusqu'à ce qu'il se soit formé des rivages. Ce n'est donc que lorsqu'une partie des continens aura été découverte par la retraite de la mer, qu'ils auront pu être échoués, et former des amas sur les bords et dans les enfoncemens des bassins du Globe, c'est-à-dire, contre les flancs des protubérances déjà recouvertes par les dépôts des Terrains de transition et dans les enfoncemens des vallées. Là le dépôt, en se modelant sur le sol, aura pris la forme naviculaire qui caractérise ces lieux. Le temps, ou plutôt la pression de l'eau que ces amas de végétaux ont ensuite éprouvée, pendant la formation des Terrains secondaires qui sont venus les recouvrir, les aura convertis en houille. Remarquons ici que le dépôt houiller étant dû à la retraite des eaux, c'est-à-dire, au rétablissement du bassin des mers et à la formation des premières vallées, sa stratification doit déborder les terrains subjacens, ou pour parler le langage de la science, reposer en gisement transgressif sur les diverses parties de la formation de transition.

Ainsi les végétaux antédiluviens ont flotté jusqu'à la retraite de la mer. Ils ont donc été pendant cinq mois le jouet des flots. Tout ce qui s'est trouvé avoir une consistance herbacée, comme sont la plupart des végétaux, les feuilles des arbres, etc., n'aura certainement pu résister soit au frottement des débris les uns contre les autres, soit aux divers moyens de destruction qu'offre le temps aidé par l'eau. Aussi parmi les débris du règne végétal qui se sont conservés dans les couches de la croûte de la Terre, ne trouve-t-on que ce qui a pu présenter le plus de résistance à ces moyens de destruction, des troncs d'arbres, des tiges de palmiers, de grands roseaux, des fougères, que leur légèreté a fait surnager sur les bois, et dont le feuillage, d'une texture plus coriace, a pu se conserver. Tout ce qui n'a pas ainsi été garanti a été détruit sans qu'il en reste, pour ainsi dire, de vestige. Du reste, tous les débris de végétaux flottans à la surface des eaux du déluge n'ont point été échoués avec les dépôts qui ont formé la houille comme on l'a déjà observé. La mer, dans sa retraite, a dû en entraîner une partie qu'elle aura déposée ensuite dans les Terrains secondaires.

Le bitume échappé des dépôts d'Anthracite, celui qui avait pu se former antérieurement sur la surface du Globe; celui encore provenant des décompositions du règne organique qui a pu se former pendant le cataclysme où tous les êtres organisés ont péri, se sera déposé de la même manière avec les élémens argileux, qui toujours continuent à se précipiter jusqu'à la fin, et qui par le défaut de pression nécessaire pour être convertis en Schistes argileux, seront restés à l'état de terre argileuse. Tout cela, comme on voit, concorde exactement avec la fin du cinquième caractère de la formation intermédiaire.

Avant de passer outre on doit faire ici une observation importante. Les continens n'occupent que le tiers environ de la surface entière du Globe terrestre, tandis que la mer en occupe les deux tiers. Or, sa profondeur moyenne étant d'environ sept à huit mille mètres (plus de trois mille toises), il est certain que si la cavité dans laquelle elle est retirée se trouvait détruite ou soulevée, comme elle l'a été selon l'histoire lors du déluge, elle se répandrait sur la surface entière du Globe, et le recouvrirait complètement même jusqu'au-dessus des hautes montagnes du monde actuel. A cette preuve historique, que le cataclysme du temps de Noë fut général et universel, vient se joindre ici celle fournie par les dépôts de houille qui n'ont pu incontestablement se former qu'après que les continens ont été en partie découverts.

Polypiers, Crustacés, Coquillages. Les polypiers arrachés de leur lieu natal ne sont plus que des matériaux de transport. Leur pesanteur spécifique est fort diverse. Il peut par conséquent s'en trouver dans toutes les couches renfermant des débris transportés. Il y en a de très-légers et de très-fragiles. Les plus lourds, à moins qu'ils n'aient été voiturés par les bois flottans auxquels ils ont pu se trouver accrochés, auront dû se déposer dans les couches les premières formées. Ceux qui sont d'une texture fragile, n'ayant pu résister aux accidens, auront été détruits. Au reste, tout ce qu'on a reconnu de ce genre dans les Terrains de transition, se borne à fort peu de chose. Ce sont quelques fragmens d'*Entroques*, de *Corallites*, de *Madrépores* et d'*Encrines* inconnues qui se montrent principalement dans les Granits graveleux et les calcaires les plus anciens. Comme on ne saurait rien dire de sensé sur un sujet où la science manque totalement de documens précis, il est inutile de s'en occuper ici plus longuement.

Pour ce qui est des crustacés et surtout des coquillages, on doit non-seulement distinguer ceux qui étaient vivans de ceux qui étaient morts; mais encore on ne doit point confondre les univalves de terre et d'eau douce avec les univalves et bivalves marins. Quant à ceux de ces derniers animaux transportés vivans sur les continens, ils ont dû en être quittes pour la fatigue du voyage, puisqu'ayant été voiturés dans leur élément, ils n'ont fait que changer de contrée. Ils auront même pu conserver leurs parties les plus délicates, leurs crêtes les plus subtiles, leurs pointes les plus déliées. Comme nous ignorons les habitudes de ces êtres au fond des mers qu'ils habitent, il serait fort difficile de dire ici rien de plausible sur ce qui a dû leur arriver après le transport. Surtout il serait fort malaisé d'expliquer comment il se fait que parmi les coquillages qui se sont déposés dans les Terrains de transition, il se trouve en général beaucoup plus d'univalves que de bivalves. Fort heureusement que ces animaux étant là comme chez eux, on ne saurait être surpris de ce qu'il s'en trouve en assez grande quantité dans les couches diverses qui ont successivement formé le lit de la mer pendant la durée du cataclysme.

Quant à ceux qui étaient morts ou vides, les uns

tels que les bivalves et une partie peut-être des univalves marins qui ne surnagent point, se seront trouvés mêlés avec les graviers et les galets, lesquels par leur choc répété les auront réduits en poussière ou du moins les auront fort usés. Les autres, tels que les crustacés, quelques univalves marins et tous ceux de terre et d'eau douce, auront surnagé et par là échappé au dépôt de transition. En effet, ces animaux n'auraient pu se déposer qu'avec les corps légers qui ont été échoués lors de la retraite de la mer, c'est-à-dire, avec les amas de végétaux qui ont formé les dépôts de houille; mais il ne pouvait en être ainsi. Leur légèreté, leur forme arrondie, ovale, conique ou cylindrique, ne leur permet point d'adhérer au sol comme les végétaux, et par conséquent a dû apporter un très-grand obstacle à ce qu'ils se soient échoués comme eux. On peut se convaincre de cette vérité par l'observation de ce qui se passe en pareil cas dans les grandes masses d'eau, par exemple, dans les anfractuosités des bords d'une rivière débordée. Là, pendant que les débris de bois et autres corps flottans sont déjà échoués et restent sur le rivage, une foule de coquilles univalves se font remarquer en avant des végétaux où elles sont encore le jouet des flots, qui de temps en temps en emportent quelques-unes plus loin. Pour qu'il s'en échoue, il faut qu'elles arrivent avec un amas de débris flottans dans les interstices desquels elles se trouvent retenues. Certainement il y en a eu d'échouées avec les végétaux qui ont formé les houilles; mais ces amas en changeant de nature ont souffert une diminution de volume par la pression de l'eau qui est survenue bientôt après, et le peu de coquillages qui auront pu s'y trouver, pressés de tous côtés par des corps durs, ont dû être brisés et pulvérisés.

Ainsi la mer, en se retirant, a emporté avec elle les coquillages marins, soit bivalves, soit univalves, qui ne s'étaient point laissés empâter dans le dépôt précipité, et les coquillages terrestres ou fluviatiles morts, ou vivans, qui, presque tous, sont univalves, surnagent dans l'eau, et qui, par là, se sont trouvés réservés presqu'en totalité pour les Terrains secondaires qu'ils étaient destinés à repeupler.

Les cadavres noyés des hôtes de la Terre. Ici, se trouvent compris les hommes, les quadrupèdes de toute sorte, les oiseaux. Commençons par l'homme. Le déluge ayant été causé par une invasion subite et violente de la mer, tous les hommes ont été noyés presqu'en même temps. Leur cadavre s'est donc trouvé au fond de la mer dans le moment où elle voiturait les gros graviers, débris des roches primitives. Froissé continuellement contre ces corps durs, peut-être encore anguleux, pendant tout le temps qu'il est resté enfoncé avant de s'élever à la surface, c'est-à-dire, pendant sept ou huit jours environ, il a dû être bientôt décharné. Sa charpente osseuse, roulée à son tour et balottée contre tous les obstacles qu'elle rencontrait à la surface de la terre, heurtée sans cesse par les galets avec lesquels elle marchait, a dû être ou détruite, ou usée au point de devenir méconnaissable. Il serait possible pourtant qu'une partie de ces cadavres, immédiatement après avoir été saisis par l'eau, eût rencontré des cavités où ils se seraient enfoncés, et où recouverts par les galets marchant avec eux, ils se seraient conservés. Quoiqu'il en soit, c'est dans les Terrains de transition et même dans les granits à gros gravier, qui sont le dépôt le plus ancien de cette formation, que l'on pourrait espérer de trouver des ossemens humains, si tant est qu'il en soit échappé quelques-uns à l'action destructive de ces frottemens. C'est là seulement, non ailleurs, que l'on peut raisonnablement concevoir l'espérance d'en trouver un jour, et non pas dans les calcaires secondaires, parmi les ossemens de quadrupèdes, où ils ne peuvent ni ne doivent se trouver, et où, par une inconséquense vraiment incompréhensible, on s'est obstinément aheurté, où on s'aheurte encore à les chercher. D'ailleurs, on doit remarquer qu'à l'époque du déluge, le genre humain n'était ni aussi répandu, ni aussi multiplié qu'il l'est à présent. Il paraît, d'après l'histoire qui nous a conservé la mémoire fidèle de ce cataclysme, que l'espèce humaine resserrée dans l'Orient n'occupait qu'une partie de ces contrées. Puisque le cadavre de l'homme ne saurait avoir été transporté fort loin, c'est dans les environs de ces contrées, dans la direction du courant diluvien, et dans les Granits graveleux (*Grauwacke*) qu'il devrait se trouver. Or, ce courant ayant marché d'Occident en Orient, ainsi qu'on va le voir bientôt, c'est dans le premier dépôt intermédiaire de l'Asie, dans la Tartarie indépendante, ou dans la Chine, que doit se trouver le gisement des ossemens humains, si tant est qu'il puisse en être resté vestige. Qui est-ce de ceux qui ont porté la témérité jusqu'à prétendre que l'homme n'existait point à cette époque, qui ait été les chercher en ces lieux ?

On doit noter ici, que la non-existence de l'homme à cette époque, conclue de ce que ses ossemens ne se trouvent point parmi ceux des autres animaux découverts en quelques lieux de la France, de l'Allemagne et de l'Angleterre, a fait rejeter de la science des faits qui méritent attention. Par exemple, plusieurs naturalistes ont receuilli dans les lignites des grès secondaires, des morceaux de bois qui portent, dit-on, évidemment l'empreinte de la main de l'homme. On voit de pareils échantillons dans plusieurs collections. Puisque la conséquence qui avait fait rejeter ces témoignages, n'est rien moins que justifiée, ils rentrent dans le domaine de la science, et on est autorisé à s'en prévaloir pour attester l'existence de l'homme à l'époque de la formation secondaire.

Il a dû en être de même des animaux, dont le cadavre noyé ainsi que celui de l'homme, reste d'abord au fond de l'eau et ne peut surnager qu'au bout de plusieurs jours. C'est pareillement dans les premiers dépôts intermédiaires que leurs ossemens, s'ils ont échappé à l'action destructive du frottement, devront se trouver.

Quant aux quadrupèdes surpris par le courant du cataclysme, il a dû en être autrement. Nager est pour l'homme un art pénible : ce n'est que par des mouvemens contraires à la pesanteur, par des efforts continuels qu'il se maintient à la surface de l'eau. Pour les quadrupèdes ce n'est que le simple exercice d'une faculté naturelle. Placés dans l'eau à plat ventre ils se trouvent dans leur position naturelle, leur colonne vertébrale autrement construite que celle de l'homme leur permettant de tenir continuellement leurs narines hors du liquide, ils respirent sans gêne, sans effort, et comme d'ailleurs ils déplacent un volume d'eau égal au moins au poids de leur corps, ils nagent tout naturellement avec une telle facilité, si peu de peine, que l'on peut, sans crainte de se tromper, affirmer qu'ils peuvent nager jusqu'à ce qu'ils meurent de faim. Pour que l'on pût dire ensuite ce qu'est devenu leur cadavre, il faudrait savoir ce qui arrive lorsqu'un quadrupède meurt de faim en nageant dans l'eau, ce que l'on ignore absolument. Mais on peut suppléer à l'expérience qui nous manque ici par le raisonnnement. En endurant la faim et avant de mourir, leurs intestins se seront enflés de gaz, ainsi que cela arrive toujours en pareil cas, et tout au moins ces gaz auront remplacé l'air qui enflait leurs poumons pendant la vie. Ils auront donc continué à déplacer après leur mort un volume d'eau au moins égal à celui qu'ils déplaçaient auparavant. D'ailleurs, l'expérience démontre que les quadrupèdes morts, jetés à l'eau, ne se précipitent point au fond de l'eau, mais flottent à sa surface. Or, qui ne sait que le cadavre de ces animaux surnage jusqu'à ce que leur peau se crève accidentellement ou par l'effet de la décomposition? que cet accident n'a lieu que fort long-temps, une foule de mois après leur mort, à cause de la consistance coriace de leur peau ou de leur cuir et des qualités antiseptiques de l'eau? Car, si nous savons que les cadavres des animaux, exposés sur la surface de la terre aux influences atmosphériques, parcourent rapidement les diverses périodes de la décomposition; nous savons aussi qu'il en est autrement dans un liquide aqueux surtout quand ce liquide est salé; qu'une longue macération dans l'eau ne produit d'autre effet sur les matières animales, que de les transformer en une substance grasse analogue à l'adipocire (blanc de Baleine), et que les diverses parties dont elles sont composées, loin de se séparer comme dans la décomposition à l'air libre, restent liées ensemble. Elles peuvent donc se conserver très-long-temps dans l'eau, sans s'y détruire ou s'y dépécer. Les cadavres noyés des quadrupèdes ne se seront donc point précipités pendant les cinq mois qu'à duré la formation du dépôt des Terrains intermédiaires. Ils auront surnagé et seront restés le jouet des flots jusqu'à la retraite de la mer. A cette époque, ils auront pu être échoués avec les amas de végétaux qui ont formé les houilles, et vraisemblablement il s'en est ainsi déposé quelques-uns dans des lieux plus favorables que ceux où on les cherche; mais la forme de ballon arrondi que prend leur corps enflé dans l'eau, la pente des lieux où ils auraient pu se déposer ne le permettait guère. D'ailleurs ils devaient flotter à la suite des coquillages qui eux-mêmes flottaient à la suite des végétaux non encore échoués. Par là, ils se trouvaient dans l'impossibilité de gagner le rivage. Ainsi de même que les coquillages et les végétaux qui n'avaient pu se déposer, ils auront été entraînés par la retraite de la mer, pour être ensuite ensevelis dans les couches des Terrains secondaires, comme en le verra en son lieu.

Vraisemblablement il en a été de même des oiseaux, et quant aux poissons et aux animaux amphibies, quelle qu'ait été la violence de l'invasion de la mer, ce ne peut avoir été pour eux tout au plus que comme une tempête. Tout ce qui peut leur être arrivé de pire, c'est que quelques-uns, après la retraite des eaux, soient restés dans des enfoncemens où l'évaporation les aura bientôt laissés à sec avec le sel qu'elle n'a pu manquer de produire. Circonstance notable, parce qu'en les empêchant ainsi de se putréfier, elle aura permis à la formation qui sera venue les recouvrir de les envelopper dans l'intégrité de toutes leurs parties. C'est, en ffet, quand on ne s'en est point ainsi rendu compte, ne chose bien étonnante que la parfaite conservation de s animaux délicats et molasses, tandis que tout le este du règne animal, bien plus robuste, bien plus riace, et eux-mêmes ailleurs, ne présentent que des ébris épars.

Peut-être eût-il fallu distinguer ici les poissons et mphibies de mer, des poissons et amphibies d'eau douce. Du moins, il est certain que ces derniers ont dû être bien surpris, bien déroutés de se trouver dans une pareille immensité d'eau, et surtout, d'eau salée qui n'est point leur élément. Cependant, comme on ignore jusqu'à quel point l'eau de mer peut les incommoder, on ne peut dire avec quelque précision ce qui peut leur être arrivé. Toutefois, il est probable qu'il a dû en périr plus de ceux d'eau douce que de ceux de mer.

Mais comment se fait-il, va-t-on demander ici, que la majeure partie des coquillages fossiles des Terrains de transition, soient des univalves, et surtout, comment se fait-il qu'il ne s'y en trouve point de terrestres? On peut sensément répondre que pource qui est des coquillages marins, il doit en être ainsi, puisque l'Europe est une des contrées où l'invasion de la mer, qui a formé les Terrains intermédiaires, paraît n'avoir apporté que les productions des contrées équinoxiales où les coquillages univalves dominent en nombre sur les bivalves; que s'il n'en est pas de même dans les Terrains secondaires, c'est parce que les invasions de la mer qui ont formé ces terrains, étaient différentes les unes des autres, et que toutes différaient surtout de celle qui a déposé les Terrains intermédiaires. Pour ce qui est des coquillages terrestres, on répond, que puisqu'ils surnageaient à la suite des corp flottans qui n'avaient pu être échoués en totalité, il ont dû être, avec ceux-ci, entraînés à la mer lors de l retraite des eaux et continuer à être le jouet des flots même après le dépôt des Terrains de transition. Pou qu'il s'en fût déposé, il faudrait que certains d'entre eux restés vivans dans l'eau salée, se fussent hasardés à des cendre au fond de la mer; ce qu'on ne peut raisonnabl ment supposer, comme on le verra au chapitre troisièm où se trouvent les détails relatifs à la fossilisation des coquillages terrestres et fluviatiles. D'ailleurs, s'en fût-il déposé quelques-uns dans les couches des Terrains de transition, ils s'y seraient pour ainsi dire perdus dans le nombre; car, qu'est-ce même que la totalité de cette sorte de coquillages, comparée à l'innombrable quantité de ceux qui vivent au sein des mers?

Il est sans doute inutile de s'arrêter à faire remarquer ici combien cette disposition des débris des trois règnes de la nature antédiluvienne, résultant des phénomènes physiques qui ont nécessairement dû accompagner le premier séjour des eaux du déluge sur la Terre, concorde avec l'ordre observé par les géologues de nos jours dans les couches des Terrains de transition.

Au reste, dans le détail de chacune des opérations dont il vient d'être parlé, on a pu assez facilement remarquer, pour que l'on soit dispensé d'y insister ici, que la principale masse des élémens minéralogiques tenus en suspension, ainsi que ceux tenus en dissolution dans les eaux du déluge, s'étant trouvés les mêmes que ceux du dépôt de la formation primitive; toute cette masse a dû se précipiter de la même manière que dans ce dernier dépôt. Et quant aux matériaux de transport, on a vu aussi qu'ils s'y sont déposés selon les lois de la gravitation, sauf les anomalies résultant du redoublement très-fréquent des termes simples de la série de superposition, laquelle a pu obscurcir en apparence cet ordre, en faisant qu'une telle couche se trouve placée au-dessus d'une telle autre, quoique cependant les matériaux en fussent d'une pesanteur spécifique moindre. Tous ces résultats caractérisent un dépôt analogue à ceux dits par *décantation*;

ce qui constitue le sixième caractère de la formation de transition.

Enfin les bassins des mers, dont la destruction ou le soulèvement avait causé le déluge, se sont rétablis. Les eaux qui couvraient le Globe s'y sont aussitôt retirées en déposant, à mesure qu'elles baissaient de niveau, les amas de végétaux qui ont formé les houilles; mais certaines dépressions du sol, certains bassins sans issue, auront retenu celles qu'ils renfermaient. Le défaut de tranquillité parfaite, impossible à concevoir dans une aussi énorme masse d'eau que celle du déluge, ou pour mieux dire, son agitation légère si on veut, mais continuelle, avait permis à ces eaux de retenir une quantité notable d'élémens argileux. Ces élémens se sont alors déposés sur toutes les parois de la cavité, pendant que l'eau s'évaporait continuellement, laissant dans les parties les plus basses de ces dépressions l'hydrochlorate de soude (sel marin) produit ordinaire de son évaporation. Les vents aidés de la chaleur qui pulvérise cette terre, les brouillards condensés en eau qui la délayent, auront fini par transporter en tout ou en partie le dépôt argileux des parois supérieures de ces bassins dans les cavités où le sel gisait déjà sur l'argile déposée avant lui et l'auront ainsi mis à l'abri des invasions subséquentes de la mer. De là la formation de l'argile muriatifère qui termine le dépôt des Terrains de la formation intermédiaire. Au reste, une partie de ces dépôts de sel peut s'être formée d'une autre manière, comme on va voir plus bas.

La destruction ou le soulèvement momentané du bassin des mers, qui, selon la Genèse, a causé le déluge universel, ne peut avoir eu lieu sans que la croûte

solide du globe terrestre en ait éprouvé de grandes convulsions, par conséquent sans que les couches primitives et intermédiaires aient été rompues ou brisées
en une foule d'endroits, et surtout sans qu'il y ait eu
des changemens plus ou moins grands de niveau. Le
rétablissement de ces bassins des mers, qui cinq mois
après a fait cesser le cataclysme, a dû nécessairement
produire les mêmes résultats, c'est-à-dire de nouvelles
ruptures, de nouveaux bouleversemens de niveau. Or
ces ruptures et ces bouleversemens de niveau ont dû
former des montagnes, des collines et des vallées fort
différentes de celles produites par les eaux courantes
et agitées, en d'autres mots, des vallées dont les angles rentrans et les angles saillans n'ont entre eux
nulle correspondance; ce qui constitue les neuvième
et dixième caractères de la formation. De là l'extrême
différence du niveau qui se montre dans les houilles
dont certains dépôts sont très-élevés au-dessus de la
mer, pendant que d'autres sont au contraire fort au-
dessous d'elle.

La matière fluide du noyau du Globe a dû alors
s'échapper par certaines crevasses à deux reprises différentes, savoir : la première au commencement même
de la formation, lorsque les bassins des mers ont été
soulevés ou détruits, la seconde à la fin de la même
formation, après le dépôt des terrains houillers, ou si
on l'aime mieux, au commencement des formations
secondaires. Pendant la première de ces deux irruptions, a pu sortir la matière qui a formé les Granits
communs et les Granits amphiboliques (Siénites) qui
constituent la partie inférieure du dépôt des Terrains
intermédiaires. Pendant la seconde a pu sortir de la
même manière, non-seulement la matière qui a formé
les Granits diallagiques (Euphotide) et les Granits por-

phyriques qui surmontent ces terrains, mais encore les roches de Quartz et les amas de sel gemme qui les accompagnent.

On pourra être d'abord étonné de voir ici des roches de Quartz attribuées à des coulées pseudovolcaniques, mais cet étonnement devra cesser quand on soumettra ce fait à un examen sérieux.

Les belles expériences de Berzelius sur le silicium nous ont appris qu'au moment où cette substance transforme en silice par l'oxidation, elle est très-luble dans l'eau. D'après cela, si par une cause quelconque, le silicium qui se trouve en très-grande abondance dans la matière fluide du Globe est poussé à sa surface et qu'il s'y oxide au contact de l'eau, ainsi que cela a dû arriver pendant le déluge, cette eau devra renfermer de la silice en solution. Or, en se précipitant de son dissolvant toutes les fois que les conditions essentielles à cette précipitation se seront présentées, cette matière minérale aura dû se déposer à l'état de Quartz. Telle est sans doute l'origine de la silice en solution que contenaient les eaux du déluge. Telle est aussi l'origine de celle qui, après le dépôt de la formation primitive, est venue recouvrir la superficie de ces terrains comme par exemple en Norwège, en Amérique (1), et qui sans doute était beaucoup plus répandue sur la Terre avant les convulsions qui ont donné naissance aux Terrains de transition. Car les cailloux roulés et les graviers quartzeux, se montrant en excessive abondance dans cette dernière formation, pendant que les roches de cette nature sont fort rares dans l'état actuel de la formation primitive, on est forcé d'en conclure que les roches quartzeuses, qui dans l'origine recouvraient une grande partie de

____

(1) Humboldt, *Dict. Sc. nat.*: INDÉP. DES FORM., p. 137.

la Terre, ont été détruites par le cataclysme du temps de Noé et enfouies pour ainsi dire dans les couches du Terrain de transition. Telle est vraisemblablement encore l'origine de cette silice à l'état de fluide pâteux découverte en 1828 dans le marbre de Carrare par Nero et Repetti, et qui s'est solidifiée quelques heures après avoir été mise en contact avec l'atmosphère. Introduite avec l'eau dans la masse de calcaire lorsque par l'influence des matières pseudovolcaniques, il a été converti en marbre grenu, et préservée dans les cavités qui la renfermaient de tout contact avec l'air extérieur, cette substance aura pu se conserver en cet état jusqu'à nos jours (1).

La chaleur de cette matière fluide, aidée de la pression produite sur la surface du Globe par l'énorme masse du liquide qui le recouvrait, aura pu provoquer sur les roches voisines une sorte de liquéfaction pâteuse pareille à celle dont M. Drée a fait mention dans ses curieuses expériences (2). « Les élémens des Schistes auront dû perdre de leur force de cohésion, leurs parties constituantes auront été écartées les unes des autres, et la matière fluide, de même que les émanations gazeuses qui l'accompagnent toujours, auront pu s'insinuer dans leurs interstices. Ainsi l'action des agens chimiques aura pu s'exercer dans certaines limites posées par les forces adverses de la cohésion; et les parties constituantes des roches auront pu prendre, pendant la liquéfaction et le refroidissement lent, un arrangement plus ou moins cristallin suivant les circonstances, et sans déranger ou détruire notablement la structure feuilletée originaire. D'un autre côté, le jeu des affinités chimiques, exercé sur les élémens

(1) *Ann. Chim. et Phys.*, 1828, p. 92.
(2) *Journ. Mines*, t. 34, p. 31 et suiv.

cristallisables introduits dans leurs interstices, aura pu, comme cela a lieu dans les laves, donner naissance à cette foule d'espèces et de sous-espèces cristallines qui sont disséminées en nids, en amas et en petits filons au milieu des Schistes placés immédiatement au-dessus de la matière pseudovolcanique. »

« La liaison intime de ces Schistes cristallins, soit avec les Schistes intermédiaires, soit avec le Granit pseudovolcanique, ne saurait plus avoir rien d'étonnant. L'identité des élémens de ces roches avec ceux du Granit et les mélanges accidentels des sous-espèces de tant de minéraux empâtés dans leur masse, ainsi que les caractères extérieurs de ces sous-espèces, s'explique de la sorte très-facilement. On trouve tout naturel de découvrir dans un minéral des substances chimiques disséminées dans la roche environnante. »

« De même il paraîtra tout simple d'observer dans les Schistes peu altérés des minéraux plus ou moins confusément cristallisés, comme par exemple, la Macle et le Scapolithe dipyre dans les Schistes argileux et les Schistes micacés; la Staurotide dans certains Schistes et des lits imprégnés d'aiguilles d'Amphibole, tandis que d'un autre côté, on remarquera sans surprise dans les Schistes cristallins les mêmes substances minérales plus ou moins parfaitement cristallisées. Par exemple, dans les Schistes micacés on pourra rencontrer tantôt des cristaux d'Andalousite, de Feldspath ou de Grenats, et tantôt simplement des Macles, des masses de Feldspath lamelleux ou des grains informes de Grenats. »

« L'enchevêtrement de certains cristaux de différentes substances, telles que le Schorl, le Béril, le Quartz, les Macles ou les Andalousites, renfermant un noyau de Schiste argileux, la surface scoriée de plusieurs minéraux disséminés ou en amas, certains cristaux entourés d'une croûte semblable d'une autre substance, par exemple, des Scapolithes de Suède, recouvertsd'une croûte d'Augite, etc., trouveront, d'après cela, leur explication ; et l'identité des minéraux disséminés dans les Granits micacés, les Schistes micacés, sera un fait aussi peu extraordinaire que celui de rencontrer quelquefois dans ces dernières roches des minéraux mieux cristallisés que dans celles qui ont subi un moindre degré de liquéfaction pâteuse. Ainsi, un Granit à Tourmaline se trouvera à côté d'un Granit micacé ou d'un Schite micacé à cristaux informes ou groupes informes de Schorl. »

« L'on ne trouvera plus de difficulté pour expliquer les petits nids et les grands amas de calcaire et tous les accidens bizarres de ces derniers. L'on n'y verra que les effets de la structure originelle et des causes indiquées. Ainsi les calcaires grenus (dits primitifs) ne présenteront jamais, ou presque jamais, si l'on veut, des traces de débris organiques, parce que ces restes se sont fondus avec la masse pendant la liquéfaction, comme on le voit dans les Pyrénées. »

« Le mélange de calcaire grenu blanc à Grammatite et de calcaire terreux jaunâtre maclifère et à Actinote, près du Granit de certains lieux des Pyrénées, proviendra de la pureté plus ou moins grande du calcaire intermédiaire ou de son mélange avec des parties de Schiste argileux. Les calcaires, tantôt grenus, tantôt compactes, leurs imprégnations étrangères, leurs petits filons variés, leurs nids, et en particulier, ces petits amas et ces réseaux de petites veines feldspathiques ou quartzeuses si bizarres de Norwége et d'Écosse, toutes ces apparences, en un mot, n'offrent plus rien d'inexplicable dans un pareil ordre de choses. »

« Les Granits micacés (Gneis) à Graphite d'Allemagne ne seront plus que des Schistes à parties charbonneuses qui ont été modifiées par l'agent igné, de même que la Houille est changée en Graphite au contact de la matière pseudovolcanique. »

« L'on ne trouvera plus une anomalie dans les fragmens schisteux qui, empâtés dans les granits, se fondent avec la masse environnante, et les soi-disant brèches primitives de Granit micacé dont il a été parlé au septième caractère, trouveront aussi une explication aisée (1). » Il en est de même du singulier phénomène des couches schisteuses et calcaires, qui, au contact de la matière pseudovolcanique, se trouvent quelquefois fléchies et contournées d'une manière bizarre. Enfin, l'inclinaison plus ou moins voisine de la verticale, qu'offrent les masses du Terrain de transition dans les chaînes de montagnes, ne sera plus qu'un effet nécessaire d'un soulèvement plus ou moins considérable, provoqué par l'expansion de la matière souterraine. Il en est de même de la direction du plan des couches, qui aura nécessairement dû se trouver toujours parallèle à la direction des crevasses, ou, si l'on aime mieux, de la chaîne de montagnes qu'elles supportent; car le fluide souterrain en sortant, ayant dû s'accumuler au-dessus des fissures, et renverser à droite et à gauche les couches rompues et soulevées, il a dû en résulter que le plan de ces couches s'est trouvé dirigé dans le même sens que les fissures, c'est-à-dire parallèlement à la direction de la chaîne. Or, tout cela constitue les septième, onzième et douzième caractères de la formation.

Ces terrains, au reste, ne doivent à l'eau du déluge, sous laquelle ils se sont formés, que la texture cristalline qui les caractérise. Ce sont d'ailleurs des déjec-

(1) Boué, *Ann. Sc. nat.*, 1824, p. 32 à 38.

tions analogues aux déjections volcaniques qui se sont solidifiées dans la mer pendant qu'elle recouvrait la Terre. Ainsi, ces matières problématiques, sujet de tant de disputes entre les minéralogistes allemands, qui soutenaient leur origine aqueuse, et les minéralogistes français et italiens, qui les tenaient pour volcaniques, sont l'une et l'autre à-la-fois : par là, toute les opinions se concilient entre-elles, et la secte des *Neptuniens*, de même que celle des *Vulcaniens*, se trouve sans but comme sans motif.

Au surplus, rien ne répugne sans doute à l'idée que des volcans aient travaillé sous l'eau pendant le déluge, puisqu'on voit de temps en temps, au sein des mers, s'élever au-dessus de l'eau des rochers, des îles qui y étaient auparavant inconnues. Il y aurait sur ce sujet bien d'autres choses à dire ici, mais, comme elles n'y sont point essentielles, qu'elles exigeraient des développemens étrangers en quelque sorte au fond de la matière traitée dans ce chapitre, nous aimons mieux renvoyer pour cela au paragraphe suivant, où le sujet revient d'ailleurs tout naturellement.

Tels sont les phénomènes résultant naturellement du travail des eaux du déluge universel pendant les cent cinquante jours (cinq mois) qu'elles ont recouvert le Globe jusqu'au-dessus des plus hautes montagnes.

En résumé, les conséquences auxquelles conduit tout naturellement le récit de l'histoire, touchant le premier séjour des eaux du déluge universel sur la Terre, ne sont que la reproduction exacte et parfaite des phénomènes géologiques observés jusqu'à présent dans les Terrains intermédiaires, et qui caractérisent cette formation. Même antériorité aux Terrains secondaires, même postériorité aux primitifs, même genre, même nature de dépôt par cristallisation confuse dans les couches siliceuses, même alternance de ces couches siliceuses avec des couches de calcaire compacte, même succession, même redoublements des termes simples de la série des roches de ces terrains, même abondance partout de carbonne et de chaux, de fer, de magnésie, mêmes phénomènes dans les dépôts charbonneux du fond et de la superficie de la formation, enfin même distribution remarquable, singulière même des produits de la nature antédiluvienne. L'histoire et la science géologique sont donc dans un parfait accord de détails touchant la formation des Terrains intermédiaires ou de transition.

§ III.

Remarques sur la disparition momentanée des bassins des mers, qui, selon le récit de la Genèse, *a causé le déluge.*

La mer a couvert la Terre entière : c'est un fait géologique évident, incontestable. On en convient, et cependant il existe dans l'esprit de presque tous les naturalistes une prévention contre le récit du déluge dans la Bible. On pourrait prendre cette prévention facheuse pour une conséquence de l'éloignement qu'ils ont la plupart pour tout ce qui se ratache au christianisme; mais ce n'est chez certains d'entre eux qu'un préjugé. Dès que l'on commença à étudier la géologie avec quelqu'intelligence, on ne crut d'abord devoir diviser la croûte solide du Globe qu'en deux grandes formations seulement, auxquelles on donna le nom de formation primitive ou primordiale, et de formation secondaire. Plus tard, on se vit forcé d'en ajouter une autre, que l'on nomma formation de transition ou intermédiaire, parce qu'elle se trouvait précisément entre les deux déja nommées. Enfin, on commence actuellement à entrevoir une quatrième formation, que le célèbre Buckland désigne par la dénomination erronée et sans doute fort mal trouvée de *Diluvium*. Voilà trois époques de la science fort distinctes les unes des autres. Or, pendant que l'on n'admettait que deux grandes formations, la curiosité si naturelle dans l'esprit des savans, les entraînant toujours, comme par une force irrésistible, à faire des conjectures prématurées, on voulut expliquer la formation de la croûte du Globe. Pour cela, on ne manqua pas de mettre en avant le récit du déluge de la Genèse, comme seul monument circonstancié de la tradition universelle. Ainsi accolé à une théorie géologique erronée, qui ne reconnaissait que deux grandes formations indépendantes, et liait par conséquent ce qui devait être séparé, ce récit, comme de raison, se montra dans une discordance intolérable avec la science. La faute, sans doute, en était à celle-ci, qui ne reposait point encore sur des bases sûres et solides ; mais on ne s'en douta même pas. Il fallut rejeter le récit de Moïse comme un document tout-à-fait inutile. On le fit avec toute la rudesse, toute la présomption que l'on reproche avec justice aux esprits de cette époque, et qui a terni la gloire littéraire et scientifique du dix-huitième siècle. L'impression produite par ce jugement prématuré et téméraire fut si profonde, que depuis cette époque, le maître n'a cessé de la transmettre au disciple, et qu'elle se maintient encore à l'ombre de la réputation des écrivains célèbres qui l'ont produite, malgré le ridicule fondement sur lequel elle repose.

Mais, dit-on, le déluge du récit de la Genèse est un miracle, et on ne veut plus de miracles pour expliquer les phénomènes géologiques, et surtout des miracles qui, comme celui-là, n'expliquent absolument rien.

On pense avoir suffisamment lavé le récit biblique du reproche de ne rien expliquer, par tout ce que renferme le paragraphe précédent. Reste à nous laver nous-même du reproche d'avoir employé ici un fait miraculeux pour expliquer des phénomènes géologiques jusqu'à présent inexplicables.

De tout ce qui a été ici emprunté au récit de la Genèse, la destruction momentanée ou le soulèvement, comme on voudra, des bassins des mers, est sans doute le seul fait qui puisse être qualifié de miracle avec quelqu'apparence de justice; mais la qualification de miracle convient-elle, rigoureusement parlant, à ce fait?

On a vu au chapitre premier, vers la fin du deuxième paragraphe, qu'entr'autres effets, la rotation de la Terre sur son axe avait nécessairement dû produire dans sa croûte extérieure des enfoncemens dans lesquels l'eau de la mer s'était retirée, et des éminences qui étaient devenues les continens. Que l'on suppose ici pour un moment, que sous nos yeux et de manière à exclure jusqu'à l'ombre du doute, la Terre cesse pendant quelques jours de tourner sur son axe. Il est sans doute incontestable que l'effet résultant de sa rotation, savoir : les enfoncemens alternant avec des éminences disparaîtraient ; que la mer se répandrait aussitôt sur la surface entière du Globe ; qu'elle la couvrirait entièrement comme au temps de la création et comme au temps du déluge universel. Or, cette cessation momentanée du mouvement de la Terre sur son axe, dont les effets seraient évidemment les mêmes que ceux du déluge universel, pourrait-elle être qualifiée de miracle? Rigoureusement parlant, elle ne pourrait l'être; car pour qu'un fait soit miraculeux, il faut qu'il soit clairement certain et évident qu'il n'a point pour cause quelqu'un des effets ordinaires ou accidentels de la nature agissante; en d'autres mots, qu'il soit l'effet d'une puissance surnaturelle. Or, ignorant absolument pourquoi la Terre tourne sur son axe, si c'est par une cause surnaturelle ou bien par une cause physique encore inconnue, ce qui est bien plus probable, on serait dans l'impuissance d'affirmer ici que c'est par l'une ou par l'autre de ces causes que la cessation de mouvement a eu lieu. Parconséquent, on ne pourrait dire, ni que le fait fut un miracle, ni qu'il ne le fut pas. Ainsi, la qualification de miracle donnée à l'un des effets de cette cessation momentanée de mouvement serait un jugement prématuré aussi injuste que téméraire.

Certains esprits sont-ils offusqués par une supposition aussi étrange? Voici un autre exemple qu'ils ne peuvent repousser pour un tel motif. On ne peut non plus affirmer des aërolithes, qui sous nos yeux tombent si souvent sur la terre, ni qu'elles soient l'effet d'une cause surnaturelle, ni celui de la nature. Leur chute a-t-elle été néanmoins qualifiée de miracle? On l'a seulement regardée comme un phénomène mystérieux de la nature fait pour exercer la méditation des philosophes. Pourquoi en serait-il autrement de la destruction ou soulèvement des bassins des mers, auquel le récit de la Genèse attribue le déluge universel? Pourquoi surtout a-t-on cherché, en qualifiant cette destruction de miracle, à la flétrir des stigmates du ridicule? Nous ne nous tenons pas assez en garde contre le style souvent plus spirituel que précis de nos écrivains célèbres.

Que dire ici de la singulière bonhommie de Vossius

et de ceux qui, avec lui, n'ayant pas su voir que la/ submersion entière de la Terre est une conséquence inévitable de la destruction des bassins des mers dont parle le récit biblique, se sont bénévolement imaginé que le déluge universel a été uniquement occasionné par la pluie qui ne cessa de tomber pendant les premiers quarante jours. Il suffira sans doute de leur dire : Vous remarquerez avec raison, que la réunion de toutes les vapeurs suspendues dans l'athmosphère et condensées en eau suffirait à peine pour recouvrir la surface du Globe de quelque pieds seulement ; qu'il n'y a pas assez d'eau dans l'univers pour augmenter le niveau des mers jusqu'au dessus des hautes montagnes : mais la conclusion à déduire de là n'est pas que le déluge de la Genèse, qui est un déluge par submersion, soit impossible. Ce raisonnement ne démontre que l'impossibilité d'un déluge de pluie, c'est-à-dire, du déluge chimérique que votre imagination s'est complue à créer. Au surplus, il faut bien se garder, à ce sujet, d'imaginer que pour couvrir toute la Terre, les eaux du déluge ont dû s'élever jusqu'au dessus des plus hautes montagnes du monde actuel. Nous ignorons ce que furent les montagnes du monde primitif.

En considérant ici le soulèvement et l'affaissement successifs du récit de la Genèse comme un fait historique entièrement isolé, sans autre appui que l'autorité seule du livre de la Bible auquel il a été emprunté, on l'a placé dans son jour le plus défavorable. Qu'on le regarde maintenant dans ses rapports avec la science géologique, on verra que son authenticité est en quelque sorte gravée partout sur la surface solide du Globe. En effet, depuis que l'on étudie avec quelque intelligence la géologie, tous les géologues voyageurs déclarent, qu'on ne peut voir l'état actuel des couches géologiques sans être forcé de convenir que ces couches ont été fracturées, en partie soulevées et en partie affaissées; que les montagnes, les collines, les vallées, les bassins, ne sont évidemment et incontestablement que les résultats de ce changement de niveau des parties séparées; qu'enfin tous ces faits ne sont que des témoignages évidens, irrécusables, authentiques, que pendant l'époque de la formation des Terrains intermédiaires, la croûte solide du Globe a éprouvé, à deux reprises différentes, au commencement et à la fin, de violentes convulsions qui ont brisé les couches, changé le niveau relatif des parties, et vomi par les fissures les dépôts pseudovolcaniques qui constituent le fond et la superficie de cette formation (1). Le récit de la Genèse est bien évidemment le fait que réclament avec tant d'instance les géologues, puisque aux époques correspondantes, c'est-à-dire, au commencement et à la fin du déluge, elle nous offre, dans la destruction et le rétablissement du bassin des mers, deux causes de convulsion, dont les effets doivent avoir été prodigieux. On est donc forcé de convenir que sur le fait des ruptures de couches et changement de niveau, des soulèvemens et affaissemens successifs, la science géologique et l'histoire sont dans le plus parfait accord; qu'elles se confirment et se corroborent mutuellement; que dès lors toutes deux sur ce point ne forment qu'un eul tout désormais inséparable.

Écartons, rejetons donc enfin de la science cette qualification fallacieuse de miracle, que rien ne justifie, qui ne peut en aucune manière s'appliquer au écit de la Genèse, et qui jusqu'à présent n'a fait qu'é-arer l'attention des minéralogistes, par le chimérique

(1) A. Boué, voy. *Bull. Férussac*, janv. 1828, p. 311 et suiv.

épouvantail de ne pouvoir jamais atteindre à une explication quelconque.

Mais qu'elle a pu être la cause, et de ces convulsions du Globe que réclame avec tant d'instance la Géologie, et de ce soulèvement momentané du bassin des mers dont parle le récit biblique? Ici l'historien et le géologue confessent chacun leur ignorance. On n'en sait absolument rien. Au reste, nous ignorons la cause première de cette multitude de phénomènes, que l'on désigne sous la dénomination mystérieuse de *lois de la nature*. Nous ne pouvons par conséquent pas aborder franchement les questions, qui comme celle-ci, ont une liaison aussi intime avec ces phénomènes. Car il serait sans doute aussi peu sensé de demander comment la mer a pu quitter ses bassins et puis y rentrer, qu'il le serait de demander la cause première des phénomènes que nous regardons comme des lois qui ne peuvent cesser d'être un seul instant exécutées, quoique rien ne nous garantisse une pareille stabilité. Ce qu'on a dit de plus raisonnable sur cette matière est l'explication ingénieuse qu'en a donnée Deluc ; mais les cavernes qu'il suppose au-dessous de la croûte du Globe, dans lesquelles les montagnes s'affaissent, sont une hypothèse tout-à-fait gratuite, et incompatible avec l'état de fluidité pâteuse du noyeau du Globe bien plus probable, comme on a déjà vu, que celle de sa solidité. D'ailleurs, les affaissemens auxquels il conduit, quelque nécessaires qu'ils paraissent pour expliquer la formation des vallées, le redressement des couches, ne sont non plus que des conséquences problématiques et même inadmissibles, puisque des soulèvemens suivis d'affaissemens démontrent tout ce qu'il expliquent et le démontrent bien mieux, puisque ceux ci, ne contrariant en rien la fluidité du noyau de la Terre, sont censés expliquer tout ce que cette fluidité explique.

Plutôt que d'entrer dans le champ des conjectures, on a mieux aimé confesser ici purement et simplement son ignorance sur la solution du mystérieux problême du soulèvement momentané du bassin des mers, qui a causé le déluge universel et présidé à la formation des Terrains de transition. Ce n'est pas qu'il n'y eût à dire sur cette matière des choses intéressantes et bien moins hypothétiques que les cavernes de Deluc ; mais quand on peut établir des explications satisfaisantes sur un fait historique confirmé par les phénomènes géologiques, tel que le soulèvement momentané du bassin des mers au temps du déluge universel, il est superflu de s'épuiser en vains efforts pour remonter jusqu'à la cause première de ce fait. On peut se contenter alors de poser la question du problême, et de la soumettre aux méditations philosophiques des physiciens. D'ailleurs, tout ce qu'on pourrait dire dans l'état actuel de nos connaissances sur ce sujet ne saurait produire qu'une conviction louche, s'il est permis de s'exprimer ainsi. Dès lors, la loi que nous nous sommes imposée de ne rien expliquer par des conjectures, nous faisait un devoir de l'exclure de tout ce qui précède, pour le présenter ici isolément au lecteur sous le titre de remarque essentielle, et comme tendant seulement à la solution d'un problême que le défaut de données suffisantes rend en ce moment insoluble.

On demande quelle est la cause du soulèvement momentané du bassin des mers, suivi d'un affaissement dont parle le livre de la Genèse, et que réclame la Géologie ; et aussi pourquoi l'Écriture nous a laissé ignorer cette cause.

La Bible n'est pas un traité scientifique. Son but n'est autre chose que l'éducation morale et religieuse du genre humain. Or, les hommes sont ou savans ou ignorans. Les premiers se réduisent à quelques individus seulement que l'on pourrait facilement compter ; les seconds comprennent la presque totalité du genre humain. Ceux-ci occupés sans relâche à se procurer des moyens d'existence par le travail de leurs mains, passent leur vie entière étrangers à une foule d'idées scientifiques qui cependant les intéressent de fort près, ou s'ils ne peuvent absolument s'en abstenir, ils en adoptent de fausses, que l'on tenterait vainement de déraciner de leur esprit. Séduits par l'illusion de leurs sens, leur état est d'autant plus désespéré, que tout ce que l'on pourrait leur dire pour les guérir de leur erreur est au-dessus de la portée de leur intelligence. Telles sont entre autres les idées du vulgaire touchant le système du monde. Car quel est l'homme hors de la classe des érudits qui ne pense que la Terre ne tourne point sur son axe, que le Soleil au contraire tourne autour d'elle ?

Dans un livre écrit pour l'instruction de tout le monde, tel que la Bible, on doit éviter non-seulement d'y traiter des sujets qui soient hors de la portée des esprits peu ou point cultivés, de peur de les rebuter ; mais encore d'y ramener des idées vraies, lorsqu'elles pourraient choquer des idées fausses généralement reçues, et que l'on ne saurait détruire que par une éducation scientifique, qui elle-même n'est pas à la portée de tous les esprits. Ainsi, il faut absolument que l'on y dise, que le Soleil tourne autour de la Terre, et jamais que la Terre tourne autour du Soleil. Par conséquent, on ne peut non plus y dire que la Terre à telle époque s'est arrêtée sur son axe pendant tant de temps,

quand bien même le fait serait vrai et indubitable.
Voilà un premier écueil contre lequel les rédacteurs
de la Bible devaient se donner bien de garde de venir
se heurter. Mais il en est un autre qu'il était encore
de la prudence des sages vénérables qui en ont écrit
les divers livres, et de la sagesse éternelle qui a dirigé
leur plume, d'éviter aussi. Tout en se gardant de choquer les idées reçues du vulgaire, tout en parlant le
seul langage qu'il puisse comprendre, il fallait encore
ne pas égarer les savans, en se conformant avec tant
de rigueur à ces idées, que l'on se trouvât en quelque
sorte prêcher l'erreur à ceux-ci; car la Bible est pour
eux tout comme pour le vulgaire. Ce second écueil à
éviter l'a été par un moyen tout-à-fait ingénieux. Ce
moyen consiste à dire tout comme il faut pour que le
vulgaire comprenne et ne soit point choqué, mais de
manière à permettre l'addition de quelques documens en apparence insignifians, au moyen desquels
l'homme érudit qui se tient sur ses gardes puisse arriver jusqu'au delà du voile qui couvre la vérité, en s'aidant à la fois et du raisonnement et de la science. En
d'autres mots, ce moyen consiste à fournir au savant
des documens, tels qu'avec leur secours, il puisse parvenir à la vérité comme on parvient à la solution d'un
problême à l'aide de certaines données.

Que l'on approfondisse maintenant l'étude du sujet
dont il s'agit ici sous ce point de vue, on verra que
out conduit à cette idée que la Terre s'est arrêtée mo-
entanément sur son axe; car tout s'entend et s'expli-
ue ainsi presque de soi-même, tandis qu'autrement
out reste obscur et problêmatique.

Ne pouvant nous dire que la Terre s'est momentanément arrêtée sur son axe lors du déluge, parce qu'elle
ût par là offusqué tous les esprits, la Bible s'est bornée

à parler de la destruction du bassin des mers et de l'irruption impétueuse sur les continens de l'énorme
masse d'eau qu'il renfermait. Voilà pour les esprits du
commun des hommes un fait qui ne saurait les choquer. Pour les gens habiles, pour les savans, elle
ajoute à cela un second document, savoir, que la mer
ainsi répandue sur la surface de la Terre, y a séjourné
cinq mois entiers avant de se rassembler dans des bassins comme auparavant. C'est là tout ce qu'il faut à
ceux-ci pour les mettre sur la voie qui peut les conduire jusqu'au delà du voile qui couvre la vérité. En
effet, s'ils se donnent la peine de réfléchir et de raisonner, ils diront : Pour que la mer mise en mouvement par une cause quelconque ne soit point rentrée
dans ses bassins, après avoir fait si on veut, le tour du
Globe une ou deux fois, il faut que ces bassins n'exis-
tassent plus, sans quoi ils se seraient remplis de nouveau presqu'aussitôt après avoir été vidés, et l'ancien
état des choses se serait tout de suite trouvé rétabli.
Les anciens bassins avaient donc disparu, cela ne
peut être autrement ; d'ailleurs le texte le dit expressément. Mais comment cela a-t-il pu se faire? Le savant se concentrera ici en lui-même ; il réfléchira sur
l'invasion impétueuse de la mer quittant ses bassins
détruits ; il cherchera les traces de cette violente irruption ; une mappemonde développée devant ses yeux,
lui montrera la surface du globe terrestre tourmentée
sur la zône torride, de telle sorte que les continens,
chose bien remarquable, y présentent tous des forme
identiques de figure et de position, (Afrique, pres
qu'île de l'Inde, nouvelle Hollande, Amérique méri
dionale), ou bien s'y trouvent réduites à des archi
pels, (Antilles, Açores, îles de la mer des Indes)
comme si cette partie de la terre eut été affaissée par

tout et maintenue ou soulevée en quelques points seulement. Il remarquera que dans l'Amérique méridionale, plus on approche de l'équateur, plus les couches secondaires deviennent minces, en sorte que les plaines situées sous la ligne ou à une latitude peu considérable, n'en offrent plus du tout et sont entièrement formées de Terrains primitifs; que si le même phénomène se montrait en Afrique, ce qu'on ignore, il en résulterait nécessairement que ce fait a une relation évidente avec le mouvement de rotation diurne du Globe. Il se rappellera que les débris organiques renfermés dans les couches qui recouvrent immédiatement la formation primitive, appartiennent presque en totalité aux végétaux des contrées équinoxiales. Il se rappellera pareillement que la végétation de l'Inde se propage dans l'Archipel indien d'occident en orient, jusque sur les côtes de l'Amérique, c'est-à-dire, précisément en sens inverse des vents dominans de cette région, etc. Ah! s'écriera-t-il, alors le mouvement qui a transporté la mer sur les continens était dirigé d'occident en orient, précisément dans le sens de la rotation diurne de la Terre sur son axe. La violence de ses flots était évidemment sur l'équateur. Tout se serait donc passé comme si la Terre se fut momentanément arrêtée sur son axe! La Terre arrêtée sur son axe! Quelle conséquence! Cependant examinons de plus près et voyons ce qu'il aurait pu en résulter. La nature est si mystérieuse dans ses opérations les plus ordinaires, surtout dans celles que nous nommons ses lois, et parmi lesquelles figure la rotation de la Terre sur son axe, qu'il ne faut pas trop se hâter de conclure pour une impossibilité que rien absolument ne garantit. Qui sait si, lorsque nous connaîtrons la cause de ce mouvement, et les progrès de la science autorisent à la regarder comme sur le point d'être dévoilée à nos yeux, qui sait dis-je, si ce que notre ignorance actuelle regarde comme une violation impossible des lois de la nature, n'est pas une conséquence toute simple, toute naturelle de cette cause mystérieuse ou ignorée? Ce qui est indubitable, c'est que j'ignore absolument ce qui fait que la Terre tourne sur son axe, si c'est par un miracle de la toute puissance créatrice ou bien par une cause purement physique qui m'est inconnue. Par conséquent, j'ignore aussi, si c'est par un miracle ou par une cause inconnue qu'elle s'est arrêtée dans ce mouvement de rotation diurne. Ce qui est encore indubitable, c'est qu'il a été géométriquement démontré que la Terre, à cause de son état originel de liquidité, avait été aplatie aux pôles et dilatée sur l'équateur par le seul effet de sa rotation diurne; que l'on a aussi démontré que cette liquidité subsiste très-probablement encore dans le noyau. Or, en un pareil état de choses, la cause cessant, l'effet cesse. Après s'ê-tre arrêtée sur son axe de rotation, la Terre à cause de cette liquidité intérieure, doit reprendre sa forme originelle en se dilatant vers les pôles et se contractant sur l'équateur. Par là, les inégalités du Globe terres-tre, c'est-à-dire, les proéminences alternant avec des enfoncemens qui n'étaient que des effets résultant de la forme perdue, disparaissent ou sont détruites (*rupti sunt*) selon l'expression même du récit de la Genèse. Alors la mer n'a plus de bassins : elle se ré-pand de tous côtés sur les continens et le Globe entier se trouve de nouveau enseveli sous un abyme liquide comme au temps de la création.

Le savant remarquera en outre, que la Terre cessant tout-à-coup de tourner sur son axe, l'eau des mers, en vertu des lois de l'hydrostatique, a dû continuer à se mouvoir d'occident en orient, de même qu'un vase de liquide, placé sur une roue qui tourne rapidement, se répand par la tengente dès qu'on arrête le mouvement. Or, la quantité de mouvement de la Terre, allant en décroissant depuis l'équateur où elle est égale à deux fois la vitesse d'un boulet de canon, jusqu'aux pôles où elle devient presqu'insensible, l'impulsion de la mer quittant ses bassins, a dû se trouver d'abord pareille à cette quantité de mouvement. La violence de son irruption a donc dû produire des ravages d'autant plus grands, qu'elle s'est trouvée plus voisine de l'équateur, et d'autant plus faibles, qu'elle s'est trouvée plus voisine des pôles. De là la prédominence des débris organiques des contrées équinoxiales qui se montre dans les diverses formations des Terrains intermédiaires et secondaires. Ici le savant remarquera que la véhémence de l'impulsion des eaux de la mer est une circonstance essentielle du récit de la Genèse (*Vehementer enim inundaverunt*). Il remarquera encore que lorsque l'Écriture représente la Terre entièrement couverte d'eau à l'époque de la création, cette eau est qualifiée du nom d'*abyme;* que lorsqu'elle la représente de nouveau comme ensevelie sous une énorme masse d'eau à l'époque du déluge, cette eau est pareillement qualifiée du même nom *abyme;* que parconséquent l'abyme liquide de la création est le même que l'abyme liquide du déluge universel, et que l'un et l'autre ne sont autre chose que la mer de tous les temps. Il comprendra par là, que ce nom d'abyme par lequel la Bible entend l'eau des mers, ne revient pas ici sans motif; que c'est un nouveau document donné au savant, de même que l'*impétuosité* de l'irruption, pour l'aider à trouver la vérité, en lui apprenant que les eaux du déluge sont les mêmes que celles de la création, et qu'en se répandant de nouveau sur le Globe, après s'être trouvées réunies dans des bassins, elles l'ont placé absolument dans le même état où il se trouvait au commencement du monde. Enfin, il remarquera qu'après le déluge, Dieu s'adressant la parole à lui-même dans le livre de la Genèse, dit : « Jamais dans « la suite je ne détruirai, comme je viens de faire, « tous les hôtes de la terre : tant qu'elle subsistera, la « moisson succèdera aux semailles, l'été à l'hiver, *le* « *jour à la nuit* » (1). Ces dernières paroles disent tacitement que pendant le déluge la succession du jour à la nuit n'a pas eu lieu. Or, le jour et la nuit étant l'effet de la rotation de la Terre sur son axe, il ne pourra s'empêcher d'être convaincu que le mouvement diurne de la Terre a été indubitablement suspendu pendant le déluge, et que toutes les inductions auxquelles le raisonnement vient de conduire sont en quelque sorte confirmées par ces dernières paroles.

Lorsqu'après les cinq mois qu'a duré cet état de choses, la Terre recommence à tourner sur son axe, tout se rétablit comme auparavant, c'est-à-dire que le Globe reprend la forme de sphéroïde aplati sur les pôles, et que les proéminences alternant avec des enfoncemens dans lesquels la mer se retire de nouveau, reparaissent pour former les continens et servir de digue à celle-ci, selon l'expression du texte de l'Écriture, *clausi sunt fontes abyssi.*

Tant de convulsions successives ne peuvent évidemment avoir eu lieu sans que la croûte solide du Globe ne se soit crevassée en certains lieux. De là les fentes par lesquelles la matière fluide de l'intérieur a pénétré

---

(1) Non igitur ultra percutiam omnem animam viventem sicut feci : cunctis diebus Terræ sementis et messis, frigus et æstus, æstas et hyems, *nox* et *dies* non resquiescent. (*Genes.*, *VIII*, 22.)

au travers de toutes les couches primitives et intermédiaires, pour former ces dépôts de roches pseudovolcaniques, dites *Trachytes, Granits, Porphyres,* etc.

Pareillement lorsque la Bible nous peint l'immensité
des eaux de la création se retirant dans les bassins des
mers, elle n'a pu nous apprendre, ni pourquoi, ni
comment cela s'est fait ainsi; car il eût fallu dire que
la Terre s'était mise tout-à-coup à tourner sur son axe,
et que cette rotation avait produit, entre autres effets,
des affaissemens dans lesquels les eaux s'étaient retirées, et des soulèvemens qui avaient formé les continens. Pour éviter cet écueil, elle s'est contentée de
dire que la volonté de Dieu a fait rassembler l'eau dans
le bassin des mers, ce qui est toujours vrai au fond,
et suffit à ceux qui, étrangers aux méfiances scientifiques, ne s'imaginent même pas qu'il puisse y avoir là
autre chose que ce que leur esprit peu cultivé y voit.
Mais pour que le savant qui se tient sur ses gardes ne
s'égarât point avec ce texte, l'Écriture a eu soin de ne
rapporter le fait de la retraite des eaux dans leurs bassins qu'après plusieurs grandes opérations de la création, celle de la lumière, celle de l'athmosphère et
celles des vapeurs, qui doivent rester au-dessus de la
Terre. De la sorte, l'érudit se trouve forcé de se demander à lui-même : Eh ! comment les eaux ne se sont-
elles pas retirées dès le premier moment dans ces bassins? Est-ce que les bassins des mers n'existaient pas
encore? Sans doute, ils ne devaient point exister; car
autrement, les eaux s'y seraient rendues, dès le premier
instant, en vertu des lois de la nature par lesquelles
les liquides tendent toujours à gagner les lieux les
plus bas, et à se mettre de niveau. Elles ne s'y sont
point rendues, donc ces bassins n'existaient pas alors.
Ils ont dû se former ensuite; mais comment cela a-t-il

pu se faire? Ici l'idée de la Terre commençant à tourner tout-à-coup sur son axe, se présente à son esprit avec les affaissemens, les soulèvemens et les ruptures de la croûte du Globe, qui en sont les résultats nécessaires ainsi qu'on vient de le voir. Il conçoit alors, que la retraite des eaux du déluge et celle des eaux de la création dans les bassins des mers ne sont que des résultats identiques d'une même cause renouvelée à des époques différentes. Sa perspicacité lui fait même ajouter, que puisqu'il y a eu production de dépôts trachytiques ou porphyriques après la retraite des eaux du déluge, il est extrêmement probable qu'il y a eu de semblables dépôts après la retraite des eaux de la création ou pendant leur dernier séjour, et qu'il est, d'après cela, fort difficile de douter que les roches de Quartz, les Granits porphyriques (*Porphyres*) attribués par quelques géologues aux couches inférieures du Terrain de transition, ne soient des dépôts analogues aux roches pseudovolcaniques qui précèdent les Terrains secondaires proprement dits, ainsi que le pense le célèbre Buckland pour les porphyres des Terrains de la Grande-Bretagne.

C'est ainsi, qu'avec le secours des seuls documens que la Bible ait pu leur fournir, les gens habiles qui se tiennent sur leurs gardes et ne jugent qu'après un mur examen, peuvent, en s'aidant du raisonnement et du secours de la science, parvenir jusqu'à la vérité, qui n'a pu leur être entièrement dévoilée dans un pareil livre.

Un commentaire sur la Bible, dans de pareilles vues, serait un travail fort intéressant; mais jusqu'à présent, les sciences physiques avaient fait trop peu de progrès pour qu'on ait pu le tenter. On trouvera dans le chapitre quatrième, où l'occasion s'est présentée de faire une autre application de ce genre, un troisième exemple, d'après lequel il n'est pas possible de se refuser à voir que l'Écriture confirme en quelque sorte le véritable système du monde.

Cette idée que la Terre ait pu s'arrêter momentanément sur son axe, quoiqu'elle soit suggérée, imposée en quelque sorte par les faits géologiques et historiques qui à la fois y conduisent comme malgré soi, ainsi qu'on vient de voir, est de nature à offusquer bien des esprits. C'est pour cette raison que l'on n'en a point fait usage au paragraphe second, destiné aux explications, et qu'on l'a reléguée ici plutôt comme note importante et remarquable que comme solution du problême concernant la cause première du déluge universel.

Au surplus, il serait difficile de concevoir pourquoi on repousserait cette idée, quelqu'étrange qu'elle paraisse au premier coup-d'œil. On a admis sans difficulté, l'attraction imaginaire de Newton, la fluidité du calorique, de la lumière, de l'électricité, du magnétisme, les courans électro-dynamiques du célèbre Ampère, etc.; on regarde toutes ces hypothèses imaginaires, que rien, absolument rien ne démontre, qui même sont probablement des erreurs, on les regarde, disons-nous, comme des équivalens de la réalité, uniquement, parce qu'elles ne choquent point les faits avérés. Pourquoi n'en serait-il pas de même de la station momentanée du mouvement diurne du Globe, qui non plus ne contrarie nullement les faits constatés, qui les rend intelligibles, les lie entre eux, et qui de plus a, sur les suppositions dont on vient de parler, l'avantage très-grand d'être suggérée par les faits mêmes, en sorte qu'elle semble en être inséparable.

CHAPITRE III.

FORMATION DES DÉPÔTS SECONDAIRES,

Et dernier séjour des eaux du déluge universel sur la Terre,

La concavité des divers bassins géologiques (1) formés par les soulevemens et affaissemens qui ont précédé et suivi le dépôt des Terrains intermédiaires, est partout recouverte par des systèmes de collines composées de formations que l'on ne saurait confondre avec rien de ce qui est au-dessous de ces bassins. Ce sont des alternats de sable et marne séparés les uns des autres par des alternats de calcaire et marne. Le sable s'y montre tantôt à l'état mobile, tantôt à l'état de grès ; le calcaire s'y montre tantôt à l'état crayeux, tantôt à l'état compacte : en certains lieux il a été transformé en pierre à plâtre (mélange de carbonate et de sulfate de chaux). Les marnes renferment quelquefois des cristaux de gypse. Lorsque la roche de Quartz se montre dans ces collines, elle sépare entre eux les divers systèmes de sable calcaire et marne alternant ensemble ; mais quelquefois la matière siliceuse, s'étant infiltrée, a transformé le carbonate de chaux en calcaire siliceux, ou bien a été former des noyaux siliceux dans la partie supérieure de ces systèmes. Tous ces dépôts renferment dans leurs couches

(1) On donne ce nom aux cavités des continens ouvertes du côté de la mer.

une prodigieuse abondance de débris organiques, marins, terrestres, de tout climat, plus ou moins bien conservés et très-variés. Ce sont évidemment les restes d'un Monde entier détruit, et d'un Monde différent du nôtre; car les espèces, pour la plupart, diffèrent essentiellement de celles qui vivent actuellement sur nos continens, et peut-être dans les mers actuelles. Il en est même une foule qui n'ont point d'analogue vivant dans le règne organique de nos jours.

Les Terrains secondaires, tels que les offre la science en ce moment, peuvent être distingués en inférieurs et en supérieurs. On a donné à ceux-ci la dénomination de *Terrains tertiaires*, mais sans aucune raison géologique plausible, et surtout fort mal à propos, comme on verra bientôt ici.

Il paraît que les dépôts secondaires manquent absolument vers les pôles, où ils ne se montrent plus après le soixantième degré de latitude. On a cru d'abord que ce phénomène géologique était particulier à la zône boréale; mais il se montre aussi en d'autres lieux près de l'équateur. Dans la *Sierra Parime*, entre le bassin de l'Amazone et celui du bas Orénoque, M. de Humboldt a vu un immense espace de terrain formé de Granit micacé (*Gneis*) qui n'est recouvert ni par des Terrains secondaires, ni même par des Terrains de transition (1).

A la bordure des bassins géologiques, les Terrains de transition, inclinés par leur soulèvement, s'enfoncent sous les couches des Terrains secondaires, et comme celles-ci ne s'élèvent point autant, la partie inférieure seule des formations intermédiaires en est recouverte. Ainsi, au voisinage des montagnes, les dépôts secondaires forment des collines qui s'appuient

____
(1) Humboldt, l. c., p. 234.

contre les pentes du Terrain de transition. En d'autres mots, la formation intermédiaire n'a pas été entièrement recouverte par les formations secondaires, la partie basse seule l'a été, pendant que les sommités des montagnes sont restées telles qu'elles étaient après les convulsions qui avaient formé leurs vallées. Il résulte nécessairement de là, que lors de la formation des dépôts secondaires, la mer ne recouvrait pas la Terre entière comme lors de la formation de transition, et qu'il se trouvait, circonstance fort importante ici, des parties découvertes, formant des rivages ou des îles, contre lesquels les corps flottans pouvaient être échoués, balottés et brisés.

Les Terrains secondaires, tant inférieurs que supérieurs, sont encore assez imparfaitement connus. En les étudiant on ne s'est pas assez attaché à en faire connaître toutes les couches ; on a surtout négligé d'étudier et de décrire le développement plus ou moins complet de chaque formation, à mesure qu'elles s'éloignent de la mer pour se rapprocher du fond ou des bords du bassin auquel elles appartiennent. D'ailleurs, l'esprit systématique, qui d'abord s'en est emparé, en a rendu l'étude plus difficile qu'elle n'était, par ses conséquences prématurées ou hasardées. La partie supérieure, depuis la Craie, étudiée aux environs de Paris par tant d'habiles naturalistes, a été décrite par MM. Brongniart et Cuvier, avec tout le talent et toute la sagacité que l'on devait attendre d'aussi célèbres géologues ; mais le sol parisien, riche par la précieuse collection de ses fossiles, présente à l'étude des couches les plus grandes difficultés. Les formations presque partout recouvertes par la terre végétale, se montrent fort rarement aux regards du naturaliste. D'ailleurs, l'arrangement des parties, ou si on l'aime mieux, des

couches subordonnées y montrent beaucoup plus d'anomalies qu'ailleurs, et les convulsions qui ont agité le
Globe pendant leur dépôt, ayant dérangé le niveau
des formations inférieures, on a été forcé de juger
dans cet ouvrage l'identité des couches par les fossiles
qu'elles renferment, au lieu de déterminer cette identité par les superpositions et le prolongement des formations, qui est sans contredit, la seule voie pour parvenir à des déterminations sûres et incontestables.—Il
est une foule de lieux dans le Midi, surtout dans le Sud-
Ouest de la France où les mêmes formations sont bien
plus développées et bien plus classiques. Malheureusement, nous n'avons point de descriptions géologiques
complètes de ces contrées. On a divisé ici les Terrains
secondaires en sept groupes ou dépôts, d'après les
documens publiés jusqu'à présent. De nouvelles inves-
tigations forceront peut-être dans la suite à réunir en
un seul les deux premiers de ces groupes, c'est-à-dire,
le Dépôt magnésien (*Zechstein*), avec le Dépôt jurassique, et à supprimer le troisième comme faisant double
emploi avec le quatrième (Calcaire grossier); mais
leur nature est telle que leur nombre, quelqu'intéressant qu'il soit à connaître, est ici de bien mince importance. La circonscription générale ne saurait en être
dérangée. Ce sera seulement une seconde ou une
troisième formation indépendante à supprimer.

§ II^{er}.

CARACTÈRES ESSENTIELS DES TERRAINS SECONDAIRES.

PREMIER CARACTÈRE. *Les dépôts des Terrains secondaires ne sont point cristallisés, ou du moins confusément cristallisés en masse, ainsi que ceux des formations*

primitives et intermédiaires. Ce ne sont que des agré-
gations fortuites, confuses, d'élémens minéralogiques
formant des amas de terres ou des couches de roches
terreuses.

Les dépôts de sable ou de gravier, provenant soit
des roches intermédiaires, soit des roches primitives,
des dépôts de calcaire et des dépôts d'argile, constituent la masse entière de ces terrains. Le sable, quelquefois lié par un ciment tantôt calcaire, tantôt siliceux, s'y montre alors à l'état de grès. Le carbonate
de chaux n'ayant pù, par le défaut des circonstances
nécessaires, acquérir de la consistance, est resté par
fois à l'état pulvérulent, et a formé de la craie au lieu
de calcaire. Souvent les molécules d'argile et de carbonate de chaux, s'étant trouvées mêlées les unes avec
les autres, au moment où elles se précipitaient, il s'est
formé de la marne argileuse ou calcaire suivant la
plus ou moins grande abondance du carbonate de
chaux dans le mélange. Le grès, la craie et les marnes, ne sont donc que des accidens minéralogiques des
dépôts de sable, de calcaire et d'argile, et même des
accidens de fort mince importance pour le géologue.

Deuxième caractère. *Dans les vallons des Terrains*
secondaires, les angles saillans sont ordinairement op-
posés aux angles rentrans.

Dans les Terrains de transition où les vallées ont été
formées par des ruptures de couches, des soulevemens
et des affaissemens de niveau, il ne se voit rien de
semblable. Cette disposition remarquable et singulière
annonce ici un travail différent. C'est, comme on le
verra bientôt, celui d'un courant augmentant progres-
civement de niveau.

On a cru pendant long-temps que les rivières avaien
creusé les vallées qu'elles parcourent. Maintenant on

est bien revenu de cette erreur. Les rivières ne creusent pas même leur lit, au contraire, elles l'exhaussent continuellement en déposant dans le fond de la vallée tous les matériaux de transport que les eaux pluviales entraînent dans leurs cours. Il est prouvé par des feuilles faites à Coblentz en 1778, que les bains des Romains, jadis au niveau du Rhin, étaient à cette époque deux ou trois mètres au-dessous de ce niveau. On sait que tous les monumens antiques des rives du Tibre sont actuellement en tout ou en partie ensevelis sous les atterrissemens de ce fleuve. Des faits tout aussi incontestables attestent que le Rhône, l'Euphrate, surtout le Nil, et les rivières de l'Amérique, encombrent continuellement leur lit en y accumulant les terrains de transport. La raison de cet exhaussement du fond des vallées est fort simple. Lorsqu'une rivière a encombré son cours par l'accumulation des matériaux de transport, elle coule à côté ou change entièrement de lit. Par ces changemens continuels elle ne cesse d'exhausser le fond de la vallée, dont elle finit ainsi par changer la face entière.

TROISIÈME CARACTÈRE. *Le fond des vallées, celui de certains bassins des collines secondaires, et quelquefois les plateaux des hauteurs, sont couverts et encombrés par des matérieux de transport parmi lesquels s'en trouvent de plus gros que ceux qui peuvent être mus par es agens naturels de ces lieux.*

Ces matériaux de transport sont des sables, des raviers et des cailloux roulés de toute grosseur. Aux nvirons de Paris ce sont généralement des Silex (pierre à fusil), des meulières ou des grès durs. Dans vallée de la Garonne et en une foule d'autres lieux e sont des Quartz laiteux, des Granits de diverse rte, des Porphyres et autres roches de même nature.

Le vulgaire croit que ces graviers ont été voiturés là par les rivières dont ils encombrent le lit ; mais la Seine et la Garonne dans leurs plus fortes crues remuent à peine des pierres de la grosseur de la tête, et on y en trouve de bien plus grosses. Des blocs de meulière et de grès dur gisent dans le bassin de la Seine, qui jamais n'ont pu être mus par cette rivière. Pareillement dans la plaine de la Garonne, il n'est pas rare de voir au coin des maisons des chasse-roues formés par un gros et énorme galet de Granit porphyrique, de deux pieds ou environ de diamètre. D'ailleurs, de gros ossemens d'Eléphans et autres grands pachidermes, qui ne se voient plus dans le règne animal de nos jours, se montrent dans ces graviers et témoignent par leur présence que ces terrains sont encore antérieurs aux temps historiques.

Au reste, on verra par la suite, que l'on a confondu ensemble deux sortes de graviers : ceux appartenant aux Terrains secondaires qui occupent la partie inférieure de ces dépôts, et ceux appartenant à la grande formation de transport et qui en occupent la partie supérieure. Les premiers seront désignés ici par le nom de graviers secondaires, les seconds par celui d graviers de la Grande formation de transport. Ces terrains meubles de la Grande formation de transport n recouvrent pas seulement le fond des vallées, ils s montrent aussi sur les plateaux des hauteurs.

QUATRIÈME CARACTÈRE. *Dans les couches secondaire. se montrent par fois intercalés des graviers identique avec la partie inférieure de ceux qui se voient au fon des vallées.*

Si ceux qui se sont occupés des Terrains secondaire avaient donné à ce fait toute l'attention qu'il mérite, i n'eussent certainement jamais songé à nous présente la masse entière de ces graviers comme postérieure à toutes les formations, et comme le dernier dépôt de la mer sur la surface du Globe. Comment, en effet, s'empêcher de penser que le dépôt de ces graviers identiques puisse s'être opéré autrement que sous l'influence d'une même cause, et par conséquent, comment s'empêcher de croire alors que cette partie inférieure du dépôt ne soit contemporaine des formations secondaires? Dans une science de faits, comme la Géologie, ces probabilités équivalent presque à des vérités démontrées. Mais nous aurons occasion de revenir par la suite sur ce sujet.

En disant ici que le gravier qui se montre dans les couches des formations secondaires est identique avec la partie inférieure de celui qui recouvre le fond des vallées et les plateaux des hauteurs, on n'entend parler que de la nature et non de la grosseur des graviers, laquelle, dans celui-ci, est beaucoup moindre que dans l'autre.

Cinquième caractère. *Les Terrains secondaires, tant inférieurs que supérieurs, se composent d'une suite de dépôts de sédiment non cristallisé superposés les uns aux autres, et dont les termes simples : sont 1, Sables ou Grès ; 2, Calcaire et roche de Quartz, 3, Argile.*

Les matériaux essentiels de formation dont se compose la masse des Terrains secondaires sont des sables ou graviers, du carbonate de chaux et de l'argile. Le Gypse ne s'y montre qu'accidentellement, comme on le verra plus bas. Et quant à la roche de Quartz (*Meulière ou Silex*), on remarquera ici que sa liaison avec le carbonate de chaux ou calcaire est tellement intime, u'il est aussi inutile de les distinguer l'un de l'autre ue de les séparer. En effet, lorsque le Quartz se trouve ans les formations secondaires, soit supérieures, soit nférieures, il s'y montre tantôt disséminé en rognons, tantôt en particules imperceptibles, tantôt en veines, comme dans les calcaires siliceux des environs de Paris, tantôt en lits interrompus reposant sur la dernière couche calcaire absolument sans intermédiaire, comme par exemple, dans les vallées du Lot et de la Dordogne. Afin de ne pas embrouiller le discours, on regardera ici cette roche comme subordonnée au carbonate de chaux. Le lecteur doit donc se rappeler que, quand il rencontrera les trois termes sable, calcaire, argile, c'est comme s'il y avait sable, calcaire avec roche de Quartz et argile. Au reste, on verra en son lieu que la matière quartzeuse dans chaque dépôt secondaire est d'origine pseudovolcanique, et qu'elle y joue absolument le même rôle que dans les Terrains primitifs et intermédiaires; par conséquent, qu'elle ne doit compter que comme membre accidentel dans la série des termes.

Considérées en détail, les formations secondaires supérieures, mal à propos dites tertiaires, ainsi que les formations secondaires inférieures, ne sont évidemment que des dépôts de sédiment formés dans une eau à peu près tranquille. Tous les géologues en conviennent. Considérées dans leur ensemble, ces formations ne sont non plus que des dépôts de sédiment; car rien ne s'y montre cristallisé, même confusément, et tous les matériaux de formation s'y trouvent partout rangés selon l'ordre de leur pesanteur respective; mais cette vérité essentielle, fondamentale, ayant été méconnue par la généralité des géologues, il devient indispensable de la développer ici.

Si, avec la plupart des géologes de nos jours, on fait commencer les formations secondaires au-dessus du Grès houiller seulement, on trouve la série des termes exposée dans le tableau suivant, où la première colonne montre cette série, pendant que la seconde présente la circonscription des dépôts qu'elles constituent et le nom qui leur est donné.

TABLEAU DES FORMATIONS ET DÉPOTS SECONDAIRES.

Produits pseudovolcaniques (Quartz). ARGILE alternant avec le CALCAIRE (dernier) à coquilles d'eau douce. SABLES.	7e, ou dernier DÉPÔT (partie supérieure du *Calcaire supérieur* de Brong.)
Produits pseudovolcaniques (Quartz). ARGILE alternant avec le CALCAIRE (avant-dern.) à coq. d'eau douce. SABLES.	6e, ou avant-dern. DÉPÔT (partie supérieure du *Calcaire supérieur* de Brong.)
Produits pseudovolcaniques (Quartz). ARGILE alternant avec le CALCAIRE gypseux, ou plâtre à ossemens. SABLES on Grès.	5e DÉPÔT, ou Dépôt gypseux.
Produits pseudovolcaniques (Quartz). ARGILE alternant avec le CALCAIRE grossier parisien à coquilles d'eau douce dans les bancs supérieurs, et marines dans les inférieurs. SABLES ou Grès.	4e DÉPÔT, ou Dépôt parisien ? (1)
Produits pseudovolcaniques (Quartz). ARGILE alternant avec le CALCAIRE crayeux, ou Craie à coquilles d'eau douce dans la partie supérieure, et marines dans le reste. SABLES ou Grès (Glauconie, Grès vert).	3e DÉPÔT, ou Dépôt crayeux.
Produits pseudovolcaniques (Quartz). ARGILE alternant avec le CALCAIRE du Jura (CALCAIRE à gryphées) à coquilles d'eau douce dans la partie supérieure, et marines dans le reste. SABLES ou Grès quadersanstein (Grès liasique).	2e DÉPÔT, ou Dépôt jurassique.
Produits pseudovolcaniques (Quartz). ARGILE alternant avec le CALCAIRE magnésien ou alpin. GRÈS BIGARRÉ (Grès des Vosges, du Keuper).	1er DÉPÔT, ou Dépôt magnésien ?

Formation des Houilles : Terrain de transition.

(1) On se sert ici du point de doute pour prévenir que les dépôts où il est mis sont soupçonnés faire double emploi avec le dépôt subjacent ou le dépôt superposé.

C'est d'abord une chose bien remarquable que ce retour périodique des trois termes sable, calcaire, argile reproduit sept fois. En second lieu, il présente une circonstance essentielle et bien digne de fixer l'attention du géologue aux yeux duquel les Terrains secondaires ne sont que des dépôts de sédiment; c'est que les substances sables calcaire, argile y sont rangés dans chaque groupe de la série selon l'ordre des pesanteurs spécifiques. Car par l'expérience triviale du potier de terre, il est démontré que, lorsque dans un liquide, le sable, le carbonate de chaux et l'argile se trouvent mêlés ensemble, le dépôt s'opère de telle manière, que le sable occupe le fond du précipité, la matière calcaire le milieu, et l'argile la superficie. Il n'en faudrait pas davantage pour se croire autorisé à conclure de là que les six ou sept groupes périodiques des Terrains secondaires constituent autant de sédimens distincs, ou autant de formations indépendantes; mais ne précipitons point notre jugement, cette conséquence est susceptible, comme on va voir, d'une véritable démonstration géologique.

C'est un principe admis par la généralité des géologues, que des roches qui passent de l'une à l'autre par une transition graduelle ou insensible, font nécessairement partie d'un seul et même dépôt, tandis que celles qui se superposent d'une manière brusque et tranchée appartiennent à des dépôts distincts et indépendans. Or, dès que l'on dirige un examen attentif sur les divers groupes de termes ou formations des Terrains secondaires, on ne peut s'empêcher d'être frappé par deux faits peu remarqués jusqu'à présent, mais qui pourtant n'en sont pas moins certains et incontestables. Le premier de ces faits est que toutes les fois qu'un banc de calcaire se montre au-dessus d'un dépôt de sable, celui-ci passe à celui-là par une transition graduelle. La superficie du sable prend d'abord du carbonate de chaux mêlé d'argile, et devient ainsi une marne sableuse. Progressivement la matière calcaire s'accroît tellement dans cette marne, qu'elle finit par n'être plus qu'un véritable carbonate de chaux. Alors, l'argile vient alterner en lits minces avec le Calcaire, et annonce, par cette alternance, qu'elle va bientôt elle-même se déposer seule au-dessus. Le second de ces faits est que toutes les fois que le calcaire ou la roche de Quartz, qui souvent le surmonte, est recouverte par une formation arénacée, au lieu de retrouver une transition graduelle, presque insensible, entre le calcaire et ce sable superposé, on trouve au contraire une transition brusque et tranchée. Ainsi, dans les Terrains secondaires, chaque formation arénacée, réunie aux alternats de calcaire et d'argile qui la recouvrent, constitue avec eux un seul et même dépôt, tandis que ce même sable, avec les calcaires subjacens, formerait un tout disparate, appartenant à des dépôts différens. Ainsi, on doit compter autant de dépôts secondaires distincts et indépendans qu'il y a de groupes composés de sable, calcaire, argile.

Au surplus, on doit remarquer ici que le phénomène de l'alternance, ou si on l'aime mieux, le phénomène du redoublement des termes de la série, qui de simples, les rend complexes, se montre dans les formations secondaires comme dans les formations primitives et intermédiaires. Le sable y alterne avec la marne, qui est un calcaire argileux, et l'argile avec le calcaire. L'expression d'une formation secondaire à termes complexes doit donc être : 1 sable, 2 alternats de calcaire et d'argile, 3 Silex ou Quartz ; ou bien, 1 alternat de sable et de marne, 2 alternats de calcaire et d'argile, 3 roche de Quartz ou Silex.

Mais va-t-on sans doute dire ici, cette nouvelle circonscription des formations secondaires est un mélange hétérogène de Terrains, dont les uns renferment des dépouilles marines, tandis que les autres en renferment de terrestres. Or, comment concevoir que des Terrains à la fois marins et d'eau douce puissent être les membres essentiels d'une seule et même formation ?

Remarquons d'abord que cette objection ne saurait être regardée autrement que comme une difficulté, un problême à résoudre, et non comme un argument décisif; car lors même qu'il resterait sans solution, on ne pourrait en conclure la réprobation de la nouvelle circonscription, puisque celle-ci se trouve géologiquement démontrée. Cependant la division des formations en Terrains d'eau douce et Terrains marins, conçue par feu Lamanon, ayant été accréditée par une plume justement célèbre et par l'élite des savans de nos jours, cette difficulté exige ici une réponse cathégorique et détaillée.

La distinction des formations en Terrains marins et Terrains d'eau douce est fondée sur l'hypothèse, que les animaux dont les dépouilles se montrent dans les couches géologiques ont vécu, sont morts, et ont été saisis par la fossilisation, sur les lieux même où ils se trouvent. Or, 1° cette hypothèse est tout-à-fait gratuite; 2° elle est contraire à l'histoire; 3° elle est contredite par les faits géologiques même ; 4° elle est insoutenable; 5° elle n'est tolérée que comme douteuse par les géologues ; 6° il n'est rien moins que prouvé que les calcaires renfermant des coquilles terrestres et fluviatiles soient des formations d'eau douce ; 7° enfin l'unité de formation des Calcaires marins et des Calcaires d'eau douce est démontrée par l'ordre de superposition des couches. Mais toutes ces raisons demandent d'être plus amplement développées.

Premièrement, *cette hypothèse est tout-à-fait gratuite.* Sans doute des raisons spécieuses, séduisantes même, entraînent, pour ainsi dire malgré soi, vers la supposition que les débris fossiles se trouvent dans le lieu même où les animaux auxquels ils appartiennent ont vécu. « Une comparaison scrupuleuse des formes « de ces dépouilles, de leur tissu, souvent même de « leur composition chimique, ne montre pas la moindre « différence entre les coquilles fossiles et celles que la « mer nourrit. Leur conservation n'est pas moins par- « faite. L'on n'y observe, le plus souvent, ni détrition « ni rupture; rien qui annonce un transport violent. « Les plus petites d'entre elles gardent leurs parties « les plus délicates, leurs crêtes les plus subtiles, leurs « pointes les plus déliées » (1). Les bivalves s'y montrent ordinairement dans leur intégrité, accolées les unes aux autres, et placées justement de telle manière, que leur valve supérieure est en haut. Il est d'abord difficile de ne pas s'imaginer que la mer a séjourné assez long-temps dans ces lieux, pour que ces coquillages s'y soient propagés paisiblement, et aient formé le dépôt régulier qui s'y montre. Cependant, quand on examine le fait sous ses autres aspects, on voit que si quelquefois les coquillages ne sont point usés, ils n'offrent pas non plus ce mélange d'individus de tout âge qui caractérise les lieux où ils vivent en famille. On n'y en voit point de jeunes. D'ailleurs, on voit pareillement qu'il est tout aussi aisé d'expliquer ce dépôt par une invasion de la mer, qui, après avoir transporté

(1) Cuvier, *Dis. rér. Globe*, p. 9.

ces coquillages vivans au milieu de ses flots, les y aurait ensuite abandonnés, en les laissant empâter dans
le dépôt calcaire ou argileux sur lequel ils s'étaient
déposés. Par là, le fait du long séjour de la mer dans
ces lieux reste sans preuve, sans probalité, et on n'a
plus qu'une hypothèse gratuite.

Secondement, *elle est contraire à l'histoire.* Si on
admet que les animaux ont vécu sur les lieux mêmes où
ils se trouvent à l'état fossile, il faut admettre entre la
formation intermédiaire dans laquelle se montrent les
premiérs vestiges du règne organique, jusqu'à la dernière formation supérieure, au moins dix-sept cataclysmes différens, séparés les uns des autres par une
longue période d'années. Or, les livres des Hébreux,
les traditions égyptiennes, ne mentionnant que le seul
déluge universel, et la tradition des divers autres peuples, n'en mentionnant pas d'autre, si ce n'est le déluge partiel d'Ogygès ou Deucalion, il en résulte que
l'histoire et l'hypothèse admise se trouvent en opposition formelle.

Troisièmement, *elle est contredite par les faits géologiques mémes.* Dans une foule de lieux de la France et
de plusieurs autres parties de l'Europe, les coquilles
marines du Calcaire grossier parisien sont mélangées
de coquilles d'eau douce, ainsi que cela résulte des observations de M. de Férussac, de M. Mareil de Serres,
dont on n'a pas voulu d'abord tenir compte, et qui
maintenant se trouvent confirmées par l'observation
d'une foule d'autres géologues. Aux environs même de
la capitale, les coquilles d'eau douce se montrent au-
dessus de l'Argile plastique qui recouvre la Craie parmi
les coquilles marines, qui dit-on, caractérisent cette formation (1). Dans la partie inférieure de la formation

(1) Brong., *Dict. Sc. nat.*, mot THÉORIE, p 126.

gypseuse, non-seulement il y a mélange des deux sortes de coquillages au point de contract avec la formation du Calcaire grossier parisien, mais encore alternance évidente et plusieurs fois répétée, de dépôts marins et de dépôts d'eau douce, ainsi que cela a été démontré par la coupe suivante de la partié inférieure de la formation gypseuse à Montmartre, publiée par MM. Constant-Prévost et Desmaretz.

1. Marne blanche avec empreinte de coquilles turriculées (marin).
2. Gypse en masse (eau douce).
3. Marne verte (trois pieds) remplie d'empreintes nombreuses de coquilles *marines*, *d'oursins*, d'ossemens de poisson, et divisée en deux parties égales par des cristaux de gypse (marin).
4. Gypse et marne (trois ou quatre lits alternant ensemble) (eau douce).
5. Calcaire avec *Cerithes* (marin).
6. Gypse avec les mêmes coquilles plus nombreuses au point de contact avec le calcaire (eau douce).
7. Calcaire marneux tendre avec *Cerithes* qui paraissent être les mêmes que celles du *Clicart* (marin).
8. Argile feuilletée.
9. Gypse en bancs puissans et en masse, avec cordon de cristaux de même substance (1) (eau douce).

Pareillement au-dessus du calcaire gypseux dans des bancs de marne gypseuse, qui évidemment, font partie de cette formation, au lieu des coquilles d'eau douce qui devraient s'y montrer, on ne trouve que des coquilles marines.

Enfin, et l'on en convient ingénument (2), dans les bancs inférieurs du Calcaire grossier parisien, dit *Calcaire marin*, et au milieu même de la formation, se montrent des empreintes de végétaux, que l'on ne peut rapporter à aucune plante marine, et qui d'après

____

(1) *Journ. de Physique*, 1822, p. 1 à 14, et *Journ. des Mines*, tom. 23, n° 138, ann. 1819.

(2) Cuvier et Brong., *Géogr. min.*, Paris, p. 21.

les observations faites en Scanie par Nilsson, sont des végétaux terrestres appartenant aux terrains d'eau douce. On y trouve des ossemens fossiles de quadrupèdes terrestres, parmi lesquels le célèbre Cuvier a reconnu des restes de ses *Paleotherium*. Enfin, à Villiers, le Calcaire parisien se montre avec des coquilles marines dans les bancs inférieurs, et à coquilles d'eau douce dans les bancs supérieurs, qui y portent le nom de *Clicart*.

Tous ces faits sont évidemment en contradiction avec la division des formations secondaires supérieures en terrains marins et terrains d'eau douce. On ne peut le contester, mais pour atténuer la force de l'objection qu'ils fournissent, on a imaginé de dire que pour ce qui est du mélange qui se voit au-dessus de l'Argile plastique, il se montre au voisinage et sur la limite de deux terrains de nature différente; c'est-à-dire, au lieu même où une formation marine succède immédiatement à une formation d'eau douce. On ne dit rien touchant l'alternance hétérogène qui se montre à la partie inférieure de la formation gypseuse; mais le même raisonnement s'y applique; c'est aussi sur la limite de deux formations différentes. Quant au mélange inattendu des marnes gypseuses marines avec des marnes gypseuses d'eau douce de la partie supérieure, après les avoir long-temps laissées dans la même formation que le Calcaire gypseux à ossemens, à cause de la conviction où l'on était, qu'elles en faisaient incontestablement partie, on les en a séparées pour les réunir aux terrains marins qui se montrent au-dessus. Enfin, quant aux végétaux fossiles d'eau douce, qui se montrent dans la formation du Calcaire grossier parisien, et aux coquilles d'eau douce du climat, on s'est contenté de garder le silence. On ne peut s'empêcher de convenir que les raisons données, pour expliquer le mélange au-dessus de l'argile plastique, sont plausibles, que même elles repousseraient victorieusement l'objection, si elles pouvaient s'appliquer à la série des couches de toutes les formations de la France, comme elles s'appliquent à la série des couches des formations de Paris. Mais elles ne s'y appliquent nullement, comme on peut le voir en jetant un coup-d'œil sur le tableau ci-après, des couches du Terrain secondaire de la vallée de la Garonne. D'ailleurs, cette objection est corroborée par toutes les autres qui lui communiquent leur force et la soutiennent. Une explication incomplète, qui ne tend seulement qu'à en atténuer la force, ne saurait la détruire complètement et la faire rejeter.

Quatrièmement, *elle est insoutenable*. En supposant que les animaux fossiles ont vécu et péri sur les lieux mêmes où ils se montrent, on se trouve forcé d'admettre autant de cataclysmes, ou d'effrayantes révolutions, qu'il y a de successions de races, ou au moins de formations diverses. Or, depuis les premiers vestiges du règne organique dans les terrains de transition jusqu'aux ossemens gisant dans l'antique limon d'atterrissement (*diluvium* de Buckland), il en faut compter dix-sept au moins, savoir : une des Terrains primitifs aux premiers Granits graveleux (*Grauwacke*) renfermant les premiers vestiges du règne organique ; des Granits graveleux aux Schistes de transition, une autre ; des Schistes au Calcaire de transition, une autre ; des Calcaires de transition où les coquillages sont marins, au Dépôt houiller qui est d'eau douce, une autre ; des Houilles aux Trachytes qui ne présentent aucune dépouille, une autre ; de celui-ci au Calcaire magnésien ou alpin où se trouvent des débris appartenant aux trois règnes de la nature, une autre; de ce calcaire au Grès dit *Quadersansteni*, renfermant avec des animaux marins de petits dépôts de houille et des végétaux dicotylédones, une autre; de ce grès au Calcaire jurassique renfermant des bois, des dépouilles de grands sauriens *d'eau douce* avec des coquillages *marins*, une autre; de ce calcaire au Grès vert, une autre; de ce grès à la craie, une autre; enfin de la craie jusqu'aux alluvions modernes on en compte sept autres, savoir : trois dépôts d'eau douce et trois dépôts marins alternant ensemble, et l'antique limon d'atterrissement; en tout dix-sept cataclysmes ou effrayantes révolutions qui se sont succédé et ont dû laisser entre elles de longs intervalles pour que les races d'animaux et de végétaux détruits aient pu se reproduire, se multiplier, et fournir les dépouilles qui se montrent dans les formations suivantes.

Cependant, du déluge aux premières colonies égyptiennes, qui ont civilisé la Grèce, on ne compte que mille soixante ans : d'ailleurs à l'époque où l'Égypte envoyait des colonies elle était nécessairement elle-même avancée en civilisation, et bien peuplée. Pour cela il s'était déjà écoulé plusieurs siècles, au moins cinq cents ans : ce qui recule le dernier cataclysme jusqu'au sixième siècle après le déluge. Il ne reste donc à ceux qui soutiennent l'opinion que les animaux ont vécu et péri sur les lieux mêmes où se trouvent leurs dépouilles fossiles, que cinq cents ans environ pour ces dix-sept cataclysmes différens, et séparés les uns des autres par de longs intervalles d'années. C'est-à-dire, qu'il ne leur reste que trente-cinq à quarante ans pour l'intervalle écoulé entre chaque cataclysme, ce qui même, avec la plus sévère économie, ne suffit évidemment pas pour créer et multiplier les races d'animaux, et surtout les végétaux ligneux.

Et ici on ne peut pas dire, pour éviter la conclusion, que le dernier cataclysme remonte plus haut que le déluge de l'histoire : depuis long-temps Deluc a montré par des preuves géologiques, qu'il ne remontait pas plus haut, et cette démonstration a depuis été confirmée par Dolomieu, et par tous les géologues qui ont eu des yeux pour voir. Afin de ne pas répéter ici ce qui en a été dit en une foule d'ouvrages, on se contentera de renvoyer le lecteur au recueil qu'en a fait Cuvier dans son Discours sur les révolutions de la surface du Globe, et on se bornera à une seule preuve d'un autre genre prise dans le domaine même de la Géologie.

Depuis le dernier cataclysme, il s'est fait dans le fond des vallées secondaires un dépôt d'alluvion composé de sables et d'argiles, c'est-à-dire de débris des collines secondaires entraînés par les pluies et répandus çà et là par les crues des rivières. Dans la vallée de la Garonne, par exemple, ce dépôt d'alluvion, reposant sur le gravier du fond des vallées (*Diluvium* de Buckland, *limon d'attérissement* de Cuvier et Brongniart), varie entre quinze et vingt-deux pieds d'épaisseur aux environs des lieux habités; c'est-à-dire, que la moyenne de cette épaisseur est de dix-huit pieds; ce dont il est fort aisé de s'assurer au moyen des creux que l'on y pratique tous les jours pour faire des puits; car on trouve l'eau dès que l'on a atteint la couche de gravier sur laquelle il repose. Or à Agen, sur le sol de l'antique *Agennum,* depuis la superficie du terrain jusqu'à la couche de charbon provenant de l'incendie de cette cité par les Normands, dans le dixième siècle, l'épaisseur de l'alluvion est de trois pieds et demi ou environ. Du même point de départ jusqu'aux ouvrages des Romains du Haut-Empire, tels que le pavé des rues de la cité antique et les carrelemens en mosaïque faits avec du marbre noir et blanc seulement, l'épaisseur est d'environ huit à neuf pieds. Il suit de là, premièrement, que dans le bassin de la Garonne, l'accroissement en épaisseur de l'alluvion est de quatre à cinq pieds pour chaque mille ans; secondement, que depuis le dernier cataclysme auquel appartiennent les graviers du fond des vallés, jusqu'aux Romains du Haut-Empire, il faut compter deux mille ans; jusqu'aux invasions des Normands, trois mille; et jusqu'à nos jours, environ quatre mille; ce qui concorde parfaitement avec la chronologie. Cette preuve géologique, jointe à toutes celles déjà connues, ne permet point de doute touchant l'authenticité de la chronologie historique.

Ainsi l'hypothèse qui fait vivre et mourir les animaux sur les lieux mêmes où se trouvent leurs dépouilles fossiles est insoutenable.

Cinquièmement, *elle n'est tolérée que comme douteuse*. « Est-on en droit, dit le célèbre Humboldt, de « diviser une formation dont l'unité a été reconnue « d'après des rapports de gisement et d'après l'identité « des couches, qui sont également intercalées aux « strates supérieures et inférieures, par la seule rai- « son que les premières de ces strates renferment des « coquilles d'eau douce et les dernières des coquilles « marines? » Ainsi la distinction de terrains marins et de terrains d'eau douce n'est rien moins qu'une certitude aux yeux des géologues qui ne se laissent pas facilement éblouir par d'ingénieuses conjectures.

MM. Brongniart et Cuvier eux-mêmes, qui l'ont

empruntée à feu Lamanon, ne l'ont émise qu'avec la circonspection qu'exigeait une assertion aussi peu justifiée. Ils ne se sont pas même dissimulé que l'admission de terrains d'eau douce ne pouvait se soutenir sans une supposition qu'il est bien difficile d'admettre, savoir : que les eaux de la nature avaient alors la propriété qui leur manque à présent de former des dépôts pierreux, tels que les calcaires, les grès durs et les silex. Si leurs disciples vont plus loin qu'eux, et prétendent édifier la Géologie sur la différence des fossiles, c'est par un excès de zèle que l'éminent savoir de ces deux célèbres naturalistes rend excusable, mais qu'il ne justifie point.

Sixièmement, *il n'est rien moins que prouvé que les calcaires renfermant des coquilles terrestres et fluviatiles soient des terrains formés dans l'eau douce.*

C'est un fait bien remarquable que la disposition des coquillages de mer et d'eau douce dans les calcaires. Si les coquilles sont marines, on les trouve disséminées sans aucun ordre dans les bancs de pierre : la partie inférieure en contient autant que la supérieure et l'intermédiaire. Si ces coquilles sont terrestres ou fluviales, elles ne se montrent qu'au fond des bancs, c'est-à-dire dans la partie où le calcaire devient marneux par son mélange avec le lit d'argile qui le supporte : la partie supérieure absolument calcaire n'en renferme point.

Si ce fait ne démontre pas que les coquillages terrestres et fluviatiles appartiennent non au banc de calcaire dans lequel ils se trouvent, mais bien à la surface du lit d'argile subjacent, il est du moins incontestable qu'il rend cette conséquence extrêmement probable.

Or, il résulte de là que les prétendus calcaires à coquilles terrestres et fluviatiles, ne sont vraisemblablement que des calcaires sans coquilles, auxquels on pourrait avec non moins de raison appliquer le nom de calcaire marin que celui de calcaire d'eau douce. On pourrait même pousser plus loin la conséquence, et prétendre que l'on peut les dire calcaires marins avec plus de raison que calcaires d'eau douce; car, dès qu'ils sont censés n'être que des calcaires sans coquilles, leur analogie avec les calcaires, incontestablement marins, autorise à penser qu'ils pourraient fort bien l'être aussi.

A ce sujet on objectera sans doute que l'argile et le banc de calcaire superposé appartenant à la même formation, si l'un est d'eau douce, il s'ensuit que l'autre l'est pareillement. Mais cette objection, solide en apparence, ne l'est point en réalité; car les argiles peuvent renfermer des productions ou de l'eau douce ou de la mer sans que l'on puisse en induire des conséquences relatives à la nature des formations dans lesquelles on les trouve intercalées. En effet, ne voit-on pas à Paris, par exemple dans l'argile plastique, des marnes à coquilles d'eau douce faisant partie d'un dépôt marin, et des marnes marines alternant avec des gypses d'eau douce? Ne voit-on pas en Angleterre, des coquilles d'eau douce dans les alternats de marne et roche de quartz dits *Wœalden* qui appartiennent à la partie superficielle de la formation jurassique? Au reste, il serait facile de montrer que les fossiles de l'argile ne caractérisent nullement la nature des dépôts qui les renferment; mais, pour ne pas tomber dans des répétitions fastidieuses, l'explication de ce fait capital doit être renvoyée à l'article *coquillages* du paragraphe 3ᵉ.

Septièmement, *l'unité de formation des calcaires dits marins et d'eau douce est démontrée par la superposition des couches.*

Quand on a voulu établir la distinction de terrains
marins et de terrains d'eau douce, sur la différence
des coquillages fossiles et autres débris organiques,
a-t-on démontré préalablement qu'il existât une formation géologique, qui par tous les points de son développement, ne renfermât que des coquilles marines
ou des coquilles terrestres et fluviatiles ? Si on eût tenté
de faire cette preuve, on se fut tout de suite aperçu
que dans la même formation les coquilles sont marines
en un lieu, pendant qu'elles sont terrestres ou fluviatiles dans l'autre. On se fut aperçu encore, qu'entre
les deux localités, la même formation calcaire offre
des coquilles d'eau douce exclusivement dans ses bancs
supérieurs, tandis qu'elle n'en présente que de marines
dans les inférieurs, comme entre Bazas et Villefranche
du Cayran dans la vallée de la Garonne, à Villiers,
à Montmartre, à Saint-Denis, à Montmorency, dans
celle de la Seine, et sans doute en bien d'autres lieux.
On se fut aperçu enfin qu'en certains endroits les deux
natures de coquilles sont confondues, ou alternent
l'une avec l'autre dans la même formation partielle,
en sorte que le terrain qui les renferme ne peut être
ni marin ni d'eau douce. A-t-on même essayé de démontrer que les coquilles terrestres et fluviatiles n'ont
pu être déposées dans les lieux mêmes où elles se montrent fossiles que par les eaux douces ? qu'elles n'aient
pu l'être par l'eau des mers ? Si on l'eût pareillement
tenté, on se fut d'abord aperçu qu'au contraire, rien
n'est plus aisé que de concevoir les coquilles terrestres
et fluviales voiturées par l'eau des mers, et déposées
ensuite en des lieux différens de ceux où gisent les
coquillages marins. Car leur légèreté les faisant surnager, les empêche de se mêler avec eux et les fait
échouer séparément, comme on a dû le remarquer au

chap. 2, § 2. Mais il est superflu de s'arrêter ici sur des raisons secondaires, en voici une capitale.

La Géologie est une science de faits. Partant, la superposition des couches est de tous les moyens pour parvenir à une détermination certaine, le seul qui puisse ne laisser aucun doute dans l'esprit, et qui soit de nature à produire cette conviction précise, intime, sans laquelle il ne saurait y avoir de science. Or, si l'on compare l'ordre de superposition des formations secondaires supérieures du Nord-Ouest avec les mêmes formations du Sud-Ouest de la France, il résulte de cette comparaison que le Calcaire grossier, dit marin, offre tantôt des coquilles marines, tantôt des coquilles terrestres et fluviatiles, tantôt enfin des coquilles terrestres dans les bancs supérieurs, et des coquilles marines dans les bancs inférieurs. Ce qui est, géologiquement parlant, la démonstration rigoureuse que les calcaires marins et d'eau douce correspondans sont des formations identiques, ou si on l'aime mieux, des parties d'une même formation. Les terrains du Sud-Ouest de la France ont été décrits par un habile géologue, M. Ami Boué, qui qui les a étudiés avec une rare sagacité, mais qui malheureusement pour la science, n'ayant, pour ainsi dire, fait que passer sur les lieux, n'a pu voir assez de détails pour en coordonner l'ensemble avec assurance (1). Ils ont aussi été décrits par MM. Chaubard et Raigniac, dans une notice géologique récemment publiée (2); mais trop peu connue pour que nous soyons dispensés d'en donner ici le tableau comparatif. D'ailleurs, ces terrains sont éminemment classiques; car les soulèvemens n'y ont absolûment rien dérangé, et il est une foule de lieux où, en partant du sable sur

(1) *Ann. des Sc. nat.*, 1824. —

(2) *Ann. des Sc. d'observ.*, avril, mai 1830.

lequel repose le prétendu calcaire crayeux, c'est-à-dire, le premier calcaire inférieur des plaines basses de la France et d'une grande partie de l'Europe, on peut, en montant les collines, voir, compter et reconnaître toutes les couches jusqu'au dernier calcaire dit Terrain d'eau douce supérieur.

Tableau comparatif des formations secondaires du centre de la vallée de la Seine et de la vallée de la Garonne.

FORMATIONS *Des environs de Paris.*	FORMATIONS *Des environs d'Agen.*
ARGILE ou Marne. CALCAIRE siliceux supér. de Brong. SABLES sans coquilles.	ARGILE alternant avec le CALCAIRE (dern.) à coq. d'eau douce. SABLES ou Marnes sableuses.
ARGILE ou Marne. CALCAIRE siliceux (confondu avec le précédent) (1). 3ᵉ GRÈS ou Sable (dit pareillement Sable sans coquilles).	ARGILE alternant avec le CALCAIRE (avant-dern.) à coquilles d'eau douce. SABLES ou Grès.
ARGILE à bivalves marines alternant avec le CALCAIRE gypseux avec ossemens de mammifères. 2ᵉ GRÈS.	ARGILE et Gypse en masse ou en cristaux alternant avec le CALCAIRE à ossemens et grosses Huîtres dans l'argile au-dessus et roche de Quartz. SABLES ou Grès.
ARGILE (et roche de Quartz) alternant avec le CALCAIRE grossier à coquilles marines et ossemens de mammifères. 1ᵉʳ GRÈS, Sables ou Graviers.	ARGILE (et roche de Quartz) alternant avec le CALCAIRE parisien à coquilles d'eau douce et ossemens de mammifères. SABLES, ou Grès ou Graviers.
ARGILE plastique à coquilles marines et d'eau douce. CRAIE ou Calcaire crayeux avec nodules quartzeux.	ARGILE alternant avec le CALCAIRE crayeux à coquilles d'eau douce et ossemens de mammifères. SABLES jusqu'au-delà de 300 mètres au-dessous du niveau de l'Océan avec de faibles lits de marne.

(1) Sous la dénomination de *Terrain d'eau douce supérieur,* les géologues parisiens confondent deux dépôts distincts et indépendans composés chacun d'un dépôt aréuacé surmonté d'un calcaire infilaré de roche de Quartz, qu'ils appellent *calcaire siliceux.* Ces deux dépôts se voyent superposés, entre autres lieux, à Meudon, au bois des Fausses-reposes, et à Montmorency. Ils reposent dans ces localités sur la formation gypseuse qui elle-même y est couronnée par un semblable calcaire siliceux.

Observation. Si l'on rapproche ensemble deux collines comparables prises l'une dans la vallée de la Seine, l'autre dans la vallée de la Garonne, telles que la colline de Meudon, près Paris, et celle de Laplume, près d'Agen, il est remarquable, d'abord que la hauteur absolue de la première étant d'environ 180 mètres, et celle de la seconde d'environ 190 mètres, elles sont sensiblement de la même hauteur, car la différence légère et sans importance en Géologie, qui se fait remarquer entre les deux nombres, peut être regardée comme provenant uniquement des erreurs inévitables dans de pareilles opérations géodésiques; en second lieu, que chaque formation dans la colline de la vallée de la Seine est sensiblement de la même puissance que la formation correspondante dans celle de la vallée de la Garonne; enfin, que chacune des cinq formations est, dans l'une comme dans l'autre, composée des mêmes élémens minéralogiques, savoir : Sable, Marne, Calcaire et roche de Quartz.

Si l'on compare ces cinq formations, abstraction faite des fossiles, leur identité est évidente, puisque l'ordre de superposition, le niveau, la puissance et les élémens minéralogiques sont dans chacune absolument les mêmes. Or, le calcaire grossier, dit marin, correspond dans cet ordre au calcaire parisien à coquilles d'eau douce, et le gypse à ossemens, de Montmartre, correspond au calcaire à ossemens et gypse qui est au-dessus : donc ces formations sont identiques. Au reste, la conformité des formations du bassin de Paris et du bassin de la Garonne, acquerra un bien plus haut degré de force, lorsqu'on aura vu au § 3, que les cinq dépôts de sédiment qui se montrent superposés l'un à l'autre dans les deux bassins, comprennent la totalité des dépôts secondaires, et non la partie supérieure seulement, comme on l'a pensé jusqu'à présent et comme on a cru devoir l'admettre ici, pour ne pas brouiller sans nécessité les idées reçues.

On aurait pu faire intervenir ici le terrain même des environs de Paris où la formation du calcaire parisien se montre aussi fort souvent avec des coquillages terrestres au lieu de coquillages marins; par exemple, aux environs de Nemours, de Château-Landon, etc.; mais il eût fallu pour cela montrer auparavant que ces formations identiques ont été méconnues. Comme cette identité sera au reste montrée à la fin de cet article, le lecteur impatient peut y recourir.

En vain objecterait-on ici la différence des fossiles : leur considération n'a qu'une importance accessoire en Géologie. En vain objecterait-on encore que le calcaire n'est pas du gypse. Le prétendu gypse de Montmartre n'est que de la *pierre à plâtre*, c'est-à-dire, du carbonate de chaux (calcaire) mêlé de sulfate de chaux (gypse), et c'est par un abus de mots qu'on lui a donné le nom fallacieux de gypse. D'ailleurs, on verra en son lieu, que la pierre à plâtre de Montmartre n'est probablement qu'une formation calcaire altérée par des agens sulfuriques, c'est-à-dire, qu'une anomalie, un accident géologique local arrivé à une formation calcaire. L'ordre de superposition passe avant tout : ce n'est qu'à lui seulement qu'il appartient de fournir une démonstration géologique rigoureuse sur l'identité ou la non-identité des couches. La différence des fossiles n'a point ce privilége et ne saurait jamais l'avoir, puisqu'il est géologiquement démontré par les faits précédens, que dans la même formation les coquilles peuvent se trouver marines en un lieu, terrestres et fluviatiles dans l'autre.

Enfin, si après tout ce qui précède, il pouvait rester

quelque doute dans l'esprit de quelque géologue, touchant l'unité de formation des calcaires parisiens à coquilles marines et à coquilles d'eau douce, les superpositions des collines du bassin de la Garonne, aux environs de Casteljaloux, ne sauraient manquer de le faire
disparaître. En effet, si partant de Bordeaux, on suit
le calcaire grossier parisien de la rive gauche, en remontant vers Toulouse, ce calcaire n'offre d'abord
que des coquillages marins jusqu'aux environs de Grignols dans tous les bancs qui le composent. De Grignols
à Villefranche du Queyran, on voit bien encore les
mêmes bancs de ce calcaire grossier à coquillages marins; mais la partie superficielle de ce calcaire, c'est-à-
dire les derniers bancs, ont une texture compacte et
sont comme pétris de coquilles d'eau douce et de
vacuoles. Au-delà de Villefranche, vers Toulouse, la
partie inférieure de la formation, celle à coquilles marines, a disparu pour ne plus se montrer, et on ne
trouve plus que les bancs de calcaire compacte à coquilles d'eau douce sur le prolongement de la formation.

Cette superposition immédiate du calcaire parisien
à texture compacte et coquilles d'eau douce sur les
bancs du calcaire grossier parisien à coquilles marines,
est un fait trop important en cette matière pour que
l'on se contente de l'exposer aussi simplement. Voici
une coupe géologique de colline prise sans choix entre
Grignols et Villefranche du Queyran.

*Coupe de la colline de Roques entre Casteljaloux et le
Mas-d'Agenais, par M. Debeaux.*

Sables et Graviers à la hauteur absolue d'environ 160 mètres.
Marnes.

Argiles.

IIIe. CALCAIRE à coquilles d'eau douce , 2, bancs;
1, gris; 2, blanc.

— Marnes.

SABLES alternant avec les Marnes suivantes:
Marnes avec *Ostrea longirostris*, *O. curvirostris*, *O. crassissima*.
Marnes sableuses à coquilles marines , petites
ostracites.

} DÉPÔT gypseux. Épaisseur, 20 mètr.

Argile.

IIe. CALCAIRE, 6 bancs : les supérieurs à coquilles
d'eau douce! les inférieurs à coquilles marines! savoir :
6e. Calcaire gris à coquilles d'eau douce et tu-
bulures.
5e. Calcaire fissile blanc, très-dur, à texture
cristalline.
4e. Calcaire gris à coquilles marines (*Cérithes*
nombreuses).
3e. Calcaire à coquilles marines bivalves.
2e. Marne à coquilles marines bivalves, Oursins, dents d'un rongeur.
1er. Calcaire marneux.
— Transition marneuse.
SABLES.

} DÉPÔT parisien. Épaisseur, 46 mètr.

Argile.

Ier. CALCAIRE à coquilles d'eau douce , 2, bancs;
1, blanc; 2, gris.
— Transition marneuse.
SABLES alternant avec des marnes jusqu'au lit
de la Garonne.

} DÉPÔT dit crayeux.

Toutes les collines des environs, à l'Est et à l'Ouest
de ce lieu, offrent les mêmes superpositions. Partout
on retrouve le Calcaire parisien composé de six bancs,
dont les quatre inférieurs sont des calcaires grossiers
à coquilles marines, et les deux supérieurs des calcaires à texture compacte et coquilles d'eau douce. On
n'en donne point ici la coupe géologique, parce
qu'elle ne serait qu'une répétition inutile de la précé-
dente.

Au reste, cette superposition immédiate du Calcaire parisien à coquilles d'eau douce sur le calcaire grossier marin, n'est point particulière à la vallée de la Garonne. On la retrouve aussi en certains points de celle de la Seine, et entr'autres à Villiers, près Paris, où son calcaire est désigné sous le nom de *Clicart*, comme on peut le voir dans la description géologique de Brongniart et Cuvier (1). On la voit aussi entre Levet et Bruère, route de Bourges à St-Amand, selon M. d'Omalius d'Halloy (2).

De pareils faits sont une véritable démonstration géologique. Il n'est donc plus permis de douter que les calcaires grossiers parisiens à coquilles marines, et les calcaires compactes à coquilles d'eau douce qui leur correspondent, ne soient les membres d'un seul et même dépôt.

Depuis que M. Constant-Prevôt a essayé de montrer la possibilité que des calcaires à coquilles marines eussent été formées en même temps que des calcaires à coquilles d'eau douce, l'évidence de la nécessité de cette réunion est si généralement sentie par les géologues, qu'une foule d'entre eux revendiquera par la suite la priorité sur ce fait. A cet égard, on remarque ici, que jusqu'à présent on n'a fait autre chose que fournir des inductions tendant à faire opérer cette réunion ; que personne n'a encore démontré par des preuves géologiques irrécusables, c'est-à-dire, par l'ordre de superposition des couches, l'identité de ces deux prétendues formations distinctes, que c'est ici pour la première fois que cette démonstration est fournie.

La distinction des fossiles ne saurait donc être qu'un caractère accessoire dont l'utilité pour déterminer une

(1) *Desc. géogr.*, p. 41, et pl. 1, C. f. 4.
(2) *Journ Phys.*, 1813, tom. 77.

couche contiguë et voisine ne peut être contestée, mais qui devient un caractère peu sûr, même trompeur, lorsqu'il s'agit de déterminer une couche éloignée, surtout quand elle appartient à un bassin différent. Si on a la maladresse de s'y fier, on s'expose à tomber dans les plus graves erreurs. C'est ainsi que les auteurs de la Description géologique des environs de Paris, jugeant des deux calcaires inférieurs de l'Agenais par les Limnées, les Planorbes et les Hélices qu'ils renferment, ont cru pouvoir les rapporter au dernier calcaire à Limnées de la formation de Paris (1), tandis qu'il est démontré par l'ordre de superposition que ces deux calcaires sont identiques, le premier, avec la partie supérieure du calcaire grossier parisien, dit Clicart en certains lieux, le second, avec le plâtre à ossemens, de Montmartre, ou le calcaire à ossemens de l'Ornéanais, et que l'un et l'autre supportent l'avant-dernier et le dernier calcaire de ce pays. C'est ainsi que l'un de ces mêmes naturalistes, jugeant avec doute il est vrai, des grès dits *Molasses*, de la même contrée, par les dépouilles des mammifères fossiles qui y ont été découverts, croit pouvoir rapporter ces grès à la formation du plâtre à ossemens du terrain de Paris (2), tandis que l'ordre de superposition démontre qu'ils gisent au-dessous du Dépôt parisien (*calcaire grossier à cérithes*). C'est encore en se laissant fasciner les yeux par les fossiles, que M. Boué ne peut se résoudre à voir dans l'Agenais ce qu'il a sous les yeux, et croit pouvoir affirmer, « que les apparences géolo-« giques, jointes à la distribution du calcaire grossier « marin, ne laissent pas de doute que le calcaire d'eau

____

(1) Dans les *Recherch. sur les Ossem. foss.* de Cuvier, édit. de 1822, t. 2, pl. 2, p. 299.

(2) Cuvier, *Disc. sur les rév. du Globe*, p. 330.

« douce, malgré sa position sur la Molasse (grès ou
« partie arénacée du Dépôt parisien), ne soit postérieur
« à ce dernier (1) »

Au reste, il n'y a rien d'étonnant dans cette succession immédiate de bancs à coquilles d'eau douce dans le calcaire du Dépôt parisien ; car, elle se montre pareillement à la surface de la formation crayeuse dans l'argile plastique des environs de Paris, dépendance de cette formation, et dans l'Agenais où elle se trouve seule, il est vrai, mais où on la trouvera sans doute un jour superposée aux bancs pétris de coquillages marins, comme on l'a trouvé déjà pour le calcaire parisien. On voit pareillement cette succession au comté de Sussex, en Angleterre, dans la partie superficielle du Dépôt jurassique, consistant, ainsi que cela doit être, en marnes et roche de Quartz, et où elle a reçu le nom de *Weaden* (2). D'ailleurs, on verra dans le chapitre suivant, que cette succession immédiate de bancs à coquilles d'eau douce et à coquilles marines, tient essentiellement au mode de formation des divers Terrains secondaires ; en sorte, qu'elle doit s'offrir absolument partout, à moins que les fossiles n'aient manqué dans la localité où on la cherche en vain.

Enfin, c'est pour avoir voulu déterminer les formations des environs de Paris, plutôt par les coquillages fossiles que par l'ordre de superposition ou la relation du gisement, que les géologues parisiens se sont évidemment mépris sur la plupart des calcaires supérieurs à la formation crayeuse parisienne, dans lesquels ils ont vu des coquilles terrestres et fluviatiles au lieu de coquilles marines, et sur tous les calcaires siliceux, où ils n'ont aperçu ni plâtre, ni ossemens de mammi-

(1) Boué, *Ann. Sc. nat.*, 1825, p. 142.
(2) D'Omalius d'Halloy, *Élém. géolog.*, p. 190.

fères. Ils ont rapporté tous ces calcaires à leur terrain d'eau douce supérieur qui surmonte toutes les formations secondaires supérieures de la vallée de la Seine ; tandis qu'en ne considérant que l'ordre de superposition, la relation de gisement et le niveau relatif des couches, ils doivent évidemment être rapportés les uns à la formation du calcaire parisien entre la craie et le calcaire gypseux, les autres au calcaire gypseux entre le calcaire parisien et le calcaire supérieur des environs de Paris, qui comprend deux dépôts indépendans, ainsi qu'on l'a précédemment observé, et répond aux dernier et avant-dernier calcaire de la vallée de la Garonne.

Pour s'en convaincre, il suffit de jeter les yeux sur les tableaux suivans, où les formations publiées dans la Description géologique des environs de Paris, sont déteminées par la superposition ou la relation de gisement, et sans égard à la nature des fossiles.

Environs de Nemours, par M. Berthier.

(*Rech. sur les Ossem. foss.*, tom. 2, pl. 2, p. 491.)

CALCAIRE d'eau douce supérieur. GRÈS en bancs divisés en blocs.	} Dépôt gypseux.
CALCAIRE d'eau douce avec tubulures et cailloux roulés dans sa partie inférieure. POUDINGUE siliceux sur la Craie, un peu calcaire dans sa partie supérieure.	} Dépôt parisien.

Vallée des Châteniers, près Nemours, par M. Brongniart.

(*Rech. sur les Ossem foss.*, ibid.)

CALCAIRE d'eau douce supérieur. GRÈS.	} Dépôt gypseux.

CALCAIRE d'eau douce.   } DÉPÔT parisien.
POUDINGUE.

CRAIE de Paris.   } CRAIE de Paris.

A Maffiers, près Beaumont sur Oise, par M. Brongniart.
(*Rech. sur les Ossem. foss.,* ibid, p. 590.)

CALCAIRE d'eau douce supérieur.

— Marne { A coquilles d'eau douce, feuilletée, appliquée tantôt sur un petit lit de calcaire friable renfermant un assez grand nombre de coquilles marines brisées, tantôt sur le *grès* ou le sable. } DÉPÔT gypseux.

GRÈS dur sans coquilles à assises épaisses.

CALCAIRE { A coquilles marines dont les asssises supérieures sont dures, siliceuses, et renferment des Cérithes et autres coquillages marins du Calcaire grossier. } DÉPÔT parisien.

Environs de Soissons, par Héricart-Ferrant.
(*Rech. sur les Ossem. foss.,* ibid.)

TERRAIN d'eau douce supérieur.   } DÉPÔT gypseux.
GRÈS et Sables sans coquilles.

CALCAIRE grossier.   } DÉPÔT parisien.
SABLE inférieur au Calcaire grossier.

Argile et Lignites.   } CRAIE de Paris.

A Château-Landon (Seine-et-Oise), par Héricart-Ferrant.

Terre végétale.
Argile brune.
— Calcaire marneux et écailleux non exploité.
CALCAIRE d'eau douce en trois bancs exploités. C'est le Calcaire d'eau douce supérieur.
GRÈS supérieur à la Craie de Paris avec Poudingue.   } DÉPÔT parisien.

CRAIE de Paris. } CRAIE de Paris.

(*N. B.*) Le plateau entier de la Beauce offrant la même constitution géologique que les environs de Château-Landon, il s'ensuit que tout le calcaire de ce plateau appartient à la partie supérieure (Calcaire à coquilles d'eau douce) du Dépôt parisien, et non au Calcaire du Terrain d'eau douce supérieur comme on l'a cru. Quant aux protubérances ou calottes qui reposent sur ce plateau, elles appartiennent au Dépôt gypseux.

A Fontainebleau, par M. Brongniart.

(Cuvier, *Recherch. sur les Ossem. foss.*, p. 590.)

CALCAIRE et sable d'eau douce supérieur.

Marne argileuse et sableuse.

GRÈS en bancs et blocs, Sables et Cristaux rhomboïdaux.

Marne argileuse avec Cristaux de gypse, représentant la formation gypseuse selon M. Brongniart.

} DÉPÔT gypseux.

CALCAIRE siliceux sans coquilles, tenant lieu du Calcaire marin.

SABLES et Argile plastique.

} DÉPÔT parisien.

CRAIE de Paris.

} CRAIE de Paris.

(*N. B.*) L'alternance de Marne et Sable qui se montre ici au-dessus du Calcaire siliceux, tenant la place du Calcaire grossier parisien, est le prélude d'une nouvelle formation de Calcaire qui va paraître! Puisque la Marne à cristaux de gypse est un indice de la formation du Calcaire gypseux, il s'ensuit que le nouveau Calcaire appartient à cette formation et non à celle du Calcaire supérieur, ainsi qu'on l'a cru. D'ailleurs le Calcaire des sommités de Fontainebleau est identique de texture, de puissance et de couleur avec le Calcaire du Dépôt gypseux du bassin de la Garonne; car l'un et l'autre comprennent trois bancs sensiblement d'égale épaisseur et dont le supérieur et l'inférieur sont blanchâtres, tandis que l'intermédiaire est gris. L'identité est même telle, que si un géologue était transporté devant une carrière où se montrent ces trois bancs calcaires sans qu'il sut où il est, il ne pourrait affirmer si elle appartient au bassin de la Garonne ou à celui de la Seine. Or, la place de ce Calcaire dans le bassin de la Garonne, ne saurait être douteuse : c'est le Calcaire du troisième Dépôt, ou Dépôt gypseux.

Comme on voit, rien absolument, si ce n'est les fos-siles, ne s'oppose à ce que l'on détermine les formations calcaires à coquilles d'eau douce par la superposition ou la relation de gisement. Il en est bien autrement, si on veut les déterminer par les fossiles, ainsi qu'on l'a fait pour certaines formations des environs de Paris. D'abord, il faut supposer au caractère pris des fossiles plus d'importance qu'au caractère pris dans la concordance de superposition et de gisement relatif, ce à quoi nul géologue ne saura jamais se résoudre, pour peu qu'il craigne de se tromper. En second lieu, il faut supposer que, dans la plupart des lieux où se montre la prétendue formation du calcaire supérieur immédiatement au-dessus du calcaire grossier parisien, le dépôt gypseux se trouve totalement supprimé, ce qui ne peut être admis sans les plus graves difficultés. Car pour cela, il faut voir manquer à la fois et partout les trois termes, sables, calcaire et argile, dont ce dépôt se compose. En étudiant, il n'est pas rare de voir en certains lieux un seul terme supprimé; il l'est extrêmement d'en voir deux, et on ose affirmer ici que les documens actuels de la science n'offrent pas un seul exemple des trois termes supprimés à la fois. Il reste toujours des vestiges évidens de la formation, soit dans la partie arénacée qui ne manque jamais, soit dans les parties calcaires ou argileuses qui manquent par fois. Au reste, cette suppression de la partie supérieure des dépôts ne se fait point au hasard, à ce qu'il paraît, mais bien suivant une règle qui va être exposée dans les développemens du caractère suivant, et que l'on a négligé d'étudier jusqu'à présent.

SIXIÈME CARACTÈRE. *Les Dépôts secondaires se composent de trois termes ordinairement complexes par redoublement, savoir : 1, Sable ou Grès; 2, Calcaire ou*

Craie ; 3 , *Argile ou Marne*, sans compter le *Quartz*, qui peut être considéré comme un quatrième terme non essentiel, en ce qu'il est de nature pseudovolcanique ; et leur ensemble comprend sept *Dépôts* distincts et indépendans, qui sont, à partir du *Grès houiller* : 1er *Dépôt* ou *Dépôt magnésien*, 2e *Dépôt* ou *Dépôt jurassique*, 3e *Dépôt* ou *Dépôt crayeux*, 4e *Dépôt* ou *Dépôt parisien*, 5e *Dépôt* ou *Dépôt gypseux*, 6e *Dépôt* ou *avant-dernier Dépôt supérieur*, 7e *Dépôt* ou *dernier Dépôt supérieur*.

Les Terrains secondaires ne sont point déposés au-dessus des Terrains intermédiaires de la même manière que ceux-ci le sont au-dessus de la formation primitive. Au lieu de les recouvrir en se modelant sur leurs inégalités, ils forment des séries de collines à dos plus ou moins prolongé, ou des plateaux plus ou moins étendus, composés de formations arénacées, quartzeuses, séparées entr'elles, soit par des alternats de calcaire et marne surmontés çà et là ou infiltrés de quartz en roche, soit par des alternats ou dépôts de roche de quartz, soit par des marnes plus ou moins calcaires seulement, suivant que les dépôts se montrent à tel point ou tel autre du bassin géologique auquel ils appartiennent.

Les formations secondaires étudiées sans ordre dans chaque localité, au lieu de l'être dans la vallée entière ou bassin géologique auquel elles appartiennent, sont rarement complètes. Les Calcaires à coquilles d'eau douce et ceux à coquilles marines n'accompagnent pas constamment les masses arénacées qui les supportent. La roche de Quartz (meulière) se montre encore plus rarement, si ce n'est en certains lieux. D'après les descriptions incomplètes que nous avons des vallées de la Seine et de la Garonne, il paraît que chaque Dépôt secondaire supérieur, en partant de la mer ou de l'entrée de la vallée, n'offre d'abord que sa partie arénacée

seulement, mais bientôt le calcaire à coquilles marines
vient le recouvrir ou plutôt le couronner; le calcaire
à coquilles d'eau douce vient ensuite se superposer immédiatement au précédent, puis le premier disparaît;
on ne voit plus à sa place, dans les collines voisines,
que le second seul. Enfin, celui-ci disparaît à son tour,
et on ne trouve plus que la partie arénacée de la formation couronnée ou séparée des autres par des assises
de marnes ou de la roche de Quartz à la place des
Calcaires. Quant aux Dépôts inférieurs, il semble que
le développement de leurs calcaires n'a lieu que vers
les bords et vers le fond des bassins, où ils forment
une sorte de ceinture et où ils paraissent s'enfoncer
au-dessous des Dépôts supérieurs qui s'adossent contre
leur flancs; mais on verra au § 3 que ce fait géologique n'est rien moins que constaté, et que de graves
raisons portent à penser que les premiers Dépôts de la
bordure des bassins ne sont que des déguisemens des
deux premiers Dépôts du centre de ces bassins. En
sorte qu'il n'y aurait pas deux modes de dépôt, mais un
seul. En un mot, la partie arénacée est la seule dans
chaque formation qui se montre en tous lieux, qui
ne manque jamais, pour ainsi dire, car alors même
qu'elle semble disparaître, elle n'est que déguisée par
un grand développement du calcaire superposé, avec
lequel elle est mêlée et qui la rend un grès calcaire
(Molasse). Ainsi, le calcaire alpin ou magnésien, qui
se montre en Angleterre, en Allemagne et dans la Russie
méridionale, ne se trouverait nulle part en France;
mais il faut bien se garder néanmoins de dire que le
Dépôt alpin ou magnésien manque chez nous, car,
s'y trouvant représenté par le grès dit des Vosges,
on ne peut dire autre chose si ce n'est qu'il y est in-
complet et réduit à sa partie arénacée seulement.

Si ce qui précède n'offre ni assez de précision, ni assez de certitude, il faut s'en prendre à la nature systématique des mémoires sur les Terrains secondaires, postérieurs à la publication de la *Description géologique des environs de Paris*. Depuis cette époque, on n'étudie plus les superpositions ; on néglige de faire connaître le nombre, l'ordre des couches, leur épaisseur, leur nature, etc. On ne tient aucun compte des niveaux relatifs de ces couches d'une colline à l'autre, soit dans le sens longitudinal, soit dans le sens transversal de la vallée : on n'a plus le moindre souci pour ces transitions graduelles d'une couche à l'autre, qui dénotent leur unité de formation, et de ces transitions brusques et tranchées qui, hormis le cas de redoublement des termes, en signalent au contraire l'indépendance. On ne rêve plus que terrains d'eau douce, terrains marins, cataclysmes effroyables, continuels, changemens étranges de climats, succession de races dans le règne animal et le règne végétal, incandescence originelle de notre planète et son refroidissement consécutif ; toutes idées cependant hasardées, sans fondement pour la plupart, et d'ailleurs formellement en opposition avec l'histoire : ou bien, on ne voit plus dans les systèmes des collines secondaires que des lacs d'eau douce, lesquels, en rompant leurs digues, couvrent les formations marines de marnes et de calcaires à coquilles terrestres et fluviatiles, etc., quoique l'histoire ni la tradition d'aucun peuple ne nous montrent la moindre trace de ce nombre surprenant de catastrophes nécessairement séparées les unes des autres par de longues périodes d'années, et que les vallées secondaires ni leurs embranchemens ne nous offrent nulle part le moindre signe que des digues naturelles y aient existé ou y aient été rompues ; quoique d'ailleurs, les eaux des lacs ne forment en aucun lieu du monde ni des roches calcaires, ni des grès, ni des roches de Quartz pareilles à celles des Terrains secondaires. En un mot, on est tout préoccupé du système au moyen duquel on croit expliquer les faits déjà connus, au lieu de s'occuper, soit à en recueillir de nouveaux, soit à préciser ou à éclaircir ceux qui ne l'ont pas encore été suffisamment. On dirait que ce sont les systèmes qui manquent à la science et non les faits, et cependant on en compte déjà plus de cent, tandis que les faits vraiment essentiels constatés jusqu'ici sont loin peut-être d'atteindre à ce nombre.

Enfin, un Dépôt secondaire, considéré sous le point de vue des fossiles, offre la série de termes suivans, de bas en haut : I, Sable ou Grès à coquilles marines, ossemens roulés et bois silicifiés ou carbonisés ; II, Calcaire, les bancs inférieurs à coquilles marines très-variées de genre ; les bancs supérieurs à coquilles d'eau douce, tous séparés les uns des autres par de minces assises de marne ; III, Roche de Quartz ou Calcaire siliceux à coquilles d'eau douce ; IV, Argile ou marne. Mais, pour cela, il faut que le Dépôt soit au grand complet, ce qui est fort rare, et ne se voit peut-être nulle part, au moins dans les formations supérieures ; car le Calcaire à coquilles marines, dans les trois derniers, paraît n'avoir encore été observé nulle part. On a bien donné comme tel le calcaire dit Moëllon des environs de Montpellier ; mais il est probable que ce calcaire n'est autre chose qu'une roche analogue au falun de Touraine, c'est-à-dire, qu'elle appartient sans doute à la Grande formation de transport.

Septième Caractère. *Pendant la formation des Terrains secondaires, il y a eu plusieurs soulèvemens successifs, et par suite, des éruptions pseudovolcaniques qui ont formé des masses de montagnes, intercalé quelquefois leurs produits entre les dépôts, et occasioné la formation de la roche de Quartz, qui termine chacun d'eux.*

Les matières pseudovolcaniques à l'état de Granit porphyrique ont élevé une partie des Alpes sur des fentes ouvertes à travers des Dépôts secondaires dont les couches, après avoir été rompues, ont été soulevées et transportées hors de leur place originaire (1). Dans les Pyrénées, où elles offrent la texture du Granit commun, ces calcaires ont été ainsi élevés à de très-grandes hauteurs. Ce sont les premières formations secondaires qui constituent maintenant ces sommités du Marboré dont fait partie celle du Mont-Perdu, la plus élevée de la chaîne, si on en excepte la Maladetta (2).

Quand on voit les deux Dépôts secondaires inférieurs couronner, dans les Pyrénées et les Alpes, ces énormes protubérances pseudovolcaniques, ou reposer sur leurs flancs, on est d'abord tenté de croire que la formation de la chaîne est due tout entière à une éruption contemporaine des dépôts secondaires supérieurs. Mais, dès que l'on y regarde de plus près, on voit aussitôt qu'une partie seulement peut être attribuée aux éruptions contemporaines des Dépôts secondaires supérieurs, pendant que l'autre appartient aux éruptions qui ont précédé et suivi les Terrains de transition. En effet, les formations supérieures au Dépôt crayeux ne se montrent dans aucune vallée transversale des Alpes: ce n'est que dans les ramifications de ces vallées et vers la partie orientale seulement qu'elles commencent à paraître. D'un autre côté, beaucoup de vallées du Jura, des Apennins, des Carpathes, etc., sont comblées en partie par les Dépôts de ces formations secon-

(1) De Buch, *Bull. Férus.*, 1828, p. 7.
(2) Ramond, *voy.* au Mont-Perdu.

daires supérieures, pendant que les sommités voisines n'en montrent aucune trace. Ces vallées, ces montagnes, sont donc antérieures aux Dépôts des terrains secondaires supérieurs, dits *tertiaires*, ou des éruptions pseudovolcaniques qui s'y rattachent.

Il en est de même des Pyrénées. Les Dépôts secondaires supérieurs ne se montrent point dans l'intérieur des groupes de ces montagnes : on ne les voit que sur la lisière du pied de la chaîne, principalement à l'ouest et au sud. Des Terrains secondaires, il est vrai, se montrent au-dessus du vaste amphithéâtre du Marboré dont ils forment les sommités, et où ils ont été transportés par le soulèvement ; mais la masse de ces groupes de montagnes est placée hors de l'axe central, hors même du chaînon collatéral du sud, et appartient, par conséquent, à la lisière de la chaîne.

Ainsi, dans les Pyrénées comme dans les Alpes, l'ensemble des montagnes jusqu'à la lisière de la chaîne, existait antérieurement au dépôt des Terrains secondaires supérieurs, puisque celui-ci n'a pu les recouvrir. Ainsi les Granits communs ou porphyriques, qui en forment la base ou le noyau, leur sont nécessairement antérieurs, et doivent, par conséquent, être rapportés aux éruptions qui ont eu lieu avant ou immédiatement après le dépôt des Terrains de transition. Pour faciliter l'intelligence de ces faits capitaux, on a cru devoir mettre sous les yeux du lecteur une coupe transversale idéale de la chaîne des Pyrénées. *Voy.* Pl. I.

En Italie, les éruptions de cette époque sont venues intercaler leurs produits au milieu des formations secondaires, au-dessus d'un calcaire qui paraît ne pouvoir être rapporté qu'au Dépôt crayeux. Leur texture est tantôt basaltique, tantôt amygdaloïde, et ils alternent avec des couches secondaires. On ne voit jamais au-dessus de ces alternats qu'un calcaire à coquilles d'eau douce, nommé *Travertino* par les Italiens, et que M. Brongniart croit pouvoir rapporter au Terrain d'eau douce supérieur du bassin de la Seine (1) ; mais les formations secondaires de ces contrées sont trop vaguement connues pour qu'il soit possible d'en parler avec plus de précision.

Parmi les produits pseudovolcaniques de l'Auvergne, il en est qui ne doivent point être rapportés à cette époque ; ce sont ceux qui offrent quelques traits de ressemblance avec les déjections des volcans actuellement en activité, et dont il sera parlé au quatrième chapitre. Ceux-là sont vraisemblablement d'un autre âge.

Les phénomènes produits sur les roches de transition par les éruptions qui les ont soulevées se représentent ici avec des circonstances pareilles ou analogues. Au contact de la matière pseudovolcanique, les couches secondaires, après avoir été sans doute ramollies, ont été fléchies, contournées, tourmentées de mille manières et pénétrées par le fluide souterrain (2). Les calcaires compactes du voisinage ont été transformés en carbonates de magnésie, comme dans les Alpes, dans le Tyrol, ou bien en marbre grenu, comme dans les Pyrénées (3). Les substances gazeuses, accompagnant ces éruptions, ont introduit dans les Dépots secondaires des métaux et des minéraux acidifiés.

En portant un examen attentif sur ces soulèvemens, on ne peut s'empêcher de voir qu'ils n'ont point eu lieu en même temps, mais successivement les uns après les autres. Par exemple, dans la Saxe, la Bourgogne, le Forez, on voit des montagnes dues à ces sou-

(1) Brong., *Descript. géolog.*, Paris, p. 188.
(2) Ramond, voy. au Mont-Perdu, p. 102 à 104.
(3) De Buch, *Bull. Fér.*, 1828, p. 7.

lèvemens, au sommet ou sur le flanc desquelles les couches calcaires du Dépôt jurassique originairement horizontales, et à une bien moindre hauteur, se montrent redressées par l'effet du soulèvement. Or, dans ces montagnes, le Dépôt crayeux qui a recouvert le calcaire jurassique aux environs ne se montrant point, on est en droit d'en conclure que ces sommités ont été soulevées dans l'intervalle de temps écoulé entre la formation de ces deux Dépôts secondaires. Dans les Pyrénées, dans les Apennins, on voit de pareilles montagnes qui, montrant ainsi redressées, non-seulement des couches du Dépôt jurassique, mais encore celles du Dépôt crayeux, autorisent à conclure que leur soulèvement a eu lieu dans l'intervalle de temps écoulé entre la formation du Dépôt crayeux et celle du Terrain qui l'a recouverte. Dans les Alpes centrales, il est des montagnes, telles que le Mont-Blanc, sur lesquelles on trouve, dit-on, redressées et soulevées, non-seulement les couches des Terrains secondaires inférieurs, mais encore celles des Terrains secondaires supérieurs, dits *tertiaires*. On est donc autorisé à en conclure que ces masses de montagnes sont sorties du sein du Globe, après la formation des Dépôts secondaires, tant inférieurs que supérieurs.

Comme on voit, il paraît que la formation de chaque Dépôt secondaire a été précédée d'une convulsion du Globe, dont l'un des effets a dû être de casser la croûte solide de son enveloppe, et de vomir à sa surface la matière pseudovolcanique qui forme le noyau de ces montagnes. Ces faits d'une haute importance, en ce qu'ils se rattachent merveilleusement au récit de l'histoire, comme on le verra au § 2, ont encore été trop peu étudiés, et depuis trop peu de temps, pour qu'il soit possible d'en rien dire de plus précis.

On ne doit point omettre ici une remarque importante à faire : c'est que les connaissances relatives aux soulèvemens que possède la science en ce moment ne portent point à penser que les mêmes formations aient été soulevées plusieurs fois ; et qu'au contraire elles tendent à montrer que les soulèvemens ont eu lieu successivement à côté les uns des autres , comme dans les Alpes , les Pyrénées, etc. , où les montagnes de la lisière ont été soulevées postérieurement à la chaîne centrale ; ce qui induit à penser que l'intensité de la force soulevante n'a pas été jusqu'à pouvoir rompre les masses antérieurement soulevées. Par conséquent, rien ne justifie la crainte conçue par certains géologues , que les couches soulevées aient été renversées sans dessus dessous, et de telle manière , qu'il soit maintenant impossible de reconnaître l'ordre de superposition de ces couches.

C'est ici le lieu de parler de ces blocs de roches primitives ou intermédiaires, souvent énormes, gisant sur un sol secondaire , qui par conséquent, leur est étranger, et où ils ont évidemment été transportés. « Ceux de ces blocs qui sont épars dans les parties basses de la Suisse ou de la Lombardie, viennent des Alpes, et sont descendus le long de leurs vallées. Il y en a partout et de toute grosseur, jusqu'à celle de cinquante mille pieds cubes, dans la grande étendue qui sépare les Alpes du Jura. Il s'en est élevé sur les pentes du Jura qui regardent les Alpes, jusqu'à des hauteurs de quatre mille pieds au-dessus du niveau de la mer. Ils y sont à la surface ou dans les couches superficielles de débris , mais non dans celles de grès ou de poudingue qui remplissent presque tout l'intervalle en question. La hauteur de leur situation est indépendante de leur grosseur. Les petits paraissent être un peu usés , les grands ne le sont point du tout. Ceux qui appartiennent au bassin de chaque rivière se sont trouvés à l'examen, de la même nature que les sommets ou les flancs des hautes vallées où naissent les affluens de cette rivière : ils sont accumulés aux endroits qui précèdent quelque retrécissement. On conçoit aisément comment ceux-ci ont pu être transportés là ; mais il en est qui auraient dû passer par dessus des cols de quatre mille pieds de hauteur. Tels sont ceux qui se voient sur les revers des crêtes dans les cantons entre les Alpes et le Jura, et sur le Jura même. C'est vis-à-vis les débouchés des vallées des Alpes que l'on en voit le plus et de plus élevés (1). »

HUITIÈME CARACTÈRE. *Ces sept Dépôts, semblables quant aux matériaux qui composent leur fond, leur milieu et leur superficie, reposent immédiatement l'un au-dessus de l'autre sans intermédiaire.*

S'il se fût écoulé de longs intervalles d'années entre la formation de chaque Dépôt, on trouverait entr'eux des indices d'alluvion ou d'attérissément, ce qui ne se montre nulle part. Cette succession immédiate annonce clairement des invasions de la mer, ou plutôt sept grandes marées de plus de deux cents mètres d'élévation. Car, en Hongrie, en Autriche, en France, en Italie, les dépôts secondaires ne s'élèvent qu'à deux cent trente mètres au-dessus de la mer. Il est vrai qu'en Suisse, dans les Pyrénées, il s'en montre à des hauteurs beaucoup plus considérables et jusqu'à trois ou quatre mille mètres ; mais, dans ces contrées, des soulèvemens ayant évidemment changé le niveau des formations, leur élévation actuelle ne saurait rien nous dire à cet égard.

Pour expliquer les formations, surtout pour se débarrasser de l'anomalie que présentent les dépôts à

____

(1). Cuvier, *Disc. sur les révol. du Globe.*

coquilles marines et les dépôts à coquilles terrestres qui semblent être contemporains, des géologues de nos jours ont admis la possibilité que, dans certains bassins, il se fût formé en un point des dépôts d'eau douce, pendant qu'il s'en formait de marins en un autre. Mais cette hypothèse ingénieuse ne saurait jamais s'accorder avec la constance de place dans l'ordre des formations, et surtout avec celle d'une superposition toujours pareille que les couches montrent dans les lieux les plus éloignés les uns des autres. Le hasard ne fait rien avec constance et régularité d'ensemble : nécessairement tous ces dépôts analogues partout, et semblablement placés les uns au-dessus des autres, ont chacun pour cause une seule et même action productrice.

D'ailleurs, il y a un fort grave inconvénient à façonner ainsi des formations pareilles à celles des Terrains secondaires. Car, c'est une chose bien remarquable, que les eaux douces, même les eaux salées, n'ont pas la faculté de former des dépôts de calcaires durs, des marnes et surtout des silex ainsi qu'on l'a précédemment observé. Après avoir admis l'hypothèse que les terrains à coquillages terrestres se sont formés dans les eaux douces, on se trouve donc forcé d'en faire une seconde pour avoir des eaux différentes de celles de la nature ; et puis on n'est pas plus avancé qu'auparavant. Quelle a pu être cette eau : où est-elle maintenant ? Qu'est-elle devenue ? On n'en sait rien : elle a vraisemblablement disparu. Et comment ? On n'en sait rien non plus. En vérité, il faut avoir la passion des hypothèses, pour en adopter de pareilles ; car, mieux vaut un mystère, parce qu'au moins il ne surcharge pas l'esprit d'une science inutile.

NEUVIÈME CARACTÈRE. *Dans les vallées secondaires où les soulevemens n'ont rien dérangé, le niveau des*

*Dépôts n'est le même ni de part et d'autre de la vallée,
ni dans toute sa longueur.*

Par exemple, si l'on compare les collines qui s'élèvent sur la rive droite de la Garonne, avec celles qui s'élèvent sur la rive gauche, on s'aperçoit de prime abord que les niveaux sont fort différens. C'est ainsi qu'à Agen le niveau des deux Dépôts inférieurs de la rive gauche de cette rivière, se trouve d'environ quarante mètres moins élevé que celui des mêmes formations sur la rive droite ; et celui des Dépôts supérieurs, d'environ quinze mètres. Il paraît en être de même dans toute la vallée, car à Langon, sur la rive gauche de la Garonne, la partie supérieure du Dépôt parisien à coquilles marines se montre dans le lit même de la rivière, tandis que la partie inférieure de ce même Dépôt est élevé de plusieurs mètres au-dessus de la rive droite. Si on les compare dans le sens de la direction longitudinale de la vallée ; on ne peut s'empêcher de remarquer que ces formations s'élèvent progressivement à mesure qu'elles s'écartent de la mer et s'enfoncent dans les terres. Cette élévation est bien plus rapide, bien plus forte que celle du lit de la Garonne ; mais, elle ne paraît pas se continuer au-delà de la hauteur d'Agen, vers laquelle les formations acquièrent leur plus grand développement.

DIXIÈME CARACTÈRE. *Le profil des collines dessine et indique les divers Dépôts dont elles se composent.*

Lorsque les soulevemens n'ont rien déplacé, comme par exemple dans la vallée de la Garonne, les Dépôts secondaires forment toujours des étages ou plutôt des gradins superposés les uns aux autres, qui de loin, permettent au géologue de reconnaître si la colline qu'il aperçoit est composée d'un, deux, trois, quatre ou cinq Dépôts superposés, ou si on l'aime mieux, empilés les uns au-dessus des autres. Par exemple, voit-on dans la plaine basse une butte ou un plateau peu élevés au-dessus desquels il ne se montre aucun gradin, on peut en conclure qu'ils sont composés par le seul Dépôt crayeux. La butte se montre-t-elle avec un gradin à peu près à mi-côte, on peut en conclure qu'elle est composée par le Dépôt parisien superposé au Dépôt crayeux. Se présente-t-elle avec trois gradins? C'est le Dépôt gypseux superposé au Dépôt parisien et au Dépôt crayeux. Y distingue-t-on quatre gradins, c'est l'avant-dernier Dépôt superposé aux trois Dépôts qui le précèdent. Enfin, voit-on une calotte, une croupe superposée sur les quatre gradins? c'est le dernier Dépôt.

On peut aussi juger de fort loin si le dernier Dépôt superposé est complet ou non. Car, si ce Dépôt superposé se termine en plateau, à coup sûr il renferme son sable et est couronné par son calcaire; tandis que s'il se termine en calotte ou en cône, le calcaire manque et il ne se compose que de sable mobile.

Quelquefois l'abondance du sable dans la formation superposée, recouvrant entièrement le plateau de la formation inférieure, surtout du côté de la mer, rend ces gradins presque insensibles; mais elle ne les efface jamais entièrement. On aperçoit toujours çà et là des proéminences qui interrompent la direction de la pente et lui font faire saillie. On est averti par là, que le gradin a été effacé, et que si on tourne autour de la colline on le retrouvera au même niveau d'un autre côté; car, ces gradins ne se montrent pas d'un côté seulement, mais dans tout le pourtour des collines. Cependant, il est des lieux où certains de ces gradins n'ont pu se conserver, comme par exemple, aux environs de Paris où les deux derniers se distinguent avec tant de difficulté, parce que les bancs de calcaire y étant remplacés par des rognons plus ou moins gros de calcaire siliceux, et ces roches fragmentaires ne garantissant point le sable subjacent des dégradations journalières, le gradin a dû s'effacer. Pour donner une idée de ces gradins, on a dessiné le profil des formations qui se montrent ainsi empilées les unes au-dessus des autres, entre la Garonne et le point culminant du moulin de Marsac. Dans ce dessin, le gradin du Dépôt gypseux a été raccourci afin de ne pas trop allonger la figure (1).

Onzième caractère. *Des amas siliceux peu constans, mais parfois considérables, se montrent au-dessus du calcaire ou dans le calcaire même de chaque Dépôt.*

Ces amas siliceux se montrent disséminés dans le Calcaire magnésien ou alpin, en modules dans le Calcaires jurassique, ainsi que dans les assises supérieures de la Craie, et dans le Calcaire gypseux ou plâtre à ossemens, en masses de diverses grosseurs celluleuses ou compactes au-dessus du Calcaire parisien (*Calcaire grossier*), et des deux Calcaires supérieurs. Quelquefois la matière siliceuse est entremêlée et confondue avec la matière calcaire. Enfin, les bois qui se sont trouvés déposés dans le voisinage sont convertis en silex.

On a déjà vu que la roche de Quartz se montre au-dessus de la formation primitive, ainsi qu'au-dessus de celle de transition, où elle figure comme le dernier résidu, s'il est permis de parler ainsi, des dépôts pseudo-volcaniques. Elle ne joue point un rôle différent dans les formations secondaires, comme on le verra plus bas. Elle remplace, dans une multitude de collines, les

____

(1) Voy. pl. iv de la Notice géologique, etc., publiée dans les *Annales des Sciences d'observation*, avril et mai 1830.

Granits porphyriques qui se montrent ailleurs dans ces formations. Elle sépare, distingue les formations l'une de l'autre, et son apparition est un signe certain que le Dépôt dans lequel elle se trouve va finir et qu'un autre va lui succéder.

DOUZIÈME CARACTÈRE. *Au voisinage des amas pseudovolcaniques, le calcaire de la formation secondaire est transformé en Dolomie (double carbonate de chaux et de magnésie).*

Selon les observations récentes du célèbre Léopold de Buch, le calcaire du premier dépôt secondaire est totalement transformé en Dolomie au contact de la matière pseudovolcanique. A mesure qu'on s'en éloigne, la magnésie devient moins abondante. On la voit alors tapisser de ses cristaux les parois des veinules qui parcourent la roche. Peu à peu le nombre de ces veinules diminue aussi, disparaît, et il ne reste plus que le calcaire sans mélange. Cette transformation n'a lieu que eu à peu et d'une manière insensible. Nulle part on e voit entre les deux sortes de roches une succession rusque et tranchée. C'est évidemment tout à la fois ne simple et surprenante métamorphose minéraloique.

TREIZIÈME CARACTÈRE. *Le calcaire des Dépôts gypeux et jurassique qui se trouvent en tout ou en partie emplacés par de la pierre à plâtre (mélange de carboate et de sulfate de chaux, c'est-à-dire, de calcaire et e gypse).*

Dans la vallée de la Garonne, on trouve de la pierre plâtre dans les argiles qui accompagnent le calcaire e la cinquième formation secondaire (Dépôt gypseux). est vrai qu'elle s'y montre si rarement, que le fait de présence serait de bien mince importance, en géogie, s'il en était de même partout; mais, aux environs de Paris et d'Aix en Provence, dans le Dépôt jurassique, à ce qu'il paraît, le fait est bien autrement remarquable. Là, la formation entière du calcaire y est remplacée par de puissans bancs de pierre à plâtre, ou pour mieux dire, de Calcaire gypseux que l'on exploite avec activité, et dont les produits sont transportés au loin. Les ossemens d'une multitude de mammifères et autres animaux, dont pour la plupart, les analogues vivans n'existent plus, ossemens qui, partout ailleurs, se montrent dans un calcaire à texture compacte, d'où il est très-mal aisé de les extraire, se trouvent en abondance dans ces plâtrières. Le peu de difficultés qu'on a pour les séparer d'une roche aussi tendre, et surtout la proximité de la capitale du monde savant, ont singulièrement facilité leur étude. C'est en s'en occupant avec une patiente persévérance, une admirable sagacité, que le célèbre Cuvier a enrichi la Zoologie d'enviro une centaine d'espèces, dont quatre-vingts sont, à c qu'il paraît, inconnues dans le règne animal de no jours.

QUATORZIÈME CARACTÈRE. *Dans les couches des Dépôt secondaires, tant inférieurs que supérieurs, se trouven en prodigieuse quantité des dépouilles organiques ma rines, terrestres, de tout climat, mais avec des circons tances notables de gisement.*

1. *Des amas de végétaux plus ou moins fréquens plus ou moins considérables se montrent dans les sabl de chaque Dépôt; mais ce n'est que dans les couches d Dépôts supérieurs seulement que les végétaux dicotyl dones fossiles deviennent plus communs que les monoc tylédones.*

2. *C'est principalement dans les Dépôts inférieu que se montrent les ossemens des quadrupèdes ovipar (amphibies).*

3. *Les coquillages d'eau douce se montrent à la partie supérieure de chaque Dépôt, et exclusivement dans la dernière.*

4. *C'est dans les Graviers du fond des vallées, c'est-à-dire, parmi des matériaux de transport, que se montrent les grandes pièces de la charpente osseuse des gros mammifères des genres Éléphant, Rhinocéros, Hypopotame, et des divers Mastodontes fossiles qui n'ont point d'analogue vivant.*

5. *C'est principalement dans le Dépôt gypseux, que se montrent les ossemens des quadrupèdes terrestres, dont la plupart appartiennent à des pachidermes très-voisins des Tapirs.*

En 1810, époque à laquelle parut la première édition de la Description géologique des environs de Paris, les formations superposées au Dépôt crayeux étaient inconsidérément confondues sous le nom de Terrains tertiaires. L'apparition subite de nouvelles formations ui semblaient avoir échappé jusque-là à la sagacité de ant de géologues, fit croire d'abord, que ces terrains 'existaient qu'autour de la capitale, et qu'il n'y avait ulle part rien de pareil en Europe. On se hâta donc 'en tirer relativement à la distribution remarquable es débris organiques fossiles qui s'y montraient en rande abondance, toutes les conséquences que l'on ouvait sensément en déduire; mais on se hâta trop. es mémoires publiés depuis, ont appris que ces forations constituent le sol de presque toute la France, t se retrouvent en plusieurs lieux dans presque toute Europe. Par là, il a été possible de rapprocher, de omparer, et il est arrivé, ce à quoi on aurait dû s'atndre d'abord, qu'une foule de ces conséquences ne nt rien moins que justifiées par ces nouveaux sujets e comparaison ; qu'il faut que la science en rejette une distinction de Terrains marins et de Terrains d'eau douce, ainsi qu'on l'a montré plus haut, était sans fondement; enfin que la considération des coquillages sur laquelle on a semblé, pendant quelques années, vouloir édifier la science, n'est qu'un caractère accessoire d'assez mince importance.

En consignant ici les lois qui semblent avoir présidé à la distribution des fossiles dans les couches secondaires, on n'a rapporté que celles qui, après avoir été en partie modifiées, ont été confirmées ou plutôt paraissent devoir être confirmées; car la science est fort loin de posséder sur cette matière tous les documens qu'elle a droit d'attendre de recherches ultérieures. Vraisemblablement ces nouveaux objets de comparaison montreront tôt ou tard qu'il faut encore en modifier une partie. On doit en ceci user de plus de circonspection, que l'on n'a fait jusqu'à présent, et ne point regarder comme des lois immuables l'ordre qui emble avoir réglé la distribution des dépouilles orgaiques dans les formations secondaires. « Quand les éologues ont à peine soumis à leurs observations un iers de l'Europe, une partie encore moindre de l'Aérique, et bien peu, presque point, de l'Asie et de 'Afrique, celui qui se livre, sans une sage réserve, au laisir de généraliser, s'expose à voir ses théories conredites par chaque nouvelle observation (1). »

Ainsi qu'il a déjà été observé au commencement, on onfond avec le gravier du fond des vallées, des terins de même nature, mais qui étant contemporains es brêches osseuses, leur sont étrangers. Il est sans oute fort difficile, dans l'état actuel de la science, de ire avec certitude, si les dépouilles d'Éléphant, de Iastodonte, d'Hyppopotame, etc. dont les grosses pièces

(1) Maclure, *Journal de Physique.*

de la charpente osseuse gisent éparses dans ces terrains meubles, appartiennent au gravier du fond des vallées ou bien à ceux de la Grande formation de transport. De graves raisons exposées au Chap. 4 portent à penser qu'ils appartiennent à celui-ci et non à l'autre. Néanmoins, comme il n'y a point impossibilité absolue qu'une partie de ces gros ossemens appartienne aux formations secondaires, tout en se rangeant du côté des probabilités, on doit laisser encore subsister un doute qui n'est point entièrement détruit.

§ II.

CONCORDANCE HISTORIQUE.

Dernier séjour des eaux du déluge universel sur la Terre.

Reprenons le récit de la Genèse où nous l'avons quitté, c'est-à-dire, à la retraite des eaux du déluge après les cent cinquante jours durant lesquels la Terre en a été entièrement recouverte.

« Dieu se ressouvint de Noé et de tous les êtres qui,
« avec lui, s'étaient renfermés dans l'arche. Il envoy
« un grand vent sur la Terre ; les eaux commencè
« rent à diminuer : L'IMMENSE CAPACITÉ DU BASSIN DE
« MERS FUT RÉTABLIE : les réservoirs de l'espace furen
« fermés : la pluie cessa de tomber, et les eaux du dé
« luge se retirèrent de dessus la Terre avec un mou
« vement alternatif de retraite et d'invasion en con
« tinuant toujours à diminuer depuis le cent cinquan
« tième jour. L'Arche s'arrêta sur les montagnes de l'Ar
« ménie le vingt-septième jour du septième mois (1)

(1) C'est-à-dire, sept mois moins trois jours après le commencemen du cataclysme.

« Cependant les eaux continuaient à se mouvoir et
« à décroître. Le premier jour du dixième mois,
« les sommets des montagnes parurent au-dessus de
« l'eau. Quarante jours après, Noë ouvrant la fenêtre
« qu'il avait faite à l'Arche, laissa sortir un corbeau
« qui ne revint point. Pour savoir si les eaux avaient
« abandonné la surface de la Terre, il laissa sortir en-
« suite une colombe qui n'ayant pu se poser, parce
« que les eaux occupaient encore toute la Terre, revint
« dans l'Arche. Ayant encore attendu sept jours, il
« laissa de nouveau sortir la colombe de l'Arche ; mais
« cette fois elle ne revint que le soir ayant à son bec
« une jeune pousse d'olivier verte et fraîche (1), ce
« qui lui apprit que les eaux n'occupaient plus la Terre.
« Néanmoins il attendit encore sept autres jours, laissa
« de nouveau sortir la colombe qui ne revint plus.
« Ainsi, le premier jour du premier mois de la six cent
« unième année, les eaux avaient quitté la Terre et
« Noé ayant ouvert le toit de l'Arche vit qu'elle était à
« sec. Le vingt-septième jour du second mois elle était
« complètement desséchée....... Et Noé sortit de l'Ar-
« che, ainsi que tous les êtres qui y étaient avec
« lui (2). »

Il résulte de ce récit, qu'après avoir couvert la Terre
pendant cinq mois, les eaux se sont retirées dans leurs

(1) Les arbres étaient donc restés debout, disent certains géologues,
puisqu'ils poussent incontinent des rejetons : donc le déluge de Moïse
ne fut qu'une légère inondation. Tout est faux dans ce raisonnement :
la conséquence est en contradiction manifeste avec le récit, et par conséquent absurde. En second lieu, les prémisses supposent la plus inepte
ignorance touchant les phénomènes de la végétation ; car les troncs
d'arbres échoués, surtout au bord des eaux et sous un ciel humide,
comme c'est ici le cas, poussent des rejets ainsi que tout le monde
sait.

(2) *Gen.*, VIII, 1 à 18.

bassins, non tout-à-coup ni graduellement et peu à peu, mais bien avec un mouvement alternatif de retraite et d'invasion, qui a duré environ six mois pendant lesquels elles ont toujours été en diminuant. Ce sont ces invasions successives, ou plutôt ces cinq ou sept grandes marées qui ont formé les cinq ou sept grands Dépots dont se compose la série des Terrains secondaires et de plus, la couche inférieure du Gravier du fond des vallées.

La masse des Terrains primitifs est formée de Quartz, de Feldspath, de Mica, et d'Amphibole, c'est-à-dire, d'un mélange de Silicates simples, doubles ou triples d'alumine, de magnésie et de fer. La masse des Terrains intermédiaires, à part le carbonate de chaux, est composée de ces mêmes matières. Il en est de même de la masse des Terrains secondaires que de ces derniers, car les sables, les Calcaires et les Argiles qui les composent ne sont, savoir : le sable que des grains de Quartz ou des débris des Terrains primitifs et intermédiaires ; le calcaire ou la craie, que du carbonate de chaux, et l'Argile qu'un silicate d'alumine tenant plus ou moins de chaux ou de fer. Les élémens de cette dernière matière minérale sont absolument les mêmes que ceux qui composent les Schistes argileux primitifs et intermédiaires. De telle sorte qu'on peut à la rigueur, la regarder comme la même roche dans dans un état d'agrégation différent.

D'où provenaient ces élémens des Dépôts secondaires ?

Lorsque la mer, après avoir déposé les Terrains de transition, s'est retirée dans ses bassins, et a commencé à s'agiter par un mouvement alternatif de retraite et d'invasion, elle n'était sans doute point épuisée. Elle tenait encore en suspension des silicates d'alumine, de magnésie, du fer et du carbonate de chaux ; car on ne peut supposer, que partout et en même temps, il se fût déposé du Schiste argileux qui est la dernière précipitation des Terrains intermédiaires. Il est, au contraire, très-vraisemblable que cette partie du Dépôt se précipitait en certains endroits en même-temps que le carbonate de chaux, qui en est l'avant-dernière précipitation, se déposait en d'autres. Il restait donc en suspension dans les eaux de la mer lorsqu'elle s'est retirée de la matière calcaire et argileuse.

D'ailleurs toutes les parties de la Terre n'avaient point été recouvertes par la formation de transition. On a pu déjà remarquer ici qu'une vaste zone dans la région polaire boréale et une immense contrée de l'Amétique méridionale voisine de l'équateur sont dans ce cas. Qui sait si dans la partie dont l'affaissement a formé les bassins des mers, il ne se trouve pas une foule de lieux semblables qui pareillement n'ont point été recouverts par la formation intermédiaire? La surface des mers comprend les trois-quarts environ de la surface entière du Globe ; très-probablement une partie, peut-être très-grande, de ces bassins, car ce sont précisément les lieux qui, au commencement du déluge, avaient été soulevés, se trouvent dans le même cas. Cette assertion est d'autant plus probable qu'il paraît que le Terrain primitif se montre sur une assez grande partie des rivages de la mer, ce qui fait présumer que la partie enfoncée formant son fond, est de même nature. Les invasions de la mer, auxquelles sont dûs les Terrains secondaires, auront donc pu prendre dans ce fond non recouvert, et de nouveau carbonate de chaux, et de nouveaux matériaux de transport, tels que des polypiers, des coquillages, des sables, des graviers, etc. L'impétuosité du mouvement qui, lors du déluge a transporté la mer sur les continens, n'ayant duré que quelques instans, tout n'a pu être arraché, délayé, par sa violence. D'ailleurs, cette violence momentanée ne s'est vraisemblablement exercée que sur le voisinage de l'équateur. Ainsi la mer, en se retirant, renfermait encore des matières argileuses et calcaires, et si ses eaux n'en étaient pas suffisamment chargées, elles ont pu en prendre d'autres dans ces lieux non recouverts.

Les élémens siliceux, calcaires, argileux, dont se sont formés les Terrains secondaires, n'étaient donc autre chose que les élémens minéralogiques qui avaient échappé à la cristallisation, et au dépot des Terrains de transition à la faveur de la légère agitation qui régnait dans le liquide, et empêchait les particules les plus tenues de se déposer. Or, on a vu que lors de la formation des ces derniers, la cristallisation avait fini par devenir impossible ; que les molécules des silicates et des carbonates ne se groupaient plus que pour former des terres et des masses de roches schisteuses. Ainsi les matières minéralogiques dont se sont formés les Terrains secondaires se composaient d'élémens qui ne pouvaient plus cristalliser. Ainsi, ces terrains ne peuvent offrir que des terres, des roches terreuses, et jamais une cristallisation en masse comme dans les Dépots primitifs et intermédiaires ; ce qui constitue le premier caractère de ces formations.

Indépendamment de ces élémens minéralogiques la mer a dû en trouver d'autres sur la surface de la Terre ; car les convulsions qui ont rétabli les bassins des mers par les ruptures de couches et les affaissemens de niveau ne peuvent avoir eu lieu sans qu'il se soit formé beaucoup de débris que les eaux auront pu voiturer comme matériaux de transport pour les déposer dans le fond des Dépôts secondaires.

Une remarque fort importante à faire se présente ici. Les eaux thermales tiennent de la silice en dissolution. Ces eaux, selon l'opinion maintenant adoptée par la plupart des physiciens, ne sont autre chose que les eaux de la nature, qui ayant pénétré plus ou moins profondément dans la croûte terrestre par des fissures en syphon, ont été là rechauffées par la chaleur intérieure du Globe, et chargées de nouveaux élémens. Lors des convulsions, qui après le dépôt des Terrains de transition, ont opéré la rupture des couches, et l'abaissement de niveau qui a formé les plaines et les bassins des mers, il a dû pénétrer ainsi beaucoup d'eau dans les profondeurs de la croûte terreste, et ces eaux ont dû remonter chargées des élémens qu'elles y prennent toujours, c'est-à-dire, entre autres choses, de l'acide carbonique, de l'hydrogène sulfuré, de la silice en solution, etc. Il y avait donc par conséquent, un peu de silice en solution dans les eaux qui ont déposé les Terrains secondaires.

En outre, nous avons vu qu'en se retirant dans ses nouveaux bassins, la mer avait entraîné avec elle une grande partie des végétaux flottans parmi lesquels devaient s'en trouver beaucoup de dicotylédones, la presque totalité des coquillages terrestres et fluviatiles, ainsi que la presque totalité des coquillages marins, les cadavres enflés des quadrupèdes, des reptiles, des oiseaux, en un mot de tous les animaux qui surnageaient encore.

Tels étaient donc les matériaux destinés à la formation des Terrains secondaires : 1° des sables et graviers de toute grosseur provenant soit des débris des couches rompues du Terrain primitif, soit des parties du fond des mers que la formation intermédiaire n'avait point recouvertes, soit enfin du lavage des couches supérieures du Globe qui devaient en renfermer en quantité; car, à cause de sa grande affinité d'agrégation, la silice a dû se grouper en grains même lorsque les autres substances ne pouvaient plus s'agréger de manière à cristalliser; 2° de la matière calcaire ou échappée à la précipitation lors du dépôt de la formation intermédiaire, ou arrachée par les eaux à la partie non recouverte du fond des mers; 3° des élémens argileux encore tenus en suspension dans les eaux lors de leur retraite; 4° de la silice en solution venue par les fissures récentes du Globe en même temps que la matière pseudovolcanique en sortait par les crevasses; 5° la presque totalité des coquillages terrestres et marins, une grande quantité de végétaux qui ne s'étaient point échoués, et les cadavres enflés des animaux qui surnageaient encore; 6° enfin du bitume, du carbone, du fer qui avaient été entraînés par la retraite des eaux.

Que l'on se représente maintenant la mer se mettant en mouvement et envahissant de nouveau les continens par des marées de plus de deux cent mètres d'élévation, tenant en suspension tous ces élémens minéralogiques, voiturant tous ces matériaux de transport, on va les voir se déposer absolument de la même manière qu'ils se montrent dans les Dépôts secondaires.

Lorsque les eaux de la mer ont commencé à s'agiter pour produire les grandes marées, dont parle l'histoire, les plaines et les plateaux étaient déjà formés. En augmentant progressivement leur niveau, soit qu'elles le fissent par impulsion reçue, soit qu'elles le fissent par accroissement de niveau à la manière des marées ordinaires, l'eau devait se précipiter vers les lieux bas. Il se formait donc un courant vers ces lieux bas. Cette conséquence est ici fort importante, car il n'en faut pas davantage pour que le travail des eaux qui ont formé les Terrains secondaires ne ressemble nullement à celui qui a déposé les Terrains de transition. Dès que ce courant rencontrait un obstacle quelconque, par exemple une élévation, une simple inégalité du sol, il était aussitôt dévié, prenait une nouvelle direction et formait un coude. Dès qu'il rencontrait ensuite sur cette nouvelle route d'autres obstacles, il était de rechef dévié, formait un nouveau coude, et ainsi de suite jusqu'à ce que l'impulsion reçue par l'eau ou l'augmentation de niveau cessât de le porter en avant.

Il est aisé de concevoir tout ce qui se passait pendant une pareille opération. Les matériaux de transport, tels que les gros galets, les graviers, les sables grossiers, etc., qui ne surnagent ni ne se tiennent en suspension, se déposaient dans les lieux par où passait le courant au fur et à mesure que sa force était ralentie ou par les obstacles rencontrés, ou par la diminution progressive de l'impulsion reçue. Quant aux matériaux tenus en suspension, tels que les sables fins, le carbonate de chaux et l'argile, ils se déposaient partout où l'eau était tranquille ou peu agitée, c'est-à-dire dans l'ouverture de l'angle formé par les coudes du courant; car en ce lieu il n'y avait que fort peu ou point de mouvement. Tout ce qui se passait de particulier devait se réduire à des tournoiemens du liquide qui ne faisaient autre chose que modifier la façon du dépôt. Là, les élémens minéralogiques tenus en suspension se précipitaient selon l'ordre de leur pesanteur spécifique; d'abord le sable, puis la matière calcaire, puis l'argile. Si les grains de sable se trouvaient liés par quelque ciment, soit calcaire, soit siliceux, il se formait du grès. Si le carbonate de chaux manquait de liant, il restait à l'état de craie au lieu de former des calcaires. Si de légers mouvemens mêlaient les molécules d'argile avec les molécules de carbonate de chaux pendant la précipitation, il se formait des marnes plus ou moins calcaires, plus ou moins argileuses. Tous ces divers dépôts, saisis en certains lieux pendant leur état pâteux par les tournoiemens de l'eau, étaient roulés en globules. Un grain de sable, un fragment de coquillalage, un grain de calcaire cristallisé confusément, un grain de fer ainsi roulés dans la pâte, devenaient un rognon. De là ces globules argilo-ferrugineux qui se montrent si fréquemment dans les sables ou les grès ; de là ces globules de carbonate de chaux dont, en certains lieux, et principalement aux angles saillans des vallons, les calcaires sont comme pétris. L'argile ayant la propriété de se délayer dans l'eau, n'a pu être ainsi travaillée, aussi ne voit-on point de rognons dans les dépôts qu'elle a formés.

Lors de sa retraite, l'eau suivait le même chemin qu'elle avait tenu pendant l'invasion. Elle remaniait les graviers qu'elle y avait laissés et les dépôts marneux qui auraient pu s'y former vers la fin de l'irruption, lorsque l'impulsion première s'était ralentie. Ainsi, l'eau à son retour détruisait, emportait une partie de ce qu'elle avait laissé sur le lit du courant lors de son irruption. A l'aide de ces graviers elle devait même, pour peu que sa retraite fut précipitée, ronger par le frottement les flancs des protubérances qu'elle avait formées et en découvrir les tranches. En d'autres mots, elle devait façonner les flancs des collines secondaires de la même manière qu'un courant façonne ses berges. Or, celui-ci les ronge d'autant plus qu'elles sont moins solides. Ainsi, à chaque reflux les eaux de la mer devaient détruire une plus grande quantité de strates récemment déposés, à cause qu'ils étaient moins solidifiés que les précédens; et de là vient la forme conique, à base plus ou moins alongée, dans le sens du courant, que présente la réunion des formations secondaires; de là aussi la superposition des dépôts en gradins qui en dessinent le profil. (Dixième caractère.)

Si la mer entière s'était transportée à la fois sur les continens, les matières qu'elle tenait en suspension se seraient trouvées épuisées à la première ou à la seconde irruption; mais il n'en était pas ainsi. Leur niveau, n'ayant jamais été, à ce qu'il paraît, au-delà de trois cents mètres d'élévation, il s'ensuit qu'à chaque fois une petite partie de la mer seulement était transportée sur les continens. Ainsi chaque marée amenait sur la Terre de nouvelles eaux, par conséquent de nouveaux matériaux de formation, de nouveaux élémens minéralogiques. Et comme elle suivait nécessairement la même route à chaque invasion, qu'elle travaillait de la même manière, il en résultait qu'à chaque marée il se formait un nouveau dépôt de gravier dans le fond du lit du courant, de sable, calcaire, argile dans l'ouverture des angles formés de part et d'autre de ce lit. Le gravier d'abord déposé dans le lit du courant étant remanié, en partie entraîné par la retraite de l'eau, et d'ailleurs le dépôt des autres matériaux de formation ne pouvant s'opérer dans ce lit à cause du mouvement qui y régnait jusqu'à la fin de l'invasion, cette partie ne devait s'exhausser que fort peu, même presque point relativement à l'exhaussement produit dans l'ouverture des angles du courant. De là la formation des vallées indiquant le lieu de passage du courant. De là la formation des collines secondaires, marquant

la place de l'ouverture des angles que formaient les dé-
viations de ce courant. De là aussi cette disposition
remarquable et singulière des protubérances de ces
terrains qui fait que les angles saillans d'un côté du
vallon sont opposés aux angles rentrans de l'autre côté.
En effet, les ouvertures des angles d'une ligne s'étendant
en zigzag, telle que celle du lit du courant de ces marées, se trouvant disposées de part et d'autre de cette
ligne de manière à alterner les unes avec les autres, il
a dû en résulter que les amas de droite se sont trouvés
vis-à-vis l'intervalle de deux amas de gauche et réciproquement ; en d'autres mots, que les angles saillans
des vallons se sont trouvés opposés aux angles rentrans, ce qui est le deuxième caractère de la formation de ces Terrains.

Il est aisé de concevoir que la force de l'invasion ait
été quelquefois assez grande pour transporter les graviers du lit du courant jusqu'à une certaine hauteur et
voiturer de gros et énormes galets dans les vallées. De
là ces graviers qui par fois se montrent au milieu
même des formations occupant la place du sable, qui
ordinairement en forme le fond ; ce qui constitue les
troisième et quatrième caractères de ces Terrains. C'est
parce que les sables et graviers de la Grande formation de transport, qui en certains lieux recouvrent
tout, ont été jusqu'à présent confondus avec les graviers secondaires du fond des vallées, que la presque
généralité des géologues ont jugé que tous les graviers
sans distinction étaient postérieurs à toutes les formations secondaires. Comme on voit, ils appartiennent à
tous les terrains et sont contemporains de tous les dépôts arénacés.

Chaque marée a dû nécessairement faire un pareil
dépôt, à moins que les matériaux de formation n'aient

manqué, ce qui ne peut être arrivé partout, mais sur quelques points seulement.

On doit remarquer ici que la commotion quelconque qui a causé chaque invasion de la mer n'a permis aux matériaux de transport les plus légers, tels que les sables, de se déposer, que lorsque le mouvement a été suffisamment ralenti. D'où il résulte que la partie inférieure ou arénacée de chaque formation doit être d'autant moins épaisse qu'elle est plus voisine du point de départ, c'est-à-dire de la mer; et de là vient sans doute que les calcaires des formations inférieures se montrent à un niveau progressivement plus élevé à mesure que l'on s'avance de la mer vers le fond de la vallée. D'un autre côté on conçoit aisément qu'il est impossible que la quantité de sable voiturée par le courant fût égale à droite et à gauche de la vallée; qu'une foule de circonstances qu'il est aisé de prévoir auront occasionné de part et d'autre de cette vallée des dépôts d'inégale épaisseur dans la même formation; d'où il sera résulté différence de niveau entre les calcaires de ces formations situées à droite et à gauche du fond de la vallée. Or, toutes ces anomalies constituent le neuvième caractère des formations secondaires.

De même que nous l'avons fait remarquer pour les formations primitives et intermédiaires, l'agitation légère d'une immense masse d'eau n'est pas ce qu'il y a e difficile à concevoir et à admettre, c'est au contraire parfaite tranquillité. Il est donc probable qu'il y vait aussi des déplacemens de liquide pendant la foration des Dépôts secondaires, et comme on ne peut upposer que par tous les points d'un immense bassin es trois termes de la série se déposassent en même emps, il s'ensuit qu'à chaque formation, il a dû y voir une foule de déplacemens du liquide, qui en amenant sur un point de l'eau chargée d'élémens minéralogiques différens, a produit des redoublemens de termes. De là ces alternances de sable avec des marnes plus ou moins chargées de carbonate de chaux, des calcaires avec des argiles ou des marnes, qui rendent les termes de la série secondaire généralement complexes par redoublement comme dans les Terrains primitifs et intermédiaires. De là les passages gradués et presque insensibles du calcaire à la marne ou à l'argile toutes les fois que ces deux termes se succèdent immédiatement l'un à l'autre selon l'ordre de la série ; et le passage brusque et tranché toutes les fois qu'il y a eu redoublement des termes ou que ces termes sont devenus complexes. Quant à la succession du sable au calcaire, on conçoit que cette transition n'a pu se faire d'une manière absolument insensible à cause de la grande différence des pesanteurs spécifiques de ces deux matières. Le sable devenant d'abord un peu marneux, il se forme d'abord de la marne sableuse ou du grès molasse. La matière calcaire arrivant ensuite en plus grande abondance, il se dépose de la marne calcaire et enfin du calcaire pur. Si l'on avait une connaissance précise et exacte des dépôts que ces marées ont formés, on pourrait, avec leur secours, compter le nombre des irruptions successives de la mer ; mais, on l'a déjà remarqué, la science manque en ce moment de documens précis à cet égard.

Ainsi se sont formés ou plutôt se sont empilés successivement les sept grands Dépôts que les géologues admettent en ce moment dans les Terrains secondaires, ce qui constitue les cinquième et sixième caratères de cette formation.

Les convulsions qui ont agité le Globe pendant le six premiers mois du déluge ont provoqué les deu grandes éruptions pseudovolcaniques dont les produits se montrent au-dessus et au-dessous des Terrains intermédiaires. Il paraît que ces convulsions se sont renouvelées pendant les derniers mois, et qu'il y en a eu une au commencement de chaque formation secondaire; en sorte qu'il existe évidemment une relation intime entre ces convulsions attestées par les faits géologiques, les grandes marées dont parle le récit biblique du déluge et les dépôts secondaires. La matière pseudovolcanique poussée à l'extérieur par ces mouvemens convulsifs, ayant exercé sa force expansive sur les premières formations secondaires, il a dû arriver de deux choses l'une; ou la matière s'est frayé un passage au travers des couches brisées de ces formations et les a recouvertes de ses produits comme en Italie, ou bien elles les a soulevées et transportées hors de leur place originelle comme dans les Pyrénées, les Alpes, le Tyrol, etc. Il serait sans doute superflu de s'appesantir ici de nouveau sur les effets produits par la chaleur réunie aux agens chimiques, qui toujours accompagnent la matière pseudovolcanique. Ainsi de même que lors des éruptions précédentes, des métaux et des minéraux acidifiés auront pu être introduits dans les formations secondaires, les calcaires auront pu être transformés soit en carbonate de magnésie, soit en sulfate de chaux, etc.

Ces éruptions seraient-elles aussi la cause à laquelle il faut attribuer le transport des blocs primitifs ou intermédiaires, qui sur les pentes du Jura, gisent au-dessus des premières formations secondaires? Selon le célèbre Léopold de Buch (1), ces blocs n'auraient point roulé sur un plan incliné; ils n'auraient point été chariés par des glaçons, ni lancés par des gaz. Ils auraient été dispersés par les suites d'un choc violent. Les plus

(1) *Bull. de Fér.*; 1828, p. 7.

volumineux, les plus élevés, n'ont eu besoin que d'une vitesse de trois cent cinquante-sept pieds pour parcourir dans l'eau l'espace compris entre la pointe d'Ornex et le Jura. Or, cette vitesse étant cinq fois moindre que celle d'un boulet de canon, on ne saurait repousser une pareille explication. Tous ces fait constituent le septième caractère des Terrains secondaires.

Puisque les marées auxquelles ces Terrains sont dûs ont eu lieu dans l'espace de cinq ou six mois écoulés immédiatement après la retraite des eaux du déluge universel, il est clair qu'il ne saurait y avoir entre chaque Dépôt, nul signe, nul vestige d'alluvion quelconque qui puisse attester, qu'entre l'un et l'autre, il y ait eu de longues périodes d'années de tranquillité, comme certains géologues l'ont fort gratuitement avancé; ce qui constitue le huitième caractère de ces Terrains.

De même que cela arrive toujours en pareil cas ; à mesure que les inégalités de la surface des Terrains intermédiaires étaient recouvertes par ces Dépôts s'empilant au-dessus les uns des autres, elles en devenaient moins sensibles. Ces inégalités tendaient donc de plus en plus à se niveler.

On a vu pareillement qu'il y avait de la silice en solution dans les eaux qui ont déposé les Terrains secondaires. Où a dû se déposer cette silice dans chaqu Dépôt? D'abord les sables n'étant que des matériau de transport, se sont nécessairement déposés avan elle. En second lieu, l'argile, à cause de sa propriété d faire pâte avec l'eau qui ne lui permet de se précipite qu'après tous les autres élémens tenus en suspension, s sera déposée au-dessus d'elle. Sa place est donc néces sairement, ainsi que l'exige le onzième caractère, o dans le calcaire, ou immédiatement au-dessus du cal caire de chaque formation. Or, c'est précisément l qu'elle se trouve tantôt en plaques séparées, tantôt disséminée dans la masse calcaire. Ainsi, les Calcaires siliceux, qui dans certaines parties du bassin de Paris, remplacent les Calcaires d'eau douce, ne sont que des bancs de carbonate de chaux modifiés par la silice, c'est-à-dire, par un accident géologique. Ainsi, la présence de la roche de Quartz dans ou au-dessus d'un calcaire ou d'une marne marque la fin de chaque Dépôt et sépare le Dépôt inférieur du Dépôt superposé.

Les anomalies produites par la silice ne sont pas les seules qui se fassent remarquer dans les formations secondaires. La magnésie et le soufre en ont produit de non moins notables, savoir : la transformation du calcaire en Dolomie et en pierre à plâtre.

La magnésie n'a que fort peu ou point de tendance à l'agrégation avec elle-même. Les matières intérieures du Globe en contiennent par conséquent à l'état de liberté : arrivée à la surface de la Terre avec les matériaux pseudovolcaniques, lorsque le calcaire du premier Dépôt secondaire se précipitait, il a dû se faire un mélange de magnésie et de calcaire. De là la transformation de ce calcaire en Dolomie qui se montre au contact des amas de matière pseudovolcanique conformément au onzième caractère de la formation.

Pour ce qui est des accidens produits par le soufre, on doit remarquer d'abord, qu'il est abondant dans les matières de l'intérieur du Globe. C'est à lui que les déjections volcaniques doivent l'incandescence qu'elles manifestent au contact de l'air atmosphérique. D'ailleurs l'une des principales matières renfermées dans les eaux thermales ou minérales est le gaz hydrogène sulfuré. Assez généralement les sources thermales sont regardées maintenant comme des sources en syphon, qui, ayant pénétré profondément dans la croûte de la

Terre, y ont été rechauffées par la chaleur intérieure du Globe. Lorsque ces sources ne rencontrent point de carbonate de chaux sur leur passage, comme par exemple, lorsqu'elles sourdent dans des Terrains primitifs, on remarque qu'elles ne contiennent point de sulfate de chaux, tandis qu'au contraire elles en contiennent abondamment lorsqu'elles sourdent dans les Terrains intermédiaires et secondaires où se trouve en abondance la matière calcaire.

Cette remarque peut fort bien expliquer la formation du gypse qui se montre dans l'argile muriatifère au-dessus des Terrains de transition. Par les mêmes fissures ou crevasses qui ont donné passage à la matière pseudovolcanique, des agens sulfuriques de diverses sortes ont dû s'échapper du noyau du Globe où ils abondent. A la surface ou bien en chemin faisant, ces agens ayant rencontré des carbonates de chaux, peut-être des molécules de chaux même, les ont transformées en gypse. De là les gypses de l'argile muriatifère qui alors auraient une source commune avec le sel gemme renfermé dans ces argiles et qui les accompagne toujours.

Pour ce qui est du gypse, du Dépôt gypseux et du Dépôt jurassique, les sources minérales, qui ne sont que des sources thermales refroidies, contiennent aussi des sulfates de chaux en abondance. D'après cela, rien n'empêche sans doute de concevoir que les agens sulfuriques, arrivés jusqu'à la surface où se trouvait l'eau déposant le Calcaire gypseux, aient agi sur ce Calcaire, et l'aient en partie transformé en gypse. De là les cristaux qui se montrent dans les marnes de ce Dépôt : de là les masses de pierre à plâtre ou de Calcaire gypseux dans les lieux où ces eaux sulfureuses se sont trouvées en abondance comme aux environs de Paris où il y en a encore que l'on utilise comme eaux miné rales sulfureuses depuis qu'on a imaginé le moyen de les réchauffer sans leur enlever leurs élémens sulfureux. Si les masses de Calcaire gypseux n'étaient point dues à ces phénomènes, comment se ferait-il donc que partout où elles se montrent on trouve encore généralement dans les environs, des sources sulfureuses ou des Dépôts pseudovolcaniques ? De là le treizième caractère des Terrains secondaires.

On nous dira peut-être ici : mais les eaux de la nature ne forment point des pierres dûres comme sont celles des formations secondaires : quelle est donc l'eau qui a formé de tels dépôts ? Quoiqu'il soit bien vrai , généralement parlant , qu'il ne se fait point de semblables couches pierreuses ni au fond de la mer , ni au fond des lacs , ni dans le lit des rivières, cela n'est cependant point exact à la rigueur, puisqu'il est incontestable qu'il s'en fait tous les jours sous l'influence de certaines circonstances. Par exemple , il s'en fait sur les bords de la mer à la Guadeloupe , sur les côtes d'Italie, c'est-à-dire au voisinage des volcans. On convient encore qu'il s'en fait dans les eaux minérales. Or, qu'est-ce qui donne à ces eaux une semblable propriété ? Certainement ce ne peut être que la silice en solution que ces eaux renferment. Toutefois la chimie ne connaissant point de dissolvant de la silice, il serait impossible d'expliquer ici comment cela se fait. Tout ce que nous savons, c'est que les silicates se durcissent assez promptement dans l'eau , et que c'est à cause de cette singulière propriété qu'ils sont employés dans les constructions hydrauliques. Au reste, l'expérience supplée ici au défaut de la théorie, et il n'en faut pas davantage pour expliquer la contexture pierreuse dans les formations secondaires et intermédiaires. En effet , on a vu au chapitre précédent que, lors de la formation de

de transition et des formations secondaires, le Globe
venait d'éprouver des convulsions qui avaient dû produire une multitude de crevasses, par lesquelles l'eau
avait pu pénétrer à l'intérieur et se charger là des élémens qu'elle y prend toujours. D'ailleurs la matière
fluide du noyau de la Terre était aussi sortie par ces
crevasses, et son contact avec l'eau avait dû produire
les mêmes effets. Les eaux du déluge universel étaient
donc absolument et justement dans le même cas que
les eaux volcaniques et minérales. Comme celles-ci
elles contenaient de la silice en solution et par conséquent il a pu se former des couches pierreuses pendant ces deux formations.

Telle a dû être et telle est, suivant l'observation des
géologues de nos jours, la disposition des élémens minéralogiques dans les divers Dépôts secondaires que
l'état encore imparfait de la science permet de distinguer
sans que l'on puisse néanmoins en préciser le nombre.

Quant aux fossiles, on a vu que la mer, en se retirant, avait entraîné avec elle une grande partie des végétaux flottans qui n'avait pas pu être échouée et une
immense quantité d'animaux de toute sorte. On a vu
aussi que tous les corps flottans, loin d'être mêlés ou
arrangés au hasard, étaient disposés par zones selon
l'ordre de leur pesanteur respective : les plus légers
en avant ou au premier rang, les plus lourds au dernier. Représentons-nous donc en imagination une grande partie de la surface de la mer couverte des débris
flottans du règne organique antédiluvien rangés ainsi
par zones. Les végétaux sont en avant de tout, disposés
de telle manière que les monocotylédones et les aco-
tylédones, à cause de leur légèreté, occupent le premier
rang, et les dicotylédones le second. Les coquillages
de terre et d'eau douce sont à leur suite, les coquil-

lages de mer, qui ne surnagent pas, marchent avec les sables et les polypiers trop lourds pour se tenir à la surface. Enfin les cadavres enflés des quadrupèdes et autres animaux flottent à la suite de tout.

Tous ces corps flottans ont dû se comporter dans l'eau de manières diverses. Il devient ainsi nécessaire de les suivre ici attentivement chacun en particulier, afin de voir comment ils ont dû se déposer ou s'échouer.

1. *Végétaux.* Après l'ascension de l'eau et pendant son séjour dans les bassins que chaque marée remplissait, les végétaux, se trouvant en avant de tout, avaient les premiers atteint le rivage. Là, il s'en échouait une partie lorsque les lieux le permettaient. Ceux-là, à moins qu'ils ne fussent repris par les flots et de nouveau entraînés lors de la retraite des eaux, restaient gisans à la surface des Terrains de transition, où rien n'ayant pu les recouvrir ensuite, ils se sont trouvés en butte à l'action destructive des élémens, qui a dû les détruire, et les faire disparaître en peu de temps. Lorsque l'eau en se retirant avait assez baissé de niveau, pour que les dernières couches du dépôt fraîchement précipité devinssent les rivages, il s'en échouait encore. Or, ceux-ci ne pouvaient avoir le sort des premiers. Déposés sur une couche argileuse encore humide, par conséquent pâteuse, la partie inférieure de cet amas de végétaux pressée par la partie supérieure, s'enfonçait, s'ensevelissait même dans cette pâte. Dès qu'il arrivait une nouvelle marée, cet amas était en partie ressaisi par les flots, et recommençait à flotter avec ceux que la mer apportait encore ; mais l'argile s'étant consolidée dans l'intervalle, la partie inférieure de ces amas qui s'y était enfoncée restait là. Le sable formant le fond du dépôt de cette nouvelle marée la recouvrait aussitôt, et elle se trouvait ainsi fossilisée,

ou du moins convenablement placée pour l'être ensuite. Si les eaux qui postérieurement ont filtré dans certains de ces dépôts y ont voituré de la silice, ils se seront silicifiés; si les circonstances essentielles à la carbonisation sont venues en influencer d'autres, ils se seront convertis en lignites, quelquefois même en véritable houille. Si l'action d'aucune de ces causes n'a agi sur certains autres, ils seront restés dans l'état naturel. A cause de la facilité avec laquelle chaque nouvelle marée ressaisissait la partie supérieure de ces dépôts, et à cause aussi de la grande quantité de végétaux qui flottaient à la surface de la mer, il doit s'en être déposé dans tous les Dépôts secondaires. Au surplus, puisque les végétaux monocotylédones flottaient en avant des dicotylédones, il est aisé de voir que les premiers devenaient de plus en plus rares dans les formations subséquentes, pendant que les seconds devenaient plus communs. S'il ne se fût pas trouvé parmi ceux-ci beaucoup de monocotylédones arborescens, tels que les palmiers qui marchaient avec les arbres, ils auraient fini même par ne plus se montrer qu'exclusivement. C'est donc entre la superficie du Dépôt inférieur et le fond du Dépôt supérieur, c'est-à-dire entre l'argile et le sable, que les végétaux fossiles doivent se trouver, soit convertis en silex, soit carbonisés à divers degrés, soit même à l'état naturel; et de plus ils doivent offrir un plus grand nombre de dicotylédones, à mesure que la formation à laquelle ils appartiennent est plus récente, ce qui constitue la première partie du quatorzième caractère. Mais cet argile et le dépôt de végétaux lui-même ayant dû éprouver un retrait par le tassement et la dessication, ils doivent maintenant se trouver dans la partie inférieure du sable originairement superposé.

2. *Poissons, quadrupèdes ovipares.* Pendant que la mer s'agitait, produisant les grandes marées qui ont formé les Terrains secondaires, les poissons ont sans doute été troublés, balottés, tourmentés ; mais, comme on l'a déjà observé, ce n'a dû être pour eux que comme une tempête. Cependant il devient nécessaire de faire ici une distinction. Les poissons de mer se trouvant toujours dans leur élément n'ont, pour ainsi dire, fait que changer de lieu. Il ne saurait en avoir été de même pour les poissons d'eau douce. Ceux-ci ont dû se trouver dans une position fort étrange et fort critique. Le fond du bassin était bien plus profond que celui de leur lac, de leur étang, de leur rivière ; les rivages étaient bien différens, bien plus éloignés ; la fluctuation, la tourmente, bien plus grandes. Tout cela à dû les dérouter, les rendre le jouet des flots. D'ailleurs, ils se trouvaient dans un élément qui n'était pas le leur. On ignore jusqu'à quel point l'eau salée de la mer peut les incommoder, on ne peut, par conséquent, affirmer qu'ils aient tous trouvé la mort ; mais il est sans doute très-probable que beaucoup y ont péri. Or, de quelle nature sont ceux qui se trouvent dans les couches secondaires ? Les débris fossiles des poissons ont encore été fort peu étudiés ; leur détermination présente de très-grandes difficultés ; partant, une réponse catégorique à cette question est actuellement impossible. Il paraît qu'il s'en trouve dans le nombre beaucoup d'eau douce, mais il y en a aussi de mer. Au reste, il peut s'en être déposé de vivans et de morts. Ces derniers, flottant au rang des corps légers, se seront échoués de la même manière que les végétaux à la retraite de la mer et dans les mêmes formations partielles, c'est-à-dire sur l'argile. Les autres auront été laissés vivans par les eaux dans les dépressions de

ces mêmes formations partielles, où ils se seront enfoncés pour chercher la fraîcheur au moment où l'évaporation leur enlevait l'eau restée avec eux. Le sable
apporté par la nouvelle marée sera venu les recouvrir
bientôt après, et ainsi empâtés, ils se seront conservés autant que peuvent l'être des animaux aussi
molasses.

Il a dû en être à peu près de même des quadrupèdes
ovipares (*amphibies*). Ceux d'eau douce surtout ont
sans doute été plus tourmentés que les autres. Cependant, comme ils n'ont pas dû se déposer toujours de la
même manière que les poissons, ceux qui auront été
échoués auront bien pu se trouver aussi dans l'argile
avec ces derniers ; mais ceux qui froissés contre les
rivages, les protubérances du Globe, auront été brisés
ou dépecés, se seront précipités avant, entraînés par le
poids de leurs ossemens. Ceux-là devront donc se trouver, soit dans le sable, soit dans les bancs de calcaire,
ou de craie, ou de pierre à plâtre, qui en tiennent la
place. Leur gros, leur immense volume, car il y en
avait d'énormement grands, le peu de liberté de leurs
mouvemens obliques, qui leur permettait beaucoup
moins qu'aux poissons d'éviter les écueils et les chocs,
auront été cause qu'un grand nombre aura été tué,
brisé et précipité avant le temps où il aurait pu s'é-
chouer comme les poissons. De là vient sans doute que
leurs dépouilles fossiles, quoiqu'on les rencontre partout, comme celle des poissons, se montrent néanmoins dans les Dépôts inférieurs plus fréquemment que
dans les supérieurs, ce qui constitue la seconde partie
du quatorzième caractère.

3. *Coquillages, crustacés, polypiers.* Les coquillages
marins, le crustacés, les polypiers, à l'exception de quelques espèces qui sont fort légères, ne surnagent point

dans l'eau, tandis que les coquillages de terre et d'eau douce, si on en excepte seulement les mulettes, dont les espèces sont en très-petit nombre, surnagent très-bien. Il faut donc ici distinguer soigneusement, parmi ces animaux, ceux qui ont la propriété de flotter à la surface de l'eau, de ceux qui s'y comportent comme des matériaux de transport ou à peu près.

Les corps flottans, rangés par zones, suivant leur pesanteur respective les uns en avant des autres, sont entrés dans les grands bassins du Globe avec la première marée. Les coquillages terrestres et d'eau douce flottent derrière les végétaux. Quelques-uns d'entr'eux, lorsque l'eau est parvenue à son point culminant de hauteur, s'échouent avec ces végétaux. A la retraite de la mer, ils sont repris par les flots, soit en totalité, soit en partie. S'il en reste, les marées subséquentes ne s'élèvant pas au niveau des précédentes, par la raison que l'eau diminue toujours, ces coquillages restent gisans à la superficie des Terrains de transition, où ils se sauvent et se propagent s'ils sont restés vivans. Quant aux végétaux ainsi échoués avec eux, livrés à l'action destructive des élémens, parce que rien n'est venu ensuite les recouvrir, ils sont détruits en peu de temps. Lorsque l'eau baisse de niveau en se retirant, et que le dépôt fraîchement formé devient le rivage, il s'en dépose partout où nul obstacle ne s'y oppose. Quant à ceux-ci, échoués sur un terrain de matières argileuses sortant de l'eau, qui se trouve être précisément celui où ils se plaisent, ils s'y seront fixés; et si la formation subséquente est venue recouvrir le dépôt, ils auront été empâtés ou fossilisés. Ainsi, à chaque marée descendante, par conséquent à la partie superficielle de chaque Dépôt, il se sera échoué des coquillages terrestres et fluviatiles; et les Terrains dits *ma-*

rins se seront, par là, trouvés recouverts par les Terrains dits *d'eau douce ,* ce qui constitue la troisième partie du quatorzième caractère.

Si, lors de la dernière formation, ces coquillages étaient encore en vie, une partie favorisée par des circonstances locales aura pu échapper à l'empâtement, résultat nécessaire de la dessiccation subséquente, et se propager ensuite. Or, ces coquillages étaient-ils morts ou vivans? Les coquillages d'eau douce, transportés tout à coup dans l'eau salée, y trouvent bientôt la mort; mais il n'en est pas de même si on les y accoutume en augmentant peu à peu la salure de l'eau. Une partie de ces animaux conserve alors la vie, ainsi que le montrent les expériences faites par M. Beudant (1). D'après cela, on ne pourrait douter que tous les coquillages terrestres et d'eau douce qui flottaient à la surface des eaux du déluge n'eussent péri en totalité, si une circonstance ne venait ici faire naître des doutes. Pendant les quarante premiers jours du cataclysme, la pluie ne cessa de tomber sur la terre; partant, ces coquillages se sont trouvés continuellement baignés dans l'eau douce; d'ailleurs, la surface de la mer, modifiée sans cesse par la chute continuelle de la pluie, pouvait ne pas avoir le degré de salure nécessaire pour faire périr ces animaux; car des expériences faites dans le Cumberland ont démontré qu'après de grandes pluies, l'eau de la mer ne contenait plus que 2 pour cent d'hydrochlorate de soude, au lieu de 2, 8 qu'elle contient habituellement. On se trouve donc ici dans la nécessité de supposer que, parmi ces coquillages, il pouvait s'en trouver de vivans, et on est fondé, par conséquent, à demander comment il a pu se faire que ceux-là ne se soient déposés que lorsqu'ils ont été

(1) *Journal de Physique.*

échoués à la superficie du dépôt, et non ailleurs ? A cette question, on doit répondre qu'il ne s'en sera, pour ainsi dire, déposé aucun, tant que la hauteur de l'eau aura été considérable, c'est-à-dire avant la marée descendante. En effet, on ne peut supposer, il n'est nullement probable, que des animaux aussi timides, aussi circonspects, se soient hasardés à descendre, surtout en grand nombre, à une pareille profondeur, si loin de l'air, de la lumière, et sous une pression aussi considérable que celle d'une pareille masse d'eau. D'ailleurs, leur position, dans un élément qui n'était point le leur, les avait certainement forcés à se réfugier, à se blottir au fond de leur demeure, où ils ont dû attendre, avec la patiente persévérance qui les caractérise, que les circonstance devinssent plus favorables pour eux. Si, par accident, ou autrement, il en est descendu quelques-uns au fond, ils s'y sont trouvés, en quelque sorte, comme perdus dans une immense quantité de dépouilles marines qui s'y sont déposées, comme on va le voir.

Il n'en a pas été de même des coquillages marins, des polypiers, des crustacés. Transportés par la force de l'irruption, et répandus dans les bassins du Globe, ils y sont arrivés avec les graviers, les sables. Comme ces animaux, à part les polypiers, jouissent, quoiqu'à un faible degré, des facultés de la locomotion, ils se seront fixés sur les dépôts, les uns plus tôt les autres plus tard, c'est-à-dire, les uns dans le sable ou dans le calcaire, les autres dans l'argile. Et lorsque les eaux se seront retirées, ils y seront restés empâtés, tandis que la majeure partie de ceux qui s'étaient reposés sur les graviers, dans le lit du courant, auront été, par sa force, de nouveau entraînés à la mer. Il est aisé, d'après cela, de concevoir comment il a pu se faire que la plupart d'entr'eux soient si bien conservés, et que les bivalves s'y trouvent placés leur valve supérieure tournée en haut, comme s'ils avaient toujours vécu sur les lieux mêmes. Les coquillages brisés n'étant plus que des matériaux de transport se seront déposés avec les sables. Ceux qui n'avaient point souffert dans le voyage auront plus ou moins lutté contre l'empâtement jusqu'à ce qu'abandonnés par l'eau, ils aient péri.

Ici se présente une difficulté : parmi les coquillages déposés dans les trois dépôts secondaires inférieurs se trouvent en quantité une foule d'espèces d'*Ammonites,* de *Belemnites,* d'*Orthoceratites* et autres, dont les analogues vivans sont inconnus. Ces coquillages, de même que cette foule de quadrupèdes restitués d'après leur charpente osseuse par le célèbre Cuvier, sont-ils des espèces perdues qu'il faut renoncer à retrouver dans le sein des mers ? Nous ignorons complètement ce qui se passe dans les profondeurs de l'Océan. Il est vraisemblable qu'il s'y trouve une foule de coquillages que nous ne connaissons pas. Ceux qui parmi les fossiles des formations inférieures nous sont inconnus peuvent se trouver dans ces lieux que le naturaliste n'a point explorés. Dans l'état actuel de nos connaissances, il y aurait, ce me semble, de la témérité à affirmer que ces fossiles appartiennent à des espèces perdues. D'ailleurs les flots qui les ont arrachés de leur lieu natal n'ont fait que les transporter ailleurs. Ces animaux n'ont point changé d'élément, ont peu souffert, et partant, il n'est pas probable qu'il y en ait eu beaucoup dont la race ait été complètement détruite. Il est certains naturalistes sur la conviction desquels ces raisons ne peuvent rien; mais cela vient de ce qu'ils ne considèrent point que, maintenant, dans ses plus violentes tourmentes, la masse des eaux de la mer ne s'agite pas jusqu'à son fond ; qu'au-delà de quarante pieds de profondeur, ou environ, tout est tranquille ; que par conséquent ses flots ne peuvent jamais vomir sur la plage les animaux qui vivent au-dessous de cette profondeur, et que nous ne les connaîtrons jamais si nous ne les y allons chercher.

Les coquilles de terre et d'eau douce ont bien plus souffert, ont été bien plus exposées à périr. Aussi sur quatre-vingt-trois espèces de coquillages de ce genre observées jusqu'à présent, s'en trouve-t-il cinquante, selon M. de Férussac, qui n'ont point d'analogue vivant, tandis que vingt-cinq seulement vivent actuellement sur les lieux mêmes, et huit environ dans les Indes ou en Amérique. Ne serait-il pas possible encore que les Ammonites, les Bélemnites et les Orthocératites, au lieu d'être des coquillages marins, comme on se l'est imaginé, peut-être sans fondement, fussent des coquillages d'eau douce de l'ancien monde dont la race aurait été complètement détruite par le déluge ?

Depuis la formation du Dépôt parisien il ne s'est plus guère déposé que des coquilles d'eau douce. Il paraît que la mer ne voiturait ensuite que fort peu de coquilles marines ; car on n'en voit plus dans les couches supérieures, si ce n'est dans les marnes et les sables placés au-dessus de la formation du Calcaire du Dépôt gypseux.

On n'entrera ici dans aucun détail à l'égard de quelques anomalies, relatives à l'abondance de certaines espèces, à la rareté de certaines autres, et aux conjectures que l'on ne manque jamais de faire à ce sujet, parce qu'elles s'expliquent, pour ainsi dire, d'elles-mêmes et sans aucune difficulté. On se contentera d'observer, que ceux qui font vivre et mourir les co-

quillages fossiles sur les lieux mêmes où ils se montrent,
sont obligés d'expliquer comment il peut se faire, que
telle espèce ou telle nature de coquillages se voie
abondamment dans tel terrain, pendant qu'on ne la
voit point dans tel autre où l'analogie exigerait cependant qu'on la vît; mais que pour celui qui suppose
qu'ils ont été apportés d'ailleurs, il n'en est pas de même.
En effet, il suffit à celui-ci de dire : elle n'y est pas,
parce qu'elle n'y a pas été apportée.

Au surplus les coquillages terrestres et fluviatiles
ne doivent pas s'être déposés absolument de la même
manière que ceux de mer. Ceux-ci se trouvant dans
leur élément n'auront été empâtés, pour ainsi dire, que
quand ils auront voulu ou par accident. On peut en
trouver, soit dans l'argile, soit dans le calcaire, soit
même dans le sable, lorsqu'ils auront été saisis morts
par les flots et voiturés comme des matériaux de transport. Pour ce qui est des coquillages d'eau douce morts
ou vivans, ils n'auront pu se déposer, de même que
tous les autres corps flottans, qu'en s'échouant à la surface des Dépôts nouvellement formés, c'est-à-dire au-
dessus de l'argile. Et alors on devra principalement les
trouver ou dans la partie supérieure de l'argile, ou
dans la partie inférieure du calcaire superposé. Ce n'est
que là qu'ils se montrent dans les formations du Sud-
Ouest de la France : aussi, dès que les carriers voient
paraître les coquilles d'eau douce, ils se tiennent pour
avertis que le calcaire devient argileux et n'est plus
propre à fournir de bonnes pierres de construction.
Cependant s'il s'en est trouvé de vivans, qui se soient
hasardés de descendre au fond de l'eau, ainsi qu'on a
déjà été forcé de le supposer, ou bien de morts qui se
soient remplis de sable ou de toute autre matière qui
les ait empêchés de surnager, les premiers pourront se

trouver partout et les seconds avec les matériaux de transport.

C'est un fait bien remarquable que cette disposition des coquilles d'eau douce à la surface des lits d'argile; car il n'en est pas de même, comme on l'a déjà vu, des coquilles marines, puisque celles-ci se montrent non-seulement dans les sables, dans les calcaires, dans les argiles de chaque Dépôt, mais encore dans la partie supérieure tout comme dans l'inférieure de chacun de ces trois membres de formation. De là trois conséquences importantes.

1° Rien ne tend à prouver que les calcaires d'eau douce soient autre chose que des calcaires sans coquilles, auxquels le nom de marins conviendrait tout asssi bien, même mieux que celui de calcaires d'eau douce; car rien n'autorise celui-ci, pendant que l'analogie entre les uns et les autres semble autoriser le premier.

2° Que les argiles ne sauraient caractériser la nature d'un Dépôt, puisqu'il résulte de ce qui précède, ainsi que des faits géologiques, qu'elles peuvent être à coquilles d'eau douce dans une formation où tous les fossiles sont marins, et à coquilles marines dans une formation où tous les fossiles sont d'eau douce.

3° Que tous les sables sans distinction doivent être regardés comme marins, soit qu'ils renferment des coquillages de mer, soit qu'ils n'en renferment pas, car les coquilles d'eau douce n'ont pu y être déposées que par accident.

Au surplus, on peut voir ce qui a déjà été dit à ce sujet, § 1 caract. 5.

Quant aux polypiers assez légers pour surnager, la science manquant de documens à leur égard, on ne saurait dire autre chose si ce n'est que beaucoup, à cause de la délicatesse de leur texture, n'auront pu résister aux accidens du transport, et que les autres se seront déposés dans telle où telle autre partie de chaque formation, en raison de leur plus ou moins grande pesanteur spécifique.

Cadavres enflés des quadrupèdes et autres animaux. Comme on l'a déjà observé plusieurs fois, les cadavres enflés de ces animaux ne pouvaient s'échouer que fort difficilement, soit à cause de la forme arrondie qu'avait prise leur corps, soit à cause de la place qu'ils occupaient en arrière de tous les débris flottans à la surface de l'eau. Pendant que ces sortes de ballons étaient le jouet des flots, une partie d'entre eux, violemment poussée contre les écueils dont il a été parlé au commencement ou autres obstacles, aura été crevée ou dépecée, et les débris en seront tombés au fond de l'eau. Si ces débris se sont déposés dans les angles formés par le courant, c'est-à-dire, dans les lieux où les matières minérales se déposaient, ils auront été empâtés dans la masse du précipité et fossilisés. S'ils se sont déposés dans le lit du courant, ils seront restés le jouet des flots. Les petites pièces de leur charpente osseuse, à force de frottement contre les graviers au milieu desquels elles se trouvaient, auront été usées et détruites. Quant aux grosses pièces de cette charpente osseuse, surtout quant à celles des gros pachydermes tels que les Éléphants, les Hippopotames, les gros Mastodontes, les Rhinocéros, les Bœufs, etc., protégées contre ce moyen de destruction par leur propre pesanteur, qui ne permettait au courant de les remuer que difficilement, elles seront restées là ensevelies parmi les graviers qui encombrent ces lieux; ce qui constitue la quatrième partie du quatorzième caractère de la formation.

On conçoit d'ailleurs aisément, que la destruction

de ces corps enflés, se sera opérée de cette manière
avec d'autant plus de facilité, que leur peau se trouvait plus voisine de l'état d'altération qui devait les
faire crever d'eux-même, c'est-à-dire, avec d'autant
plus de facilité, qu'il s'était écoulé plus de temps depuis qu'ils avaient commencé à flotter. Il doit donc se
trouver d'autant moins de ces dépouilles dans les dépôts, qu'ils sont moins récens.

Enfin, le moment est arrivé où la peau de ces cadavres enflés, s'est trouvée avoir atteint le degré d'altération qui leur permettait de se mettre en pièces par
le seul frottement des uns contre les autres. Il s'en est
alors précipité en très-grand nombre, et les divers
membres du Dépôt gypseux qui se formait en même
temps, s'en sont trouvés pétris en certaines localités,
ce qui constitue la cinquième partie du quatorzième
caractère.

On doit remarquer que cette altération ne peut avoir
eu lieu en même temps pour tous les animaux sans distinction; que ceux dont le cuir résiste le plus long-
temps à la décomposition dans l'eau, ont dû être les
derniers à se précipiter, tandis que ceux dont la peau
résiste le moins à cette sorte de destruction, auront été
les premiers. Ces dépôts doivent donc s'être faits dans
l'ordre de familles et de genres dont le *facies* extérieur
serait le caractère. Or, c'est une chose tout-à-fait remarquable et digne de la plus grande attention, que
cette disposition pour ainsi dire méthodique, des dépouilles des pachydermes antédiluviens renfermés dans
le Dépôt gypseux. Partout dans les contrées les plus
éloignées les unes des autres, ce sont principalement
une foule d'espèces, à ce qu'il paraît, différentes de
Paleotheriums, d'*Anoploteriums*, de *Lophiodons*, d'*An-*
thracoteriums, et autres genres, lesquels sont plus ou

moins voisins des Tapirs d'Amérique et du Cochon de nos climats.

Pour ce qui est des quadrupèdes dont les gros ossemens se trouvent enfouis dans les Graviers du fond des vallées, il faut se garder de faire à leur sujet, des rapprochemens pour en déduire des conséquences. Comme on l'a déjà observé, ces graviers ont été mal à propos regardés jusqu'ici comme une seule formation, tandis qu'ils comprennent non-seulement des formations contemporaines de toutes celles qui constituent les Terrains secondaires, mais encore la Grande formation de transport. Ce n'est que lorsqu'on aura établi dans ces formations des distinctions, qui permettent, s'il est possible, de reconnaître les fossiles appartenant aux unes et aux autres, qu'il sera permis de comparer les dépouilles fossiles de ces graviers avec celles des autres formations secondaires, et de se livrer au plaisir de faire des conjectures sur ces rapprochemens.

Telles sont les conséquences qui se déduisent, pour ainsi dire, d'elles-mêmes du récit de l'histoire, touchant les invasions successives de la mer qui ont immédiatement succédé à la submersion du Globe au sein de laquelle les terrains de transition s'étaient formés.

En résumé, les conséquences qui se déduisent si naturellement du récit de l'histoire, ne sont que la reproduction exacte des faits géologiques. Même succession dans les formations partielles, même genre, même nature de dépôt dans chacune, même absence partout de cristallisation dans la masse, même disposition des angles saillans et rentrans dans la formation des vallées, même succession immédiate et pour ainsi dire contemporaine entre la formation inférieure et celle qui la recouvre, même disposition horizontale des couches ou même tendance à le devenir à mesure qu'elles s'empilent les unes sur les autres, même phénomène dans la transformation des calcaires au voisinage des dépôts pseudovolcaniques ou des sources minérales, enfin, même distribution remarquable et singulière dans châque formation des débris du règne végétal et des dépouilles animales du monde primitif. L'histoire et la Géologie sont donc dans une parfaite concordance de détails touchant les Dépôts secondaires.

§ III.

Doute touchant les formations de craie et sable inférieur des environs de Paris, et les formations de craie et sable inférieur qui bordent le bassin de la Seine au nord et au sud.

Afin de ne pas brouiller les idées en substituant des vues individuelles à celles presque généralement reçues jusqu'à présent, on a admis ici sept dépôts différens de sable, calcaire, argile, dans les Terrains dits *secondaires* et *tertiaires*. Cependant on était loin de penser qu'il en soit réellement ainsi, car il est bien plus probable qu'il n'y en a que six seulement, attendu que le Dépôt du calcaire grossier à Cérithes des environs de Paris, avec sa formation arénacée à grains verts, fait double emploi avec le Dépôt de craie et sable dit *Grès vert* de la bordure du bassin de la Seine, dont il n'est qu'un déguisement. En sorte que ces deux prétendus Dépôts distincts ne sont qu'un seul et même Dépôt contemporain. Mais cette assertion singulière, téméraire même, on en convient, vu l'autorité des deux célèbres géologues qui les ont introduites dans la science, exige ici des détails et des preuves.

Avant 1810, époque à laquelle parut la description géologique des environs de Paris, les géologues n'admettaient en France, dans ce qu'on nomme actuellement les Terrains secondaires et tertiaires, que les formations suivantes :

5. Terrains tertiaires.	} Confusion de toutes les formations superposées à la suivante.
4. Craie et Marne avec roche de Quartz.	} *Dépôt crayeux* de la bordure du bassin de la Seine et autres.
3. Grès dit Grès vert où à lignites.	
2. Calcaire jurassique avec roche de Quartz.	} *Dépôt jurassique.*
1. Grès dit bigarré, Keuper.	

On ne parle point ici du Dépôt magnésien ou alpin, quoiqu'il soit représenté, dit-on, en France, par le Grès dit *des Vosges*, parce qu'il paraît être particulier à la grande Bretagne et à l'Allemagne.

Comme on voit, les terrains postérieurs aux deux Dépôts de la chaîne du Jura, qui se montrent dans les deux grands bassins de la Seine, de la Garonne, etc., étaient confondus sous la dénomination vague de *Terrains tertiaires*.

Lorsque l'on crut avoir débrouillé cette confusion, on rapporta le Calcaire pulvérulent, exploité au-dessous de la plaine des environs de Paris, au Dépôt crayeux de la bordure du bassin reposant sur le Calcaire jurassique. Depuis cette époque, on n'a pas hésité à regarder tous les terrains de cette contrée comme étant postérieurs à la formation de ce Dépôt crayeux de la bordure du bassin, quoique cependant l'on n'ait encore donné aucune raison plausible d'une telle opinion, et que tout tende, pour ainsi dire, à la repousser. Mais cette opinion est fondée ou elle ne l'est pas.

Si elle l'est, que l'on dise sur quoi ! car il est difficile de deviner quelles sont les raisons géologiques qui ont pu porter à regarder le Calcaire à Cérithes autrement que comme une formation parallèle et contemporaine du Dépôt crayeux de Caen, ainsi que de toute la bordure du bassin de la Seine, et, par conséquent, le prétendu Dépôt crayeux des environs de Paris autrement que comme une formation parallèle et contemporaine, une sorte de déguisement du Calcaire jurassique.

Serait-ce la superposition du Calcaire à Cérithes et de son grès à grains verts sur le Dépôt crayeux de la bordure du bassin ? Mais, où se voit cette superposition ? où l'a-t-on signalée ? On voit certainement en maints endroits le Dépôt crayeux de cette bordure, lorsqu'il a été soulevé avec le Calcaire du Jura, s'enfoncer sous des terrains que les anciens géologues appelaient *tertiaires*; mais ces terrains sont-ils le Calcaire à Cérithes avec son sable à grains verts ? Qui est-ce qui jamais l'a démontré, ou même ait prétendu le démontrer ? Comment même aurait-on osé le prétendre, puisque ces terrains, le plus souvent, sont des calcaires à coquilles d'eau douce, que l'on a cru devoir rapporter, jusqu'à présent, au Terrain d'eau douce supérieur de Brongniart, quoiqu'il y ait de pareilles formations au-dessus de tous les dépôts calcaires sans exception ? Comment, d'ailleurs, aurait-on pu le prétendre, puisque l'on va voir bientôt ici que ces Terrains tertiaires ne sont autre chose que les sables, les marnes et le calcaire du dépôt gypseux ? Ce n'est donc pas par la superposition du Calcaire à Cérithes avec son sable sur le Calcaire crayeux de la bordure du bassin que l'on a été porté à regarder celui-ci comme lui étant antérieur de formation.

Serait-ce par les fossiles que l'on y a été conduit? Mais, à en juger par les fossiles, on est, au contraire, porté à les regarder comme identiques de formation, car les Cérithes qui se montrent dans le Calcaire grossier avec tant d'abondance qu'elles lui ont d'abord fait donner leur nom, se trouvent aussi dans la véritable formation crayeuse de la bordure; et chose digne de remarque, c'est que la connaissance de ce fait, au lieu de faire revenir sur la première détermination, n'a abouti qu'à faire réprouver les Cérithes, comme ne pouvant servir à faire reconnaître cette formation. Détermination fort singulière sans doute, vu que, si les fossiles qui dominent dans une formation n'en sont point le signe caractéristique, il faudra bien que ce soient ceux qui y sont rares qui jouent ce rôle. Et alors, quel parti prétend-t-on tirer d'un tel signe, et surtout comment concevoir que les disciples de l'école parisienne de nos jours puissent jamais parvenir à établir, comme ils le prétendent, l'édifice de la Géologie sur un pareil fondement? Ce n'est donc pas non plus par les fossiles que l'on a été conduit à regarder le Calcaire à Cérithes comme étant postérieur de formation à la craie de la bordure du bassin.

Ce ne peut donc être que par les caractères minéralogiques que l'on y a été conduit. On a dit, sans doute : ce Calcaire de la première formation, qui se trouve aux environs de Paris, est à l'état de craie : or, le calcaire du Dépôt reposant sur les Terrains jurassiques à la bordure du bassin, est aussi à l'état de craie, donc ces deux calcaire sont identiques; donc, par conséquent, le Calcaire à Cérithes, avec son sable inférieur, repose au-dessus de la Craie de la bordure du bassin. Mais ces conséquences ne peuvent être admises, vu que le

raisonnement auquel elles appartiennent manque absolument de prémisses ; car tous les géologues, le chef
de l'école parisienne à leur tête, ne conviennent-ils
pas que l'état pulvérulent d'un calcaire n'est rien moins
qu'un caractère distinctif ; que telle couche de carbonate de chaux ; qui est ici à l'état pulvérulent, peut se
montrer un peu plus loin à l'état compacte, même à
l'état de marbre supportant le poli ? D'ailleurs, tant
s'en faut que les caractères minéralogiques établissent
une différence essentielle entre le calcaire grossier à
Cérithes et la craie de la bordure, que ces caractères
tendent, au contraire, à confirmer leur identité de
formation. En effet, la formation arénacée du dépôt
crayeux de la bordure du bassin est un grès à grains
verts (silicate de fer chloriteux) qui lui ont fait donner
les noms de Grès vert, de Grès chlorité, de Glauconie,
et ce caractère est ici d'autant plus important, que
dans le bassin de la Seine, ce sable à grains de silicate
de fer chloriteux ne se montre dans aucune formation,
si ce n'est précisément dans celle du grès inférieur au
Calcaire grossier à Cérithes, qui selon nous, aurait
dû lui être rapporté, sinon comme identique, du
moins comme lui étant parallèle et contemporain.

Ainsi, non-seulement c'est sans motif plausible, que
le calcaire grossier de Paris a été regardé comme postérieur de formation au calcaire crayeux de la bordure
du bassin ; mais encore les caractères conchiliologiques
et minéralogiques, c'est-à-dire, les grains de silicate
de fer chloriteux et les Cérithes, qui se montrent dans
l'un et l'autre dépôt, tendent au contraire à établir leur
unité de formation. Si à ces raisons indirectes de décider, il était possible d'en joindre de directes, l'argument en acquerrait sans doute un surcroît de force.

Malheureusement, les terrains des environs de Paris, ayant été déterminés par les fossiles sans aucun égard, ou, pour dire la vérité, en dépit des superpositions régulières, ce genre de preuve présente ici quelques difficultés; mais il est un moyen d'y remédier; c'est de présenter depuis la bordure de l'Est jusqu'aux environs de Paris, toutes les formations du bassin, sans égard aux fossiles, qui sont l'unique cause des méprises, et en ne considérant que les superpositions.

Tableau des diverses formations du bassin de Paris, d'après les superpositions seulement.

5.	CALCAIRE siliceux du dernier étage à la hauteur de 180 mètres environ. SABLES (1).	Dernier Dépôt.
4.	CALCAIRE siliceux de l'avant-dernier étage. SABLES.	Avant-dernier Dépôt.
3.	CALCAIRES et Marnes du gypse. SABLES du grès de Fontainebleau.	Dépôt gypseux.
2.	CALCAIRES de la Beauce (2) et de Château-Landon, ou Calcaire dit *Clicart* de Villiers, etc. (partie supérieure du Calcaire grossier à Cérithes sur lequel il repose immédiatement). SABLES ou Grès à grains verts de silicate de fer chloriteux.	Dépôt parisien, ou du Calcaire grossier à Cérithes.
1.	CALCAIRES, Marnes et Sables des plaines basses de l'Orléanais, se prolongeant dans le Poitou, la Bourgogne, la Lorraine, où le tout repose sur le Terrain de transition.	Dépôt jurassique.

(1) Dans ce tableau, le mot Calcaire comprend tous les bancs de carbonate de chaux alternant avec des lits de Marnes; de même le mot Sables comprend les alternats de Sable et Marne.

(2) On n'entend point parler ici des sommités du plateau qui doivent appartenir au Dépôt gypseux, comme on l'a remarqué au § 2.

Puisque le groupe 1 est le Dépôt jurassique, il s'ensuit que le groupe 2 superposé est le Dépôt parisien
représentant le Dépôt crayeux de la bordure ; par conséquent, que la prétendue Craie des environs de Paris
n'est qu'un déguisement de la partie superficielle du
Dépôt jurassique.

On objectera sans doute ici, que si le terrain des
plaines de l'Orléanais est le Dépôt jurassique pour certains géologues, il est regardé par d'autres comme étant
le Dépôt crayeux. Mais on peut répondre : Que cette
cette dernière opinion n'a d'autre fondement que l'état
pulvérulent de certaines couches, ce qui ne prouve
absolument rien, tandis que l'opinion qui rapporte ce
calcaire pulvérulent au Dépôt jurassique, est fondée,
d'abord, sur la puissance remarquable de ce dépôt
qui surpasse de beaucoup celui des plus puissans Dépôts crayeux, et ensuite sur l'observation de ceux qui
ayant suivi le développement de ces terrains, en Poi-
tou, en Bourgogne et en Lorraine, tels que M. d'Ho-
malius d'Halloy, n'ayant rencontré nulle part sa superposition sur le Dépôt jurassique de ces contrées, se
sont vus forcés de déclarer que l'on s'était sans doute
mépris en les rapportant au Dépôt crayeux de la bordure.

Au reste, ce n'est pas seulement dans le bassin du
nord de la France que les faits, dégagés de toute prévention systématique, se présentent ainsi. Il en est de
même dans le bassin du sud-ouest de la Garonne. En
effet, si partant des environs de Cahors, où se montre
le Dépôt jurassique qui couvre la Saintonge, le Périgord et le Querci, avec tout le luxe de ses nombreuses
couches calcaires à pâte fine homogène mais tendre,
on s'avance vers les collines de Fumel sur la rive droite

du Lot, le fait se présente aux yeux avec une telle évidence qu'il est impossible de ne pas en être frappé. Entre Libos et Monsempron, est un embranchement de la vallée du Lot, qui, se dirigeant du sud au nord, se prolonge jusqu'au château de Byron, c'est-à-dire, jusqu'à deux myriamètres environ, et au fond duquel coule la petite rivière de la Lède. Toutes les collines de cette vallée dépouillées de culture montrent partout à nu les diverses assises de Quartz, de calcaire et de grès ou sable dont elles sont composées. Du côté ouest de cette vallée, sont les dépôts des collines de l'Agenais et de presque toute la vallée de la Garonne jusqu'au pied des Pyrénées; de l'autre côté sont les dépôts des collines de la Saintonge et du Périgord, c'est-à-dire, les dépôts qui forment la bordure du bassin de la Garonne, au nord et à l'est. Voici le tableau de ces deux sortes de dépôts placés vis-à-vis les uns des autres, de la même manière qu'ils se présentent à l'œil sur les lieux mêmes.

Hauteur absolue, 150 à 160 mètres.

COLLINES DU CÔTÉ OUEST.	COLLINES DU CÔTÉ EST.	
Roche de Quartz.	*Roche de Quartz.*	
CALCAIRES et Marnes gypseuses. Elles renferment dans cette contrée (Cancon, Villeréal, Sainte-Sabine) de la pierre à plâtre absolument identique avec celle de Montmartre, et employée pour l'usage du pays.	MARNES grises supportant le château de Byron. Identiques avec celles du Dépôt gypseux de la contrée.	3ᵉ Dépôt.
SABLES blanc-cendré bien moins sales que ceux des autres formations, et s'en distinguant par-là fort aisément.	SABLES ou Grès identiques avec celui ci-contre.	
(*N. B.*) C'est au-dessus de ces Terrains que se montrent superposés l'avant-dernier et le dernier Dépôt de l'Agenais correspondant aux deux étages du Calcaire supérieur de Paris.		

SUITE DES COLLINES DU CÔTÉ OUEST.	SUITE DES COLLINES DU CÔTÉ EST.	
Roche de Quartz. CALCAIRE à coquilles d'eau douce absolument identiques avec celui de Château-Landon ou celui au-dessous des sommités de la Beauce, et reposant comme celui-ci en certains lieux immédiatement au-dessus du Calcaire à Cérithes (Calcaire grossier parisien). SABLES ou Grès sales de couleur terreuse.	*Roche de Quartz.* CALCAIRE à texture grossière. C'est la Craie ou Dépôt crayeux du Périgord. SABLES ou Grès ferrugineux à galets d'hématite alimentant de nombreuses usines. C'est le Grès ferrugineux ou grès vert de M. Boué (1).	2ᵉ Dépôt.
Roche de Quartz. CALCAIRE à coquilles d'eau douce occupant la place du Dépôt jurassique au-dessus du Dépôt crayeux ou parisien, depuis Bordeaux jusqu'à Fumel sans interruption nulle part. La puissance totale du Dépôt est de plus de 160 mètres. GRÈS de couleur terreuse de la berge du Lot alternant avec de minces lits de Marne jusqu'à plus de 160 mètres, d'après le sondage d'Agen où l'on n'a pas atteint le fond.	*Roche de Quartz.* CALCAIRE jurassique offrant une innombrable multitude de bancs jusqu'au-dessous du lit du Lot. Suite des innombrables bancs de Calcaire jurassique s'enfonçant au-dessous du Lot jusqu'à une profondeur inconnue.	1ᵉʳ Dépôt.

Toutes ces formations de Quartz, de calcaire, de sable, qui de part et d'autre sont bien connues, se montrent à découvert. Toutes sont absolument horizontales, placées vis-à-vis les unes des autres au même niveau que leur correspondante de l'autre côté et par conséquent de la même épaisseur en puissance. Or, s'il est un fait évident, c'est que depuis le manoir des célèbres Ducs de Byron jusqu'à la berge du Lot, qui en est à deux

(1) Ces galets appartiennent à la Grande formation de transport. Ils sont superficiels, et couvrent indifféremment tous les Dépôts de la contrée connus dans le Périgord.

myriamètres de distance, on voit d'abord la partie inférieure du grès ferrugineux du Périgord (grès dit
grès vert), se réunir par juxta-position au sable du Dépôt correspondant de la colline vis-à-vis, et former par
leur réunion le col qui sépare cette colline de celle du
château. Puis on voit, à mesure que l'on descend,
chaque couche subjacente se juxta-poser contre sa correspondante de la colline vis-à-vis, sans qu'aucune
d'elles s'enfonce sous les autres. Enfin, arrivé à la berge
du Lot qui est nue et pour ainsi dire à pic, on voit
avec la plus complète clarté les assises nombreuses du
calcaire jurassique, se juxta-poser contre le grès du dépôt correspondant de la même manière que des plan-
ches négligemment posées les unes au-dessus des autres
contre une muraille.

A l'aspect de ces lieux, on ne peut se refuser à admettre, que le premier et le second dépôt des collines
de l'Agenais, qui sont absolument partout les mêmes
que ceux des collines à l'ouest du vallon de la Lède, ne
soient, ainsi que le premier et le second dépôt du bassin
de Paris, parallèles, savoir : le premier, au dépôt jurassique, et le second, au véritable dépôt crayeux ; en
d'autres mots, que la prétendue Craie des environs de
Paris et le Calcaire grossier à Cérithes avec leur sable
subjacent ne sont autre chose qu'un déguisement, pour
ainsi dire, du Dépôt jurassique et du véritable Dépôt
crayeux.

Comme on pourrait avec raison être étonné que la
partie inférieure ou arénacée du Dépôt parisien soit
aussi ferrugineuse dans le système des collines à l'est
du vallon de la Lède, pendant qu'elle ne l'est point
dans les collines à l'ouest, on doit remarquer ici que
quand on est sur les lieux, on voit clairement que les
premières ont été déposées par des eaux venant de la

vallée de la Dordogne, tandis que les secondes l'ont été par des eaux venues par la vallée de la Garonne; en sorte, qu'il y aurait plutôt lieu d'être étonné de les voir absolument semblables de couleur que de les voir différentes.

D'après cela, la confusion que les géologues avaient faite dans les terrains dits tertiaires antérieurement à la publication de la Description géologique des environs de Paris, se bornerait à avoir confondu avec le Dépôt gypseux le Terrain d'eau douce supérieur de Brongniart; terrain fort peu répandu même dans le bassin de la Seine, si l'on considère, que le plus souvent, ce qu'on a pris pour le Terrain d'eau douce supérieur, n'est autre chose que le Dépôt parisien (Château-Landon) ou le Dépôt gypseux (Fontainebleau, Nemours, Maffiers, Septeuil, etc.,) et encore n'avait-on vu jusqu'à présent dans ce terrain d'eau douce qu'une seule formation, tandis qu'il y en a certainement deux bien distinctes.

Qu'il nous soit permis de faire remarquer ici, combien il faut se tenir en garde contre cette sorte d'engouement que produisent les grandes réputations, même pour les choses où l'on ne peut se dissimuler qu'un contrôle plus sévère pourrait fort bien venir renverser l'édifice de fond en comble. Que l'on nous permette encore de faire remarquer combien cette sorte d'empirisme conchyliologique de nos jours, attaché à des formations dont l'identité et la place ne nous sont point encore incontestablement connues, est funeste à la science. Depuis 1810, on s'évertue à déterminer l'unité de formation au moyen des fossiles, presque exclusivement, et ces fossiles, comme on vient de voir, appartiennent non à la même formation, mais souvent à plusieurs formations probablement indépendantes.

Sans doute, la connaissance des fossiles sera un jour d'un très-grand secours en Géologie, et dans cette attente, on ne saurait trop en recommander l'étude; mais ce ne sera que quand l'unité et l'indépendance des formations ayant été constatées d'une manière irréfragable par d'autres moyens, on aura acquis ainsi la certitude que tel fossile appartient à telle couche ou lui est étranger. Jusque là ils ne sauraient produire qu'une conviction fallacieuse dans l'esprit du géologue et un funeste *imbroglio* dans la science.

§ IV.

NOTICE

Sur les ossemens fossiles recueillis dans les formations secondaires, d'après les Recherches de Cuvier.

Mammifères-Pachidermes.

MASTODON. *Dents* à émail épais et brillant; deux à chaque côté de la mâchoire : l'*antérieure* à trois paires de grosses pointes coniques ou pyramidales; la *postérieure d'en bas* à cinq paires de pointes; celle d'en haut à quatre; l'une et l'autre avec un talon impair, conique, plus ou moins irrégulier.

Genre très-voisin de l'Éléphant. Sans analogue vivant dans le règne animal de nos jours.

1. M. *angustidens* semblable à l'Éléphant, mais plus bas sur jambes, armé de longues défenses revêtues d'émail. (Cuvier, *Recherch. sur les Oss. foss.*, t. 1, p. 250, et t. 4, p. 493.)

2. M. *tapiroïde* connu seulement par une dent. (*Ibid.*, t. 1, p. 267). Recueillie dans le calcaire de la formation (gypseuse?), à Montabusard, près d'Orléans, avec des ossemens de Paleotherium.

(*Rem.*) Les graviers et sables du fond des vallées appartenant à deux formations indépendantes qu'il est impossible de bien distinguer, on ne peut rapporter à l'une plutôt qu'à l'autre les fossiles qu'ils renferment, à moins que ces fossiles ne se montrent dans des formations contemporaines où il n'y a point de mélange. C'est ce qui est arrivé pour le Mastodonte à dents étroites, le M. Tapiroïde et les Rhinocéros suivans, dont les dépouilles, gisant ordinairement dans ces formations douteuses, se montrent aussi dans les couches superficielles des Dépôts crayeux, parisien et gypseux (1).

Indépendamment de ces deux espèces perdues, on en a reconnu quatre autres dont il sera parlé au chapitre IV.

Rhinocéros. Des ossemens d'une grande espèce et d'une petite à dents incisives nommée *R. minutus*, ont été recueillis à Moissac dans le calcaire du Dépôt gypseux, chez M. Destours. (Cuvier, t. 2, part. 1, p. 50-93.)

Le gisement ayant été mal indiqué à M. Cuvier, voici la coupe des lieux : 1. Terre végétale, environ 6 pieds. 2. *Calcaire de l'avant-dernier Dépôt*, 6 pieds. 3. Grès molasse et sables au-dessous. 4. Calcaire du Dépôt gypseux. 5. Glaise terreuse avec ossemens. Profondeur totale, 66 pieds.

Paleotherium. *Dents*, quarante en tout. *Incisives*, 6 à chaque mâchoire : *Canines* un peu plus longues, pointues, recouvertes ; *Molaires*, 7 à chaque côté ; les inférieures offrant deux croissans de matière émailleuse, les supérieures carrées avec des crêtes saillantes. Cuv., t. 3, p. 1.)

Animaux sans analogue vivant, ressemblant au Tapir par les formes générales, par la tête, par la brièveté des os du nez, qui fait supposer qu'ils avaient une trompe courte comme lui, et par leurs dents canines et incisives. Ils en diffèrent essentiellement par leurs mâchelières et leurs pieds à trois doigts au lien de quatre.

1. P. *magnum*. Taille du cheval.

2. P. *medium*. Taille d'un jeune cochon. Pieds étroits et longs.

3. P. *crassum*. Taille du précédent. Pieds plus larges.

4. P. *latum*. Taille du précédent. Pieds plus larges et plus courts.

5. P. *curtum*. Taille d'un mouton. Pieds plus larges, courts.

6. P. *minus*. Taille un peu moindre. Pieds grêles, avec des doigts latéraux.

7. P. *minutum*. Taille du lièvre. Connu par un métatarse seulement.

Les ossemens fossiles de toutes ces espèces ont été recueillis dans les

---

(1) J'ai vu à Toulouse, entre les mains de M. Noulet, jeune naturaliste plein de sagacité et d'intelligence, une dent fracturée de *M. angustidens*. C'est une arrière-mâchelière dont on voit le talon solitaire encore conique, et deux paires de pointes usées jusqu'à leur base. Ce fossile a été trouvé dans les environs de Muret (Haute-Garonne), au-dessus d'une marne calcaire mêlée de sable, qui couronne la partie haute de la plaine de la Garonne et appartient au premier Dépôt inférieur de la vallée, lequel, dans ces contrées, n'offre jamais que deux de ses parties : le sable et la transition marneuse sans calcaire. On m'a montré en même temps un autre fossile recueilli au même lieu : c'est un fragment de mâchoire inférieure du *Paleotherium magnum*, Cuv., où l'on voit les quatre arrières-molaires et la canine.

formations du Dépôt gypseux, principalement aux environs de Paris, où les sept premières ont été trouvées dans la pierre à plâtre même.

ANOPLOTHERIUM. *Dents*, quarante-quatre, en série continue sans lacune d'interruption ; *Incisives*, six à chaque mâchoire ; *Canines*, quatre pareilles aux incisives et ne les dépassant point ; *Molaires*, sept à chaque côté ; les trois premières antérieures d'en bas comprimées ; les trois suivantes à deux croissans, sans collet, et la dernière à trois croissans ; les quatre dernières supérieures carrées avec des crêtes transversales et un petit cône entre elles. *Pieds* didactyles avec les os du tarse et du métatarse séparés, ne formant point de canon. *Tête* oblongue n'annonçant point qu'elle dût se terminer en trompe courte ou en boutoir (Cuv., t. 3, p. 250 et suiv.)

Selon M. Cuvier le genre *Anoplotherium* serait *un genre extraordinaire qui ne peut se comparer à rien dans la nature vivante* (1). Mais lorsque le célèbre auteur des *Recherches sur les Ossemens fossiles* a écrit cette assertion, l'ostéologie du genre Tapir lui était sans doute inconnue ; car ses Anoplotherium ne sont incontestablement que des Tapirs ; et les légères différences qui se font remarquer dans leur ostéologie ne font présumer que des espèces ou des variétés. Il est même un Tapir, celui des Andes, qui, selon l'aveu de Cuvier, lorsqu'on le lui a présenté à l'Académie, ne diffère en rien de l'un de ses Anoplotherium, si ce n'est par un doigt de plus aux pieds ; ce qui n'est pas même un indice certain de différence spécifique, parce que les espèces même fossiles de ce genre diffèrent quant au nombre des doigts.

A ce sujet, on doit faire ici une remarque importante. Selon Cuvier, les Paleotherium présenteraient de grands rapports d'affinité avec les Tapirs, tandis que les *Anoplotherium* n'en offriraient que de fort éloignés ; or, d'après ce qui vient d'être dit, ceux-ci n'étant incontestablement que des Tapirs, il s'ensuit, ce semble, à plus forte raison, que les Paleotherium ne sont non plus que des Tapirs. Il y a certainement là un louche que la science ne peut tolérer, et il est temps que les zoologistes le fassent disparaître.

   1. A. *commune.* Grandeur de l'Ane ; bas sur jambes ; queue forte et épaisse de la longueur du corps ; un petit doigt accessoire du côté intérieur aux pieds de devant.

   2. A. *secundarium.* Taille du Cochon. Du reste, semblable au précédent.

   3. A. *gracile.* Grandeur et taille svelte de la Gazelle ; membres grêles.

   4. A. *leporinum.* Taille du Lièvre ; un troisième doigt accessoire à peine plus court que les autres.

____

(1) *Disc. rév. Globe*, p. 320, 221.

5. A. *murinum*. Taille du *Cobaye* (Cochon d'Inde). N'est connu que par sa mâchoire.

Les ossemens de toutes ces espèces ont été recueillis dans la pierre à plâtre du Dépôt gypseux aux environs de Paris.

CHÆROPOTAME. *Dents* incisives inconnues : *Canines* inférieures de grandeur médiocre, pointues ; les supérieures inconnues : *Molaires* postérieures carrées en haut, rectangulaires en bas, avec quatre fortes éminences coniques entourées de plus petites ; les deux antérieures de forme conique courtes, légèrement comprimées, à deux racines. *Taille* présumée être celle d'un Cochon de Siam. *Pieds* inconnus. (Cuvier, t. 3, 260.)

Genre perdu, voisin des Anoplotherium : trop imparfaitement connu. Ses dépouilles ont été recueillies dans la pierre à plâtre du Dépôt gypseux aux environs de Paris.

ADAPIS. *Dents* incisives, quatre à chaque mâchoires : *Canines*, quatre, coniques, plus saillantes que les autres dents ; les supérieures en cône droit, les inférieures en cône oblique, couchées en avant. *Molaires*, sept de chaque côté : la première d'en haut tranchante, les deux suivantes entourées d'une arête ; les autres ressemblant dans leur petitesse à celles d'*Anoplotherium* ; les deux premières d'en bas pointues et tranchantes ; la troisième de même forme, mais plus haute et plus large ; les trois suivantes inconnues ; la dernière, de forme oblongue, au lieu de croissans, paraît avoir eu des éminences transverses inégales. *Pieds* inconnus. *Taille* présumée avoir été celle du Hérisson (Cuv., t. 3, p. 269.)

Genre perdu ; trop imparfaitement connu ; voisin des deux précédens, découvert dans les mêmes lieux.

ANTRACOTHERIUM. *Dents*, vingt en tout. *Molaires*, six de chaque côté : les trois premières oblongues à un seul lobe et couvertes d'aspérités formant bourrelet du côté interne ; les trois autres à deux paires de pointes et avec un fort tubercule en arrière à la dernière. *Canines*, une de chaque côté à l'une et l'autre mâchoire, coniques, un peu coudées et comprimées à leur base, la pointe dirigée en dehors. *Incisives*, couchées dans leur longueur sur un plan presque parallèle à la table de la mâchoire, les quatre premières un peu carrées (1).

Genre perdu : intermédiaire entre les Cochons et les *Anoplotherium* dont il se distingue par des canines saillantes. On en a recueilli des débris dans les lignites de Savone, du Valais et dans la partie supérieure du premier Dépôt inférieur du bassin de la Garonne, près de Tonneins, et en Auvergne. Ces débris paraissent appartenir à plusieurs espèces. La plus grande, présumée être de la taille d'un Rhinocéros, a

____

(1) Croizet et Jobert, dans *Bull. Fér.*, 1829, p. 276.

été nommée *A. magnum*; les autres, plus petites, ont reçu les noms de *A minus*, *A. minimum*, *A. alsaticum*, *A. velanum.*

Lophiodon. *Dents incisives*, six, avec deux *canines* à chaque mâchoire. *Molaires*, sept en haut, six en bas de chaque côté, séparées de la canine par un intervalle vide ; une troisième colline à la dernière molaire inférieure ; les molaires antérieures avec un seul tubercule conique ou une suite longitudinale de tubercules. *Pieds* et ostéologie du nez inconnus. (Cuv., t. 2, part. 1, p. 176.)

Genre tellement voisin du Tapir, qu'il est presque téméraire de l'en séparer. Il n'en diffère que par la troisième colline de l'arrière-molaire inférieure et le défaut de second tubercule aux molaires antérieures. On en distingue déjà douze espèces qui sont imparfaitement connues. La plus grande se rapproche du Rhinocéros pour la taille et la plus petite d'un jeune Agneau. Leur gisement est dans l'Argile à lignites recouvrant le Dépôt crayeux.

Cochon fossile. Une mâchoire de ce genre a été recueillie en Suisse dans la partie arénacée du Dépôt parisien dite *molasse*. (Cuvier, t. 5, part. 2, p. 504.)

Mammifères Ruminans.

Chevreuil. Des débris en ont été recueillis dans le Dépôt gypseux des environs d'Orléans. (Cuvier, t. 4, p. 104.)

Cerf. Des débris en ont été vus dans la partie superficielle du Dépôt crayeux à Paris, et dans le *grès molasse* du Dépôt parisien en Suisse. (Cuv., t. 4, p. 102.)

Mammifères Carnassiers.

Chauve-Souris. Des débris du genre *Vespertilio*, dans la pierre à plâtre du Calcaire gypseux à Paris.

Renard. Espèces différentes de celles connues. Même gisement.

Genette d'espèce inconnue. Même gisement.

Chien ou Loup. Des dépris dans les plâtrières de Paris, dans le Dépôt gypseux des environ d'Agen.

Sarigue. Des débris dans les plâtrières de Paris.

Phoque. Des dépouilles dans le Dépôt parisien de la Basse-Autriche. (Cuv., t. 5, part. 3, p. 521.)

Mammifères Rongeurs.

Écureuil identique avec l'espèce vivante. Une tête en a été recueillie dans les plâtrières du Dépôt gypseux à Paris.

Rongeurs voisins des *Campagnols* et des *Cobayes*. Des débris dans la formation du Dépôt jurassique en Allemagne.

Loirs. Des débris dans les platrières du Dépôt gypseux à Paris.

Mammifères—Cétacés.

Lamantin. Espèce inconnue à tête plus alongée, autrement configurée. Quelques ossemens dans le Dépôt parisien du centre de la France. (Cuv., t. 5, part. 1, p. 266.)

Dauphin inconnu. Même gisement.

Roqual ou *Dauphin* à long bec, espèce inconnue. Une portion de mâchoire recueillie dans le calcaire du Dépôt parisien. (Cuvier, t. 5, part. 1, p. 317.)

1. Ziphius *curvirostris*. Espèce présumée inconnue. (Cuvier, *l. c.*, pag. 350.)

2. Z. *planirostris*. A parties latérales du museau aplaties. (*Ibid.*, pag. 355.)

3. Z. *longirostris*. A museau plus alongé. (*Ibid.*, p. 357.)

Ces trois espèces, présumées inconnues et dont on ne possède que des fragmens de tête calcifiés, ont été recueillies, à ce qu'on croit, dans la partie sabloneuse du Dépôt parisien en creusant le bassin d'Anvers.

Reptiles—Crocodiles.

Crocodile. Onze espèces différentes en ont été trouvées, soit dans le Dépôt jurassique, soit dans la partie arénacée du Dépôt parisien. (Cuv., *l. c.*, p. 143, 525.)

Gavials. Parmi les fossiles recueillis dans le Dépôt jurassique, on en distingue appartenant à trois espèces.

Reptiles—Cheloniens.

Tryonix. Des débris de sept espèces différentes ont été recueillis soit dans les formations du Dépôt crayeux, soit dans celles du Dépôt parisien. (Cuv., *l. c.*, p. 221.)

Émydes. On en a reconnu de dix espèces, parmi lesquelles se trouve l'Émyde d'Europe. Dans les Dépôts jurassique, parisien et crayeux.

Chelonées. Des débris de quatre espèces dans le même gisement.

Tortues terrestres. Des débris de plusieurs espèces dans les Dépôts jurassique et crayeux.

Reptiles—Sauriens.

Monitor. Plusieurs espèces différentes analogues aux grands Moninitors qui vivent dans les eaux douces de la zone torride. Trouvés dans le Dépôt jurassique de la Thuringe.

Mosasaurus. Lézard de 25 pieds de longueur au moins. *Mâchoires* armées de dents très-fortes, coniques, un peu arquées et relevées d'une arête. *Vertèbres* de l'épine convexes en avant, concaves en arrière, au nombre de 130. *Queue* haute et plate, formant une large rame verticale. (Cuv., t. 5, part. 2, pag. 310.) Dans le Dépôt crayeux ou jurassique à Maëstricht.

Ichtyosaurus *Kœnig*. Tête de Lézard prolongée en museau effilé. Quatre membres, dont les humérus sont courts, gros, et les extrémités composées d'os aplatis et rapprochés comme des pavés, lesquels, envelopés de la peau, formaient des nageoires analogues à celles des Cétacés. (Cuv., *l. c.*, p. 447.)

Parmi les fossiles de ce genre, on en distingue appartenant à quatre espèces.

1. I. *communis*. Long de vingt pieds. Dents coniques mousses.
2. I. *platyodon*. Long de 20 pieds. Dents comprimées portées sur une racine arrondie et renflée.
3. I. *tenuirostris*. Long de dix pieds au plus. Dents grêles, pointues. Museau mince, allongé.
4. I. *intermedius*. Long de dix pieds au plus. Dents intermédiaires entre celles des espèces 1 et 3.

Ces quatre espèces ont été découvertes dans le Dépôt jurassique d'Europe.

Plesiosaurus. Cou grêle aussi long que le corps, composé de trente vertèbres, terminé par une très petite tête ayant tous les caractères essentiels des Lézards. (Cuv., *l. c.*, p. 475.)

1. P. *dolichodeirus*. Long de plus de vingt pieds.
2. P. *recentior*. A vertèbres plus plates.
3. P. *carinatus*. Vertèbres avec une arête à la partie inférieure.
4. P. *pentagonus*. Vertèbres à cinq arêtes.
5. P. *trigonus*. Vertèbres à trois arêtes.

Les débris de toutes ces espèces ont été recueillies dans le Dépôt jurassique d'Europe.

Pterodactyle. *Queue* très-courte; *Cou* très-long; *Museau* fort alongé, armé de dents aiguës; *Jambes* longues; *Pattes* antérieures à cinq doigts, dont un très-long portait sans doute une membrane propre à le soutenir en l'air. (Cuv., *l. c.*, p. 358.)

On connait deux espèces de ces étranges animaux dont l'aspect serait aujourd'hui effrayant. L'une est de la taille d'une Grive, l'autre de celle d'une Chauve-Souris. Il parait, d'après des fragmens recueillis, qu'il en existait des espèces plus grandes. Ces fossiles ont été déouverts dans le Dépôt jurassique d'Allemagne.

Reptiles—Batraciens.

Salamandre gigantesque inconnue. (Cuv., *l. c.*, p. 431.) Trouvée dans le Dépôt parisien?

Oiseaux.

Des ossemens d'oiseaux indéterminables, mais appartenant à plus de dix espèces, ont déjà été recueillis dans les plâtrières du Dépôt gypseux de Paris.

La majeure partie des animaux qui viennent d'être passés ici en revue est fort imparfaitement connue. A l'exception de quelques espèces trouvées entières ou restituées avec tant de patience et de sagacité par le célèbre Cuvier, toutes les autres ne sont connues que par certaines pièces caractéristiques de leur charpente osseuse.

Les neuf dixièmes, à ce qu'il paraît, sont inconnus, et on peut même, selon Cuvier, affirmer que la presque totalité de ces neuf dixièmes appartient à des espèces perdues qui ne comptent plus dans le règne animal de notre âge.

Une quantité considérable d'animaux de l'ancien monde a donc été détruite par le déluge. Il doit pareillement s'être perdu une foule de végétaux. Les fossiles le démontrent tout comme pour les animaux du premier rang; mais il s'en est aussi sauvé dans l'Arche. Par exemple, le froment, l'orge, le seigle, sont des graminées vraisemblablement antédiluviennes, dont la race a été détruite. En effet, toutes les recherches faites jusqu'à présent par toute la Terre et par tant de botanistes, ont été infructueuses pour découvrir la patrie de ces céréales, et tout le monde sait d'ailleurs que leur culture se perd dans la nuit des temps.

Ce serait sans doute ici le lieu de parler des autres

animaux qui accompagnent dans les couches géologiques les dépouilles de ceux dont il vient d'être question. Mais la diversité des espèces de coquillages, de polypiers, de crustacés, etc., renfermées dans les formations secondaires est si grande que leur énumération ne saurait entrer que dans un traité sur cette matière. On a dû se borner ici aux animaux qui tiennent le premier rang dans la nature animée.

Quant aux oiseaux et aux poissons, les premiers sont fort rares parmi les autres fossiles et leurs débris osseux sont presque tous indéterminables. Les seconds sont plus communs; mais des animaux aussi molasses, n'ayant pu conserver leur forme en se fossilisant, leur étude offre des difficultés telles qu'il faudra peut-être renoncer à en déterminer les espèces. D'ailleurs, l'Ichtiologie est une science qui sort à peine de l'enfance, car les espèces connues et décrites ne sont certainement qu'une partie fort peu considérable de celles de la nature.

Pour l'intelligence de la matière traitée dans ce chapitre, on a dessiné la coupe transversale de la vallée de la Garonnne à l'endroit où elle offre à la fois les cinq Dépôts secondaires qui constituent les collines de la France (voy. Pl. ii). Une coupe du plateau de la Beauce entre la Seine et la Loire eût sans doute été préférable, parce que ce pays est plus généralement connu; mais les documens nécessaires nous ont manqué pour cela.

CHAPITRE IV.

GRANDE FORMATION DE TRANSPORT, OU FORMATION TERTIAIRE ET DÉLUGE DE DEUCALION.

§ Ier.

Caractères essentiels des Terrains tertiaires de la Grande formation de transport.

Premier caractère. *Cette formation se compose de sables ou de graviers, débris des roches primitives, intermédiaires et secondaires de toute sorte, de carbonate de chaux, d'argile et de débris organiques des trois règnes. En d'autres mots, elle comprend de grands dépôts de sables ou graviers, les brèches coquillières, les brèches osseuses et les cavernes à ossemens.*

La grande formation de transport ou *formation tertiaire* a été d'abord confondue avec les Terrains secondaires supérieurs ou avec les terrains d'alluvion modernes. Cette formation comprend non-seulement les brèches osseuses des côtes de la Méditerranée, les brèches coquillières des côtes de la mer Atlantique et de la mer Pacifique, les cavernes à ossemens qui depuis quelque temps sont regardées comme des formations contemporaines par la presque totalité des géologues; mais encore les sables de l'Afrique, ceux des côtes occidentales et boréales de l'Europe, et les graviers superficiels, soit des hauteurs, soit même du fond des vallées. Peut-être faudra-t-il y ajouter dans la suite quelques autres dépôts ; car, les Terrains de la grande formation de transport, jusqu'à présent méconnus, ont été fort peu étudiés, et se trouvent en ce moment fort imparfaitement décrits.

Ce n'est point ici, comme dans les Terrains secondaires, une série complexe de formations composée des trois termes, sable, calcaire, argile. Ce n'est même pas une simple formation dans laquelle ces élémens minéralogiques se trouvent disposés au-dessus les uns des autres selon leur pesanteur spécifique. C'est un simple dépôt de matériaux de formation étendus sans ordre à la superficie des terrains *subjacens*. A peine observe-t-on quelques localités, où renfermés dans de petits bassins partiels, dans certaines cavités locales, ces élémens minéralogiques se montrent rangés au-dessus les uns des autres selon l'ordre des pesanteurs spécifiques.

On peut diviser en quatre catégories les Terrains tertiaires appartenant à la Grande formation de transport. La première comprend les sables ou graviers, la deuxième les brèches coquillières, la troisième les brèches osseuses, la quatrième les cavernes à ossemens. Ces quatre sortes de terrains trop peu étudiés jusqu'à présent, vont être ici passés en revue afin de faire connaitre tout ce qu'une étude aussi superficielle nous en a appris.

1. *Sables* ou *graviers*. Le dépôt des sables ou graviers tertiaires de cette formation couvre une grande partie des côtes occidentales et boréales de l'Europe, toutes les immenses plaines de l'Afrique, la côte occidentale de la Nouvelle-Hollande, et vraisemblablement la plupart des lieux pareillement situés du reste du

Globe sur lesquels la science manque de documens précis.

En France, dans les Landes d'Aquitaine, ce sable est blanc, transparent, très-dur et très-homogène. On le dirait formé de Quartz cristallisé. En certains endroits on y trouve des amas, des trainées de coquilles marines aglutinées, très-variées d'espèce et en si grand nombre, ou plutôt tellement entassées, qu'aux environs de Mont-de-Marsan, on les exploite en guise de gravier pour en paver les routes. Tout le plateau compris entre l'Adour, la Garonne et les collines au pied desquelles coulent la Gelise et la Baïse, en est entièrement recouvert jusqu'à plusieurs pieds de hauteur. Des ingénieurs, des naturalistes, qui ont exploré ces contrées pour des motifs divers, se sont imaginé que ces sables ne sont autre chose que les débris les plus avancés des dunes maritimes transportés par les vents d'ouest jusqu'au sommet des collines qui circonscrivent ce plateau. D'autres se sont persuadés que ce sable est là en place et appartient par conséquent à quelqu'une des formations secondaires. Tous se sont certainement trompés, et il suffit d'examiner les dépouilles d'êtres organisés qu'il renferme pour en être convaincu. En effet, les coquillages qui se montrent dans ce sable en amas ou en grandes trainées, ne ressemblent nullement à ceux des formations secondaires. Ce n'est pas, comme dans celles-ci, des dépouilles de mollusques de la mer des tropiques ou des autres mers lointaines du Globe. Ce sont des coquillages pareils ou analogues à ceux qui vivent actuellement dans la mer Atlantique ou sur les côtes de France. D'ailleurs, une foule d'espèces y ont conservé leur émail nacré, leurs couleurs, et se trouvent dans un tel état de conservation, que la mer semble les avoir transportés en ces lieux depuis quel-

ques jours seulement. Comme on sait déjà, il n'en est
pas de même des coquillages renfermés dans les couches de sable des formations secondaires. Ceux-ci s'y
montrent non-seulement décolorés, mais bien plus,
quelquefois tellement brisés ou détériorés qu'il n'en
reste pour ainsi dire que des fragmens ou des moules.
Enfin, et cette circonstance mérite la plus grande attention, les coquillages de ces sables ont été déposés
d'une tout autre manière. Au lieu d'avoir leur valve
supérieure toujours tournée vers le ciel, ainsi qu'on le
remarque dans les autres formations, ils sont entremêlés et accolés les uns aux autres avec la plus complète confusion.

Le sable transparent des Landes d'Aquitaine, dans
les endroits les plus éloignés de la mer, repose sur
les diverses parties du Dépôt gypseux. Vers la côte,
il repose sur les diverses parties du Dépôt parisien.
Là, il recouvre l'argile à grosses huîtres voisines de
l'*ostrea hypopus*; ici, il recouvre le calcaire gypseux
même; ailleurs, il recouvre le sable gris pâle-verdâtre
de cette formation. Dans ce dernier cas, il faut se
tenir sur ses gardes pour ne pas confondre ensemble
les deux formations différentes auxquelles appartiennent ces deux dépôts arénacés. En une multitude de
lieux, le sol des Landes recouvre un grès ou poudingue ferrugineux, connu dans le pays sous le nom
d'*allios*, renfermant des ossemens de gros quadrupèdes
terrestres, et qui sans doute n'est autre chose que la
partie inférieure de la formation.

On doit rapporter à cette même formation les sables
ou graviers des hauteurs, tels que ceux qui recouvrent
les collines situées au sud et au nord dans le bassin de
la Garonne. Dans ces lieux, comme en Normandie, en
Danemarck, et presque partout sur les côtes occiden-

tales peu élevées de l'Europe, ce Terrain de transport se compose de graviers, de sables et d'argile ferrugineuse. Il repose indifféremment sur toutes les formations secondaires supérieures, dites tertiaires. On le trouve même au-dessus du gravier du fond des vallées dont il est quelquefois séparé (circonstance notable) par une couche d'alluvion terreuse d'environ deux décimètres d'épaisseur, et avec lequel par conséquent il faut bien se garder de le confondre ; car, toutes ces circonstances de gisement attestent non-seulement l'indépendance de leur formation, mais encore l'antériorité des terrains divers qui les supportent.

Les dépôts arénacés qui recouvrent les immenses déserts de l'Afrique, ceux des rivages de la Sibérie, de la côte occidentale de la Nouvelle-Hollande, sont vraisemblablement de formation contemporaine : du moins, il est fort difficile d'en pouvoir douter. Mais, ces sables sont-ils identiques ou analogues ? C'est aux géologues voyageurs qu'il appartient de répondre à cette question. Ce qui est bien certain, c'est que les galets de Quartz jaspé connus sous le nom de *cailloux d'Égypte*, se trouvent aussi dans les sables des Landes d'Aquitaine. On a dit que les dépôts sableux d'Afrique provenaient de montagnes siliceuses qui s'étaient décomposées, et dont les débris formant des sables auraient été répandus au loin dans les plaines. Quand on remarque que tous les bas fonds de ces déserts sont couverts d'eau saumâtre ou excessivement salée, on se trouve forcé d'abandonner de pareilles idées. A part le sel vomi en masses par les volcans et le sel gemme du grès bigarré, la nature n'offre d'autre sel que celui produit par l'évaporation jusqu'à siccité de l'eau de la mer. Celui des déserts sableux de l'Afrique ne saurait avoir une autre origine. Rien, d'ailleurs, ne donne à penser qu'il puisse provenir de sources salées, puisqu'on ignore si la formation du sel gemme, dans laquelle les sources salées prennent leur salure, se montre sur quelques points de ce vaste continent. La mer y a donc laissé ces sables avec ses eaux, ou du moins, ses eaux ont dû recouvrir ces sables lors du dernier cataclysme.

Quant aux dépôts arénacés de la Sibérie, puisqu'ils renferment de gros quadrupèdes qui y ont conservé leur peau et leurs poils, ils sont sans doute contemporains de ceux observés au même degré de conservation dans les antiques glaçons de la mer voisine ; or, ceux-ci ne pouvant appartenir évidemment qu'au dernier cataclysme, il s'ensuit que les dépots arénacés lui appartiennent aussi.

C'est à cette formation que l'on doit rapporter ces Terrains de transport composés de sables et d'argile, qui, presque partout, recouvrent cette immense plaine européenne comprenant la Russie d'Europe, la Pologne, la Prusse, le nord de l'Allemagne, la Hollande et le Danemarck. C'est encore dans cette formation, à ce qu'il paraît, que se trouvent en certains lieux des corindons telésie, des corindons adamantins, des spinelles, des cymophanes, des zircons et des diamans, des grains et paillettes d'or, du platine, du titane, de l'anatase, de l'étain oxidé, etc.

2. *Brèches coquillières, Falun.* Ces brèches coquillières sont confondues avec les sables dont il vient d'être parlé ou avec les brèches osseuses. On a vu que le dépôt arénacé des Landes d'Aquitaine en renferme dans certaines localités. On les exploite, à Mont-de-Marsan, pour le pavé des routes, et aux environs de Casteljaloux, pour la construction des maisons, à cause de leur extraction aisée, de la facilité avec laquelle elles

se laissent tailler, des cavités multipliées qui permettent au ciment de les pénétrer, et de leur inaltérabilité à l'air. Dans la vallée de la Loire, où cette roche paraît être encore plus répandue, on lui donne le nom de Falun. On trouve aussi cette sorte de Terrain tertiaire sur les caps du détroit de Magellan, sur les côtes occidentales de la Nouvelle-Hollande, de l'Europe, dans le midi de la France, où M. Marcel de Serres lui a récemment donné le nom de *calcaire moellon*, en Italie, et on la retrouvera en bien d'autres lieux, n'en doutons pas, lorsqu'on cessera d'en négliger l'étude.

Dans la Nouvelle-Hollande, cette brêche consiste principalement en sable cimenté par le carbonate de chaux. Elle renferme des fragmens anguleux de la même substance, avec un grand nombre de coquilles et fragmens de coquilles qui paraissent identiques avec les espèces qui se trouvent dans la mer voisine. Les concrétions calcaires, cimentant les coquillages et autres parties de ces brêches, ont souvent une apparence qui les fait prendre pour des branches d'arbres pétrifiés. Sur les côtes de France, où les amas de coquillages forment parfois des buttes de soixante pieds de hauteur, comme celle du département de la Charente, décrites par Fleuriau de Bellevue (1), les coquillages offrent aussi la plus grande analogie avec ceux qui vivent dans les mers voisines. En Italie et en général sur les côtes de la Méditerranée, les brêches coquillières paraissent ne faire qu'une seule formation avec les brêches osseuses. Aussi, tous les géologues les ont avec raison confondues l'une avec l'autre comme étant contemporaines.

3. *Brêches osseuses.* Ces brêches renferment des

(1 *Journal des Mines.*

ossemens de quadrupèdes mêlés avec des coquillages marins et terrestres, des fragmens du calcaire secondaire des lieux mêmes, et des débris roulés de roches primitives ou intermédiaires. Le tout est souvent accompagné de sables, et cimenté par du calcaire dur ou marneux, ou bien par de l'argile rouge, brune ou jaune. Les coquillages de cette formation sont les mêmes que ceux actuellement vivans dans la contrée ou dans la mer voisine, et les fragmens du calcaire appartiennent aux roches mêmes sur lesquelles se trouvent les concrétions osseuses.

C'est dans le calcaire du Dépôt jurassique, qui presque partout se montre sur les côtes de la Méditerranée, dans les fentes et les cavernes très-nombreuses qui se font généralement remarquer dans les roches de cette formation, que se voient les brèches osseuses. On en trouve à Gibraltar, à Cette, à Antibes, à Nice, à Uliveto, près de Pise, sur la côte occidentale de l'Adriatique, de la Corse, de la Sardaigne, de la Sicile, etc.

Dans les grottes de Gibraltar, où elles forment de grandes masses, elles sont divisées en lits séparés par des couches minces de calcaire spathique.

Aux environs de Nice, le calcaire des brèches osseuses est un beau marbre compacte à nuances variées de jaune et de blanc. Sa cassure est unie, et il se laisse polir. Les coquillages marins qu'il renferme ont la plupart conservé toutes leurs couleurs. En plusieurs endroits, cette formation s'y montre jusqu'à quarante pieds environ de hauteur au-dessus du niveau de la Méditerranée. Parmi les coquillages terrestres qui y ont été vus, on remarque les suivants : *Pupa cinerea, Bulimus decollatus, Cyclostoma élégans, Helix algiria, H. pomatia, Helix rodostoma,* qui vivent encore sur les lieux. Parmi les dépouilles marines, *Echinus esculentus*, *Ritopora reticulata*, *Oculina virginea*, *Corallium rubrum*, *Millepora celulosa*, *Arca Noë*, *Venus gallica*, *Conus mediterraneus*, *Mytilus edulis*, *Aliotis tuberculata*, *Turbo rugosus*, *Murex blandaris*, etc. Ces trois dernières espèces y ont conservé leurs couleurs.

Le célèbre Cuvier a reconnu, dans les brèches osseuses des côtes de la Méditerranée, les espèces suivantes de quadrupèdes : Cerfs, trois espèces; Antilopes ou Moutons, trois; Lapins, quatre; Lagomys, cinq; Campagnols, six; Musaraignes, sept; Tortues, huit; Lézards, neuf; Tigre ou Lion, un (1). Donati y avait déjà signalé des ossemens humains : Cuvier avait d'abord contesté le fait; mais il a été depuis constaté par le professeur Germar de Halle, et Cuvier lui-même a reconnu, que parmi les ossemens qui lui avaient été apportés de Nice par M. Brongniart, il s'est trouvé une machoire humaine (2). Par là, l'existence des os humains dans les Terrains tertiaires de la grande formation de transport est enfin mise hors de doute.

4. *Cavernes à ossements*. De même que les brèches osseuses, ces cavernes renferment des ossemens et des fragmens de calcaire noirâtre, empâtés par un ciment argileux rougeâtre. En certains endroits, dans la grotte d'Oselles, par exemple, les matériaux de la formation montrent une disposition fort remarquable. On y voit de bas en haut; 1, limon argileux dans lequel les ossemens sont enfouis; 2, couches minces de calcaire se modelant sur les saillies qu'ils forment; 3, une couche d'argile. D'ailleurs, ces ossemens ne se montrent que dans les chambres; il n'y en a point dans les couloirs

(1) Cuv., t. 4, 225.
(2) *Ibid.*, p. ooo.

par lesquels ils paraissent s'être introduits. On voit, d'après ces notions, qu'entre les brèches osseuses et les cavernes à ossemens, il n'y a différence que de nom seulement. Les unes et les autres ne sont autre chose que des cavités locales remplies en partie par les mêmes matériaux de formation. Toutes les cavernes de ce genre observées jusqu'à présent paraissent se trouver dans le calcaire du Dépôt jurassique; cependant, il serait téméraire d'affirmer encore qu'il ne s'en trouve point dans les autres Dépôts secondaires. Il est au contraire vraisemblable que des observations ultérieures nous montreront qu'il y en a ailleurs. Et en effet, depuis la rédaction de cet article, on a découvert de pareilles cavernes dans le calcaire de transition du Derbyshire en Angleterre.

On a recueilli et étudié les ossemens trouvés dans deux de ces cavernes, celle de Kirkdale dans le comté d'Yorck, en Angleterre, et celle de Gaylenrouth, en Franconie. La première renfermait des ossemens des genres *Éléphant, Rhinocéros, Hyppopotame, Cheval, Bœuf, Cerf, Lapin, Campagnol, Rat, Tigre, Hyène, Loup, Renard, Belette.* La deuxième renfermait des os de *Hyena spœlea, Canis spœleus, Gulo spœleus, Ursus priscus, U. aretoïdes, U. spœleus*, quelques fragmens d'oiseaux, et de petits ossemens difficiles à déterminer. Les ossemens de ces cavernes offrent des faits bien dignes de remarque. A Kirkdale, des traces, ou empreintes de dents se font remarquer sur les os de toutes les espèces. Ceux d'Hyène offrent ces empreintes comme les autres; tous sans distinction ont été évidemment rongés. A Montpellier, selon M. Marcel de Serres (1), ces ossemens portent parfois les indices d'un transport plus ou moins violent. On trouve aussi dans

(1) *Bull. de Fér.*

ces cavernes, notamment dans celles de Bèze (Aude), de Pondre, de Sauvinargue (Gard), d'Argou (Pyrénnées orientales), des ossemens humains; ainsi que l'ont constaté les recherches de M. Tournal et de Marcel de Serres. Ils y sont mêlés et confondus avec les dépouilles des mammifères, dont les espèces perdues ne se voyent plus dans le règne animal de notre âge. Des fragmens de poterie contemporaine, des coquilles marines et des coquilles d'eau douce qui maintenant ne se voyent plus dans la contrée, les accompagnent. Enfin, selon Marcel de Serres, certains de ces ossemens de mammifères appartiennent à des espèces qui ont évidemment subi l'influence de la domesticité (1).

Au voisinage des brèches osseuses, les cavernes à ossemens présentent identité de matériaux de formation. Ce fait joint à tous les autres réclame pour celles-ci la même antiquité que pour celles-là, et puisque les brèches coquillières et les sables dont il vient d'être parlé réclament aussi la même antiquité que les brèches osseuses, il s'ensuit que les quatre catégories dont se composent les Terrains tertiaires de la grande formation de transport, doivent être regardés comme des formations contemporaines.

En terminant ces notions, on doit faire remarquer ici, que dans les cavernes de Kirkdale, de Fouvent, de Cronstadt, de Euchstedt, l'Hyène s'est trouvée associée aux *Éléphans*, aux *Rhinocéros à narines cloisonnées*, aux *Hyppopotames*, en un mot, aux grands pachidermes des terrains meubles du fond des vallées; que la même espèce, accompagnant à Gaylenrouth les *Tigres* et les gros *Ours*, elle fait nécessairement re-

(1) *Ann. Sc. nat.*, novemb. 1829, p. 244.

monter ces derniers animaux aussi haut qu'elle dans le temps. L'Hyène, les Tigres, les Rhinocéros, les Éléphans, animaux des régions équatoriales ensevelis avec des Ours, des Gloutons habitans des pays glacés du pôle, l'Auroch et l'Éléphant mêlés ensemble dans le val d'Arno (1)! Quel juste sujet d'étonnement pour ceux qui font vivre et mourir ces quadrupèdes sur les lieux mêmes où ils se trouvent fossiles!

Quelque abondantes que soient les dépouilles fossiles dans les cavernes et dans les brèches osseuses, elles le sont encore moins que sur le littoral de la Sibérie et les côtes de la mer glaciale. Les îles situées entre la Lena et l'Indighirka, sauf quelques roches en petit nombre, n'offrent, disent les naturalistes qui ont visité ces contrées, qu'un terrain d'ossemens de grands mammifères, originaires de l'Asie et de l'Amérique du nord, tels que des Éléphans, des Rhinocéros à narines cloisonnées, des Bufles musqués du Canada. Quelques-uns de ces mammifères ensevelis dans les glaces de ces régions s'y sont conservés jusqu'à nos jours dans l'intégrité de leurs parties, et ce qui est bien plus étonnant, avec leur chair, leur peau et leurs poils! A ce sujet, les mêmes naturalistes font la remarque importante que ces restes de quadrupèdes sont aussi rares dans la partie supérieure des fleuves, qu'ils sont abondans sur les côtes de la mer glaciale (2).

Si, aux fossiles dont il a déjà été parlé ici, on ajoute quelques cétacés trouvés dans les terrains meubles de la Grande-Bretagne, dans ceux de la France, qui vraisemblablement appartiennent à cette même formation; on a à peu près tout ce que nous savons à cet égard,

(1) Cuv., *Recherch. sur les Oss. foss.*, t. 4, p. 486.
(2) Patrin, *Dict. d'Hist. nat.*, verbo *Fossiles*.

touchant les Terrains tertiaires de la grande formation de transport. Or, il se déduit de là la conséquence suivante :

DEUXIÈME CARACTÈRE. *Les débris organiques de la Grande formation de transport sont autres que ceux des formations secondaires, et leur disposition est notablement différente.*

On a vu en effet, par ce qui précède, que les coquillages fossiles renfermés dans cette formation, appartiennent en général à la mer voisine, et qu'ils sont entassés sans aucun ordre. Comme on l'a remarqué dans les chapitres précédens, il n'en est pas de même dans les Terrains secondaires. Les coquillages dans ceux-ci, appartiennent en général à des mers lointaines ; une multitude n'ont point d'analogues parmi ceux actuellement vivans, et lorsque les couches en renferment de bivalves, ils s'y montrent presque toujours dans leur position naturelle, c'est-à-dire leur valve supérieure en haut.

TROISIÈME CARACTÈRE. *La Grande formation de transport, est généralement répandue sans cependant être universelle. Elle se montre sur tous les continens, mais elle n'en recouvre qu'une petite partie au voisinage de la mer et dans la partie occidentale de ces continens.*

On vient de voir, dans ce qui précède, que les Terrains tertiaires de la grande formation de transport, se trouvent dans toutes les parties du monde, en Europe, en Afrique, en Amérique, à la Nouvelle-Hollande, et on a dû remarquer que partout c'est sur la côte occidentale des continens et à une médiocre élévation, que se montrent ces terrains. On a vu aussi qu'ils ne s'étendent pas très-loin dans l'intérieur des terres. En d'autres mots, que leur développement n'est que partiel quoique général. Il serait sans doute superflu de revenir ici sur ce sujet.

Quatrième caractère. *Il y a eu vers le pôle boréal de la Terre lors du dernier cataclysme, des courans dirigés du nord au sud.*

Dans les provinces septentrionales de la Russie, on trouve des débris de bois avec les dépouilles d'Éléphans et autres quadrupèdes fossiles. La pétrification est plus ou moins avancée dans les arbres placés les uns à côté des autres. Les chênes qui s'y montrent, ne sont point pétrifiés; on peut les employer dans les arts, et comme il n'en croît point actuellement dans ces climats, ils y ont été nécessairement apportés d'ailleurs, ou bien le climat a changé depuis. La cime de ces diverses sortes d'arbres, (fait digne de remarque), est inclinée au sud-est et au sud-ouest. La force qui les a renversés ou transportés, avait donc sa direction du nord au sud. Ces bois fossiles se montrent dans tout le nord de la Russie, près et loin des rivières ; une grande épaisseur de sable les recouvre (1).

En Suède, les terrains couverts de matériaux meubles, se composent de graviers de diverses grosseurs. Ils sont roulés et appartiennent à des roches primitives et intermédiaires. Par la disposition de ces galets ou de ces graviers, on voit qu'ils ont été voiturés sur ces vastes contrées par un courant dirigé du nord au sud. D'ailleurs, la présence de galets provenant des roches de Suède, sur les côtes septentrionales de l'Allemagne, démontre le fait bien plus clairement encore (2).

Selon les observations de M. Hayden, l'Amérique du nord offrirait le long de la mer Atlantique, des traces

(1) *Bull. Fér.*, 1825, p. 310.
(2) *Ibid.*, p. 290.

irrécusables d'un courant pareillement dirigé du nord au sud, dans les anciens et derniers attérissemens (1). S'il faut en croire un autre géologue des États-Unis d'Amérique, la surface non décomposée des roches de ces contrées, attesterait qu'elles ont été polies par l'effet des courans voiturant sans doute des graviers. En Europe, ajoute-t-il, la culture du sol peut avoir effacé ces traces ; mais en Amérique, il est évident qu'il y a eu un déluge qui a passé du nord au sud (2).

CINQUIÈME CARACTÈRE. *Les Terrains tertiaires de la grande formation de transport, offrent tous les caractères d'une formation indépendante, et tout y montre clairement qu'ils sont dûs à une irruption de la mer, subite, de peu de durée et dirigée de l'ouest à l'est.*

Le premier caractère attestant l'indépendance d'une formation, est sa superposition sur des formations différentes l'une de l'autre. Or, on a déjà vu précédemment, que les Terrains tertiaires de la grande formation de transport, se montrent tantôt sur les diverses parties du Dépôt gypseux et du Dépôt parisien, comme dans les Landes d'Aquitaine, tantôt sur l'*avant-dernier Dépôt*, comme au sud d'Agen ; tantôt sur le Dépôt crayeux comme en Normandie et en Suède ; tantôt sur le Dépôt jurassique comme à Cette, Nice, Antibes, etc. ; tantôt sur les sables et graviers du fond des vallées appartenant aux dernières formations secondaires, comme en Sibérie, au val d'Arno, et vraisemblablement en une multitude d'autres lieux. Le deuxième caractère de cette indépendance, est fourni par la différence notable des fossiles qu'elle renferme. Dans les formations secondaires, la majeure partie des fossiles appartient au bassin de la mer des tropiques ou à des

(1) *Bull. Fér.*, 1824, p. 226.
(2) *Ibid*, 1827, t. 1, p. 205.

mers lointaines. Il en est autrement dans les Terrains tertiaires de la grande formation de transport. Ils appartiennent toujours dans ceux-ci à la mer voisine, et sont identiques ou du moins analogues à ceux qu'elle nourrit. Parmi ces fossiles, il en est d'ailleurs qui sont de nature à caractériser une formation indépendante. Car on y rencontre des ossemens humains, des ossemens de Chameau, tandis que toutes les recherches pour les trouver dans les Terrains secondaires ont été vaines et infructueuses. D'ailleurs, comme il a été déjà observé, les matériaux de formation, au lieu d'y être disposés les uns au-dessus des autres, s'y trouvent presque toujours entassés pêle-mêle sans aucun ordre.

Le peu d'épaisseur des Terrains de la grande formation de transport, leur peu d'étendue, l'identité des coquillages avec ceux que nourrit la mer voisine, l'identité surtout des matériaux de transport appartenant en partie aux lieux mêmes ; enfin, l'accumulation de ces matériaux de formation dans les diverses cavités, ou sur la côte, ou non loin de la côte, attestent qu'ils sont dûs à une invasion de la mer, violente, mais de peu de durée. D'un autre coté, l'accumulation de ces matériaux de formation sur les côtes occidentales des continens, pendant qu'ils ne se montrent nulle part sur les côtes orientales, attestent que l'invasion de la mer était dirigée d'occident en orient ; c'est-à-dire dans le sens même de la révolution diurne du Globe terrestre. Enfin, le désordre qui a évidemment présidé partout à l'arrangement de ces matériaux, atteste que cette invasion de peu de durée a été subite ; car ces matériaux, s'il en eût été autrement, se trouveraient rangés au-dessus les uns des autres, selon l'ordre de leurs pesanteurs respectives, au lieu de se montrer mêlés comme au hasard les uns avec les autres. Cette dernière circonstance est encore attestée par les gros pachidermes des régions voisines de l'équateur, ensevelis dans les glaces du pôle boréal avec leur chair et leurs poils. Car s'il est une chose évidente, c'est que ces animaux ne peuvent avoir été apportés là que par des flots, dont la congélation les a enveloppés dans leur intégrité, et les y a conservés jusqu'à nos jours. On a dit, il est vrai, que ces quadrupèdes auraient pu vivre jadis sur les lieux mêmes où ils se trouvent, et il faut convenir que les crins accompagnés de poils laineux, dont leur cuir est revêtu, semblent au premier abord, donner une grande probabilité à cette assertion. Mais dès qu'on y regarde de plus près, on s'aperçoit bientôt qu'il est presque impossible de croire qu'avec ce faible secours, ils aient pu endurer les froids si rigoureux et si longs du climat glacé de la Sibérie. D'ailleurs, comment auraient-ils trouvé les végétaux nécessaires pour leur nourriture, dans ces régions dépouillées de toute végétation pendant les trois quarts de l'année? Pour les faire vivre dans ces contrées inhospitalières, il faudrait supposer qu'à l'époque où elles nourrissaient ces animaux, leur température était moins froide qu'à présent, supposition toute gratuite, puisque selon l'observation, le décroissement de la prétendue chaleur primitive du globe terrestre, ne paraît être qu'une hypothèse hasardée sans preuve, qu'une vaine chimère.

SixièMe caractère. *En Auvergne, on voit des produits volcaniques et pseudovolcaniques*, alternant avec les sables et graviers qui recouvrent les formations sécondaires les plus récentes de ces contrées.

Ces alternats de graviers et de matières volcaniques, reposent sur un calcaire à coquilles d'eau douce dont la formation n'a pu encore être déterminée avec précision. A Boutaresse, au-dessous d'un de ces amas volcaniques, dans une terre sableuse et crétacée, se trouvent des branches et des racines d'arbres, la plupart carbonisées. Parmi ces fossiles, on en a découvert un fort intéressant ; c'est une planche travaillée par la main de l'homme. Elle paraît avoir été dressée à coups de hache ; le travail de la scie ne s'y montre pas. On y reconnaît un tronçon de pin, car les nœuds alternes et parallèles qu'elle offre, dénotent l'embranchement de ces sortes d'arbres (1).

La superposition de ces alternats au-dessus d'un calcaire à coquilles d'eau douce et de formation très-récente, leur gisement au milieu et au-dessus des graviers superficiels, leur petite élévation entre deux cent et deux cent soixante mètres au-dessus de la mer ; enfin, la terre sablonneuse avec des fossiles offrant l'empreinte de la main des hommes qu'ils recouvrent en certains lieux, ne permettent guère de douter qu'ils ne fassent partie des Terrains tertiaires de la grande formation de transport. Cependant ces contrées sont trop imparfaitement connues pour qu'il soit permis de l'affirmer.

§ II.

DÉLUGE DE DEUCALION.

Cataclysme du temps de Josué (2).

Les détails historiques du cataclysme auquel sont dûs les Terrains tertiaires de la grande formation de transport, se trouvent chez tous les peuples dont l'existence

_____

(1) Deveze et Bouillet, *Essai sur les ter. d'Issoire*, p. 16.

(2) Toute la matière traitée dans ce § second a été extraite d'un mémoire manuscrit, lu en 1820 dans une séance de la Société d'agricul-

remonte au-delà des temps où la chronologie commence à fournir des dates certaines. On en trouve chez les Grecs, chez les Égyptiens, chez les Hébreux. Tous ces documens sont présentés sous des points de vue si différens chez ces trois anciens peuples, que personne pour ainsi dire, ne paraît encore avoir songé aux rapports de relation qu'ils ont entre eux. Car, qui est-ce qui jamais a tenté de rattacher la tradition relative aux déluges d'Ogygès ou de Deucalion, avec la tradition égyptienne relative au cataclysme pendant lequel les terres atlantiques ont disparu sous les flots de la mer, et surtout à la partie de l'histoire des Hébreux, rapportant que le soleil et la lune au temps de Josué, ont suspendu leur course pendant la durée d'un jour entier ? Cependant, on va voir que l'affinité de relation entre tous ces faits, en apparence étrangers les uns aux autres, est certaine et incontestable.

D'abord, les déluges de Deucalion et d'Ogygès dans l'histoire grecque, ne sont qu'un seul cataclysme, et l'un et l'autre ne peuvent être qu'un déluge partiel différent de celui de Noë. Il est impossible de se refuser à admettre cette conclusion, dès qu'on examine soigneusement les détails qui y sont relatifs. Si on y a cousu maladroitement des traits qui se rapportent évidemment au déluge de Noë, c'est tout-à-fait mal à propos, car tous les autres détails, annonçant un déluge partiel, ne sauraient convenir à celui-ci qui fut universel. D'ailleurs le déluge de Noë est antérieur à celui de Deucalion, de plus de huit cent ans selon la chronologie vulgairement suivie, et si on consulte celle des Septante ou du texte samaritain comparé avec les marbres

ture, sciences et arts d'Agen, par **M. P*****, ancien oratorien savant aussi respectable que modeste, et dont l'auteur s'honore d'être l'élève et l'ami.

d'Arondel, l'intervalle qui sépare ces deux déluges est encore bien plus considérable. Ainsi, l'un n'est pas l'autre. Il faut donc se résoudre à dire, que la confusion de ce déluge avec celui de Noë, a pu obscurcir la tradition des Grecs; mais qu'il n'en résulte pas moins de leur histoire, qu'il y a eu un déluge partiel appelé déluge de Deucalion par les Hellènes, et déluge d'Ogygès par les habitans de l'Attique.

Cette confusion de deux déluges en un seul, leur est d'ailleurs reprochée par les prêtres égyptiens dans cette conversation avec Solon qui se trouve rapportée dans le *Timée* de Platon, et dont voici le texte :

« Vous autres Grecs, disent ces prêtres, vous n'avez
« conservé la mémoire que d'un seul déluge; cepen-
« dant il y en a eu plusieurs. »

« Les annales écrites des Égyptiens, rapportent avec
« quelle énergie votre nation repoussa ces hommes,
« qui, sortant de la mer Atlantique comme un tor-
« rent, venaient ravager l'Europe et l'Asie...... En ce
« temps là le détroit, que vous appelez les *colonnes*
« *d'Hercule*, était navigable; et au-delà, à l'entrée
« de l'océan Atlantique, on voyait une île plus grande,
« plus vaste que la Lybie et l'Asie réunies ensemble.
« On la nommait Atlantide, et elle était gouvernée
« par plusieurs rois très-riches et très-puissans.... Un
« déluge accompagné de tremblemens de terre, qui
« dura l'espace d'un jour et d'une nuit (vingt-quatre
« heures), engouffra toutes ces nations belliqueuses; et
« l'Atlantide elle-même, abîmée sous les flots, dispa-
« rut entièrement. De là, la difficulté qu'il y a mainte-
« nant pour passer le détroit à cause de l'accumulation
« des matériaux meubles, provenant de la destruction
« de cette grande île que la mer y a apportés (1). »

(1) Post autem diluvium et Terræ motum intemperies extitisset

Ainsi, le dernier cataclysme dont les annales écrites des prêtres égyptiens avaient conservé la mémoire, n'avait duré que vingt-quatre heures, et en outre, il avait été accompagné de tremblemens de terre si violens que l'Atlantide s'était entièrement abîmée sous les flots. Ces deux circonstances sont de la plus grande importance pour expliquer la formation des Terrains tertiaires de transport.

S'il y avait eu un grand nombre de déluges, il serait fort difficile de démontrer l'identité de celui dont parlent les prêtres égyptiens avec le cataclysme des Grecs. Heureusement il n'y en a eu que deux, et pour montrer cette identité, il suffit de faire remarquer, que le déluge de Deucalion et celui dont parlent les Égyptiens, remontent l'un et l'autre aux premiers temps de l'organisation des sociétés dans la Grèce; car se trouvant ainsi contemporains, et ni l'un ni l'autre n'étant évidemment le déluge universel, il s'ensuit qu'ils sont identiques.

Au surplus, Apollodore dit, que le déluge de Deucalion fut grand : la tradition de Phrygie suppose qu'il s'étendait sur l'Asie mineure, et Diodore de Sicile pense qu'il aurait bien pu s'étendre jusqu'à la Haute-Égypte (1).

Au moyen de ces documens historiques, on connaît déjà la durée du déluge de Deucalion, les convulsions du Globe qui l'ont accompagné, et l'étendue du cata-

---

unius noctis et diei spatio, omne illud bellicosorum hominum genus in terram absortum fuit, illaque Atlantica insula maris fluctibus planè obvoluta omnino disparuit. Undè illud mare trajectu difficile est, quum lutum adhuc copiosum ex insula illius reliquiis remanserit.

(*Plato in Timeo.*)

(1) Cuvier, *Notice sur les Déluges*, classiq. de Lemaire, Œuvres d'Ovide.

clysme au moins en Europe et dans les contrées voisines. L'histoire des Hébreux va nous apprendre le reste
en nous disant, qu'au temps de Josué, le soleil et la
lune ont suspendu leur course pendant la durée d'un
jour entier. Car la relation de ce fait extraordinaire et
inoui avec le dernier déluge des prêtres égyptiens ou
de Deucalion, quoique restée jusqu'à présent inaper-
çue, n'en est pas moins certaine et indubitable. En effet, le soleil ayant suspendu sa course pendant la durée d'un jour entier, c'est-à-dire la terre ayant cessé de
tourner sur son axe pendant douze heures, il a dû en
résulter un déluge précisément de même durée que
celui de Deucalion ou des prêtres égyptiens. Et d'ailleurs, ce dérangement dans la succession des lois astronomiques, se trouvant remonter précisément encore
à la même époque, c'est-à-dire vers les premiers temps
de l'établissement des sociétés dans la Grèce, il doit
nécessairement y avoir eu identité de causes et de résultats entre ces trois faits ; mais tout cela demande d'ê-
tre plus amplement développé. Commençons par le
texte du récit biblique.

« Josué étant parti de Galgala pour se porter sur les
« hauteurs de Gabaon avec toute son armée, compo-
« sée de vaillans hommes, le Seigneur lui dit : Que
« les Amorrhéens ne t'inspirent nulle crainte! je t'ai
« livré toute leur armée, aucun d'eux ne pourra te ré-
« sister. Josué ayant marché toute la nuit, tomba à
« l'improviste sur le camp des ennemis. Le Seigneur
« les remplit d'épouvante à la vue d'Israël ; il en fit un
« grand carnage à Gabaon, les poursuivit dans le che-
« min qui conduit à Bethoron et les chargea jusqu'à
« Azeca et Maceda. A la descente de Bethoron, pen-
« dant qu'ils fuyaient devant les enfans d'Israël, le
« Seigneur fit pleuvoir sur eux de grosses pierres jus-

« qu'à Azeca, et il en périt par cette terrible grêle un
« plus grand nombre que n'en avait frappé le glaive
« des enfans d'Israël. Ce fut alors que Josué adressant
« sa prière au Seigneur, dit devant l'armée d'Israël :
« soleil, arrête-toi au-dessus de Gabaon, et toi lune,
« au-dessus de la vallée d'Aïalon ; et le soleil ainsi que
« la lune, s'arrêtèrent jusqu'à ce que le peuple (de
« Dieu) eût consommé la déroute de ses ennemis.
« Tout cela n'est-il pas rapporté dans le *Livre des*
« *Justes ?* Le soleil s'arrêta donc à son commande-
« ment ; il suspendit sa course vers le couchant pen-
« dant la durée d'un jour entier, et jamais ni aupara-
« vant, ni après il n'y eut un aussi long jour (1). »

Ce fait, qu'au temps de Josué, il y eut un jour double en durée d'un jour ordinaire (2), c'est-à-dire, un
jour de vingt-quatre heures, trouvera plus d'un incré-
dule. Néanmoins quelque surprenant, quelqu'extraordinaire qu'il soit, il n'est pas moins incontestable qu'il est
historique, et qui plus est, l'histoire offre bien peu de
faits dont la certitude soit aussi bien établie. Car on le
retrouve sous le déguisement d'une double nuit, ainsi
que cela doit être, dans toutes les traditions, dans celles
des Latins, comme dans celles des Grecs.

>   Ipse Deum genitor.............
>   Commisit noctes in sua vota duas.
>   (Ovid. *Amor*, l. 1, el. 13.)
>
>   Jupiter Alcmene geminos requieverat arctos
>   Et Cœlum noctu bis sine Rege fuit.
>   (*Prop.*, l. 2, el. 22.)
>
>   Cessavere vices rerum dilatataque longà
>   Hœsit nocte dies, legi non paruit æter.
>   (*Lucan. Phars.*, l. 6,)

(1) Josué, x, 7 à 14.
(2) *Et una dies facta est quasi duo* (Ecclesiastic., XLVI, 5.)

Enfin, personne n'ignore que c'est pendant la double nuit des traditions grecques, qu'Hercule, le plus célèbre de leurs demi-dieux, fut créé dans le sein d'Alcmène (1).

Or, que cette double nuit des traditions grecques et latines, soit un fait identique avec le double jour de l'histoire hébraïque, c'est ce dont il est impossible de douter ; car lorsque le soleil s'arrêta dans sa course, le jour commençait à peine pour la Palestine; en sorte qu'il était encore nuit pour la Grèce, et à plus forte raison pour les contrées plus occidentales, telles que l'Italie. Cela résulte incontestablement des circonstances qui accompagnent le récit du fait dans l'histoire des Hébreux; mais pour le montrer, il devient indispensable de développer ici auparavant, quelques conséquences y relatives qui se déduisent du texte même.

Première conséquence. *Josué se trouvait vers la position de Béthoron l'inférieur, au moment ou le soleil suspendit sa course.* La position de Béthoron l'inférieur, relativement à Azeca et Maceda dans la direction desquels, selon le récit, les Chananéens en déroute s'enfuyaient accablés par une grêle d'Aërolithes, ne permet point de doute à cet égard.

Deuxième conséquence. *Vu de Béthoron l'inférieur, le soleil avait en ce moment 24 degrés 10 minutes environ d'amplitude ortive nord.* Selon le récit biblique, le soleil était sur le vertical de Gabaon relativement

____

(1) Il est des auteurs qui supposent que cette nuit fut aussi longue en durée que trois nuits ordinaires. Leur erreur est sans doute basée sur le raisonnement suivant. Entre deux nuits, il y a nécessairement un jour qui les unit; or, deux nuits ne pouvant être réunies que par l'obscurcissement de ce jour intermédiaire, il s'ensuit que les ténèbres ont dû se prolonger pendant la durée de trois nuits. Comme on voit, leur erreur provient de ce qu'ils ont gratuitement supposé que la course du soleil n'avait point été interrompue.

aux Israëlites placés, comme on vient de voir, vers Béthoron l'inférieur. Or, quelle était la position respective de ces deux villes ? Consultons les cartes géographiques de la Judée, qui passent pour être les plus exactes. Ouvrons celle qui se trouve dans la belle édition française de Flavien Josèphe, dressée par Duval. Jetons aussi les yeux sur le grand atlas de Sanson, sur les cartes de la Palestine qui ont pour auteur Ph. de la Rue; on y voit que la ville de Gabaon était située à l'orient de Béthoron, mais un peu plus avancée du côté du nord. Ainsi l'avait vu le fameux J. Leclerc, et à cet égard, sa persuasion était telle, qu'il prétendait en conclure la fausseté du récit, parce que le soleil, disait-il, n'aurait pu paraître vertical sur un lieu plus avancé vers le nord que le lieu de l'observation. Sans doute, l'opinion de certains écrivains, qui ont cru devoir ôter Gabaon de sa place pour le porter plus loin vers le midi, n'avait pas d'autre fondement que ce singulier préjugé. Mais M. Léclerc, et ceux qui l'ont suivi, se trompent étrangement; car quoique Paris, par exemple, soit plus au nord que Versailles, il y a cependant des momens dans les matinées d'été, où le soleil vu de Versailles, paraît vertical sur Paris. Or, la position de Gabaon par rapport à Béthoron, est sensiblement la même que celle de Paris par rapport à Versailles, comme on peut le voir dans les cartes citées, lesquelles n'ont été dressées dans l'intérêt d'aucun opinion.

La carte de Duval fournirait des résultats bien plus favorables que les autres au but vers lequel on tend ici. Pour éviter tout reproche de partialité, on lui préférera l'atlas de Sanson, l'un des plus renommés pour la géographie ancienne, et dans cet atlas on choisira la carte ayant pour titre *Regnum salomonicum*, qui paraît être l'une des plus soignées.

Par le point de Béthoron sur cette carte, tirons deux lignes, l'une parallèle à l'équateur, l'autre passant par le point de Gabaon. L'angle formé par ces deux lignes est ce qu'on appelle amplitude ortive quand il s'agit des astres. Mesurons cet angle. Il est d'environ 24 degrés, 10 minutes.

Remarquons ici que cet angle serait un peu plus petit sur la carte de Duval, un peu plus grand sur celle de Salgues, qui est la quatrième de l'Atlas géographique, publié en 1822, pour l'usage des colléges. On voit par là, que la carte de Sanson, qui a été préférée, tient un juste milieu entre celle de Salgues et celle de Duval; qu'elle partage la différence et par conséquent est censée se rapprocher d'avantage de la vérité.

Ainsi, la ville de Gabaon, vue de Béthoron, devait être rapportée à un point de l'horizon éloigné du point Est, d'environ 24 degrés 10 minutes d'amplitude ortive nord, lorsque vu de Béthoron, il paraissait au-dessus de Gabaon selon l'expression du texte.

Troisième conséquence. *Le jour où la course du soleil fut suspendue, est postérieur au 20 mars et antérieur au 24 juillet.* On voit sur la même carte de Sanson, que Béthoron était à 31 degrés 53 minutes de latitude. Calculant sur cette donnée jointe aux précédentes, on trouve, que pour un spectateur placé vers Béthoron, le soleil devait se lever derrière Gabaon, à deux époques de l'année : l'une correspondant à notre 20 mars, l'autre au 24 juillet. Et comme le jour de l'événement, le soleil s'était levé un peu plus du côté du nord que Gabaon, puisqu'il était déjà parvenu au vertical de cette ville lorsqu'il suspendit sa course, il s'ensuit que le jour de l'événement doit être postérieur au 20 mars et antérieur au 24 juillet.

Quatrième conséquence. C'est vers le 5 juillet que doit être placée la date de ce mémorable événement. Le texte nous apprend, que ce fait est postérieur au passage du Jourdain. Or, à quelle époque ce passage eut-il lieu ? Il eut lieu dans le temps de la moisson des orges, qui est la première de l'année, et où le fleuve regorge par-dessus ses bords : ce sont les paroles mêmes de l'Écriture (1). Ces deux circonstances désignent le commencement d'avril, car la moisson des orges se faisant en Égypte un peu avant la fin de mars (2), il s'ensuit que dans la Palestine, située au nord de cette contrée, elle devait se faire un peu plus tard, c'est-à-dire, dans le commencement d'avril. D'ailleurs, c'est en mars et avril que la fonte des neiges grossit considérablement les rivières de ce pays (3). Ce fut donc au commencement d'avril, quelques dix jours après l'équinoxe du printemps, que les Israélites passèrent le Jourdain. Remarquons en outre que le texte dit aussi que ce mémorable passage eut lieu le dixième jour du premier mois (4) ; d'où il faut induire que ce premier mois avait commencé avec l'équinoxe du printemps, et c'est précisément là que l'on place le commencement du premier mois de l'année sainte chez les Hébreux (5).

Depuis le passage du Jourdain jusqu'à la déroute des Amorrhéens devant Gabaon, il se fit une foule de

---

(1) Jos., iii, 16.
(2) *Paulo post ante calendas aprilis.* (Plin., l. 18, s. 47.)
(3) Ali-Bey, voy. iii, p. 231.
(4) Jos., iv, 19.
(5) D. Calm., Diss. et autres Comment.

choses dont on lit les détails aux chapitres v, vi, vii, viii, ix de Josué. Sans doute, il ne fallait pas moins pour tout cela, que le temps compris entre le commencement d'avril et le 24 juillet ; mais, ce 24 juillet étant une limite au-delà de laquelle on ne peut passer pour les motifs déjà déduits ; tout ce que l'on peut faire ici, c'est de se rapprocher de cette date le plus qu'il est possible sans nuire à la concordance des lois astronomiques avec le récit de Josué et avec les traditions hébraïques. Or, tout concorde au mieux si on prend le parti de placer cet événement vers le 5 du mois de juillet ; en effet :

1º. Au 5 juillet, les jours n'ayant diminué que de 5 ou 6 minutes, on se trouve très-rapproché du solstice ; ce qui concorde avec les traditions hébraïques, d'après lesquelles le fait eut lieu vers le solstice (1) ;

2º Le 5 juillet coïncide avec le milieu du quatrième mois à dater de l'équinoxe ; car il y en a trois jusqu'au solstice, et le 5 juillet dépasse ce solstice de treize à quatorze jours ; ce qui concorde avec ces mêmes traditions hébraïques, qui fixent la date du fait au mois de *tammus*, le quatrième de l'année sainte (2) ;

3º Puisque Josué commanda aussi à la lune de s'arrêter, elle devait attirer l'attention, par conséquent être très-saillante dans le ciel ; ce qui suppose deux choses : la première, que le soleil était vers l'horizon, car à mesure qu'il monte, surtout en été, la lune pâlit tellement qu'on a de la peine à l'apercevoir ; la seconde, que la lune était alors loin du soleil, car lorsqu'elle en est voisine elle se perd dans ses rayons d'autant plus aisément que son croissant est en ce moment là fort petit. Or, on a prouvé précédemment par les cartes

____

(1) D. Calm., Diss. sur Jos.
(2) D. Calm. et autres comment.

de Duval et de La Rue, que le soleil lorsqu'il s'arrêta était vers l'orient d'été, par rapport à la Judée. De là, il résulte que la lune était vers l'occident d'hiver, tirant au midi ; ce qui concorde avec le récit biblique ; car dans la carte de La Rue, on voit précisément vers le midi, la ville d'Aïalon, au-dessus de la vallée de laquelle la lune s'arrêta.

4° Le soleil et la lune paraissant selon le texte l'un au-dessus de Gabaon, l'autre au-dessus de la vallée d'Aïalon, il s'ensuit qu'ils étaient l'un et l'autre près de l'horizon ; car un astre vu d'un point quelconque ne peut paraître vertical sur un autre point de la Terre, que quand cet astre a peu de hauteur, ce dont il est facile de se convaincre par l'observation. Ainsi, le soleil et la lune, situés, l'un vers l'orient d'été, l'autre vers l'occident d'hiver, avaient peu de hauteur horizontale. Or, une telle position suppose évidemment que la lune avait alors passé le plein, et se trouvait dans son troisième quartier, ce qui concorde au mieux, comme on va voir, avec les circonstances du récit.

Les Israélites firent la Pâque quatre jours après le passage du Jourdain. Il suit de là, que s'ils le passèrent dans les premiers jours d'avril, la Pâque dût être faite dans la première semaine de ce mois. Or, la Pâque se faisait toujours en pleine lune : donc, la pleine lune avait eu lieu dans la première semaine d'avril et vers le 4 ou le 5. Ainsi, elle dût être pleine vers le 1ᵉʳ ou le 2 ; car, depuis le 4 avril jusqu'au 2 juillet, il faut compter trois fois 29 jours, 12 heures, 44 minutes ou trois lunaisons. Par conséquent elle venait de passer le plein et se trouvait à son troisième quartier le 5 de juillet, jour choisi pour fixer la date de l'événement.

Remarquons que cette concordance des lois ou des phénomènes astronomiques avec le récit de Josué et avec les traditions hébraïques, pour nous conduire concurremment à la même époque ou à la même date, est de nature à bannir toute espèce de doute et force pour ainsi dire, à reconnaître ici la vérité.

Cinquième conséquence. *Le soleil n'était levé que depuis 26 ou 27 minutes lorsqu'il s'est arrêté.* Si au moyen de toutes les données précédentes, on calcule pour un spectateur placé à Béthoron, 1° l'heure à laquelle le soleil se leva le 5 juillet; 2° l'heure à laquelle il dût ce jour-là passer au vertical de Gabaon où il s'arrêta, on trouve qu'il y parvint après 26 ou 27 minutes, à compter du moment où il parut sur l'horizon. C'est-à-dire, que relativement à un spectateur placé vers Béthoron, comme Josué, il fallut au soleil levant un intervalle de 26 à 27 minutes pour parvenir au vertical de Gabaon.

Il y avait donc 26 ou 27 minutes que le soleil était levé lorsqu'il s'arrêta. Ainsi, la matinée dura jusqu'à ce qu'il eût repris son cours, et cette circonstance dût concourir merveilleusement à seconder l'entreprise des enfans d'Israël, en tempérant la chaleur d'un aussi long jour d'été sous le ciel brûlant de la Syrie.

Il est des personnes qui se sont persuadées que lorsque le soleil s'arrêta, il était au milieu de sa course. Cette fausse croyance provient de ce qu'on a mal interprété les mots du texte *stetit itaque sol* IN MEDIO COELI. On a cru que ces mots signifiaient l'heure de midi, et l'on n'a point considéré, que le milieu du ciel étant par tous ses points, cette locution ne saurait rien désigner avec quelque précision. Au reste, tout dans le récit contredit cette version incorrecte et fallacieuse. *Josué ayant marché toute la nuit tombe à l'improviste sur le camp des ennemis.* Ces paroles sont claires ; il s'agit ici de la fin de la nuit ou du commencement du jour. En second lieu, la victoire n'est point disputée ; l'ennemi est mis en fuite par cette charge imprévue. Or, c'est dans ce moment que le soleil arrête sa course. C'est donc au commencement et non au milieu du jour qu'il s'est arrêté.

Telles sont les conséquences qui se déduisent du récit biblique. Reportons maintenant notre attention sur le sujet qui nous occupait avant de commencer cette discussion scientifique.

Que la double nuit des traditions grecques et latines, disions nous, soit identique avec le double jour de l'histoire des Hébreux, c'est ce dont il est impossible de douter. En effet, remarquons d'abord, que cette double nuit des Grecs et des Latins, démontre cette identité bien plus incontestablement que ne pourrait faire la tradition d'un double jour. Car on pourrait dire d'une pareille tradition qu'elle a sans doute été empruntée des Hébreux, tandis qu'on ne saurait le dire d'une double nuit. Certainement celle-ci ne peut avoir été prise que dans l'événement même, par des peuples aussi peu versés que les Grecs et les Latins dans les connaissances astronomiques, surtout à cette époque, car ces connaissances ne se sont introduites chez eux que fort long-temps après cet événement. D'ailleurs, leurs préjugés relativement à la forme de la Terre étaient tels, qu'ils auraient connu le fait d'un double jour pour la Palestine, sans pouvoir néanmoins en conclure qu'une double nuit avait dû, par cela même, couvrir d'autres contrées du Globe.

En second lieu, pour nous qui au contraire ne saurions concevoir qu'il y ait eu dans une contrée du monde un double jour, sans qu'il y ait eu en même temps une double nuit dans les contrés plus occidentales de la Terre, la question touchant l'identité de ces deux faits est tout entière dans le point de savoir, si lorsque le soleil s'arrêta dans sa course, la nuit durait encore pour la Grèce et pour l'Italie.

Or, la position de la Grèce par rapport à Béthoron l'inférieur, où se trouvait en ce moment l'armée d'Israël, est plus occidentale de 11 degrés, c'est-à-dire, de 44 minutes de temps, car le soleil parcourt 15 degrés par heure. Par conséquent le jour ne peut commencer pour la Grèce que 44 minutes après qu'il a commencé sous le méridien de Béthoron. Et puisque le soleil n'était levé pour cette position que depuis 26 ou 27 minutes seulement, il s'ensuit qu'il ne l'était point encore pour la Grèce, et à plus forte raison pour les contrées plus occidentales comme l'Italie.

Ainsi, lorsqu'il y a eu un double jour en Judée, il a dû y avoir une double nuit dans la Grèce et dans l'Italie. Et comme d'ailleurs il est certain que la double nuit des Grecs remonte à l'origine de leur organisation sociale, par conséquent aux temps de Moïse et de Josué qui vivaient alors, on ne peut douter que cette double nuit des traditions grecques et latines ne soit un fait identique avec le double jour de l'histoire des Hébreux.

Ainsi, ce double jour, quelqu'étrange, quelqu'incroyable qu'il soit, est un fait historique dont la certitude est tout aussi bien constatée, tout aussi indubitable, que celle de tel autre fait de l'histoire ancienne. On pourrait même dire qu'il l'est bien mieux, car il en est fort peu qui soient attestés par de pareilles preuves. Qu'il nous soit donc permis maintenant de partir de ce fait comme d'une donnée certaine, et de demander quelles ont dû en être les suites nécessaires et inévitables.

La marche du soleil et de la lune, parcourant chaque jour tout l'espace du ciel entre le levant et le couchant, n'est qu'une apparence trompeuse. En réalité, c'est la Terre, qui faisant tous les jours une révolution sur son axe, trompe ainsi nos sens. En nous disant donc que le soleil et la lune suspendirent leur course vers le couchant, pendant la durée d'un jour entier, l'Écriture nous dit tacitement par là, que pendant tout ce temps, la terre suspendit son mouvement diurne, ou si on l'aime mieux, cessa de tourner sur son axe.

Or, ainsi qu'on l'a remarqué au second chapitre, la Terre cessant de tourner sur son axe, il en résulte deux effets dont les conséquences sont ici extrêmement importantes. D'abord, l'immensité des eaux de la mer a dû continuer le mouvement qui lui était commun avec le Globe, et se répandre sur les continens, animée de la même quantité de mouvement qui faisait tourner la Terre. En second lieu, le Globe cessant d'être sollicité à s'applatir vers les pôles par ce mouvement, tend à reprendre sa forme spérique originelle, à se renfler vers les pôles, se contracter vers l'équateur; et ces effets de réaction produisent nécessairement des convulsions qui se manifestent par des tremblemens de terre, et des ruptures par lesquelles s'échappe la matière fluide de son intérieur. Tels ont été par conséquent les suites nécessaires de la cessation momentanée de mouvement dont parle le récit de Josué. Ainsi il y a eu, au temps où il commandait l'armée des enfans d'Israël, une invasion violente de la mer, une sorte de déluge dont la durée n'a été que de vingt-quatre heures. Car la quantité de mouvement qui anime le Globe terrestre lui faisant faire un tour en vingt-quatre heures, la mer, en envahissant les continens avec cette même quantité de mouvement, a dû nécessairement le conserver environ vingt-quatre heures.

On a déjà montré que le déluge de Deucalion ou d'Ogygès est identique avec celui dont les prêtres égyptiens ont parlé à Solon, et qui engoufra l'Atlantide; on va voir ici que le déluge arrivé sous Josué n'en est pas différent, et que tous trois ne sont qu'un seul et même cataclysme.

Plusieurs raisons concourent à montrer la vérité de cette assertion.

Premièrement. *Les dates du déluge de Deucalion ou d'Ogygès et du cataclysme de Josué se rapportent à la même époque.* Dans un temps si reculé et si obscur chez les profanes, dans un temps qui a précédé de plus de mille ans le siècle d'Hérodote, appelé père de l'histoire, dans un temps dont on ne peut avoir les dates avec quelque certitude; qu'en comptant par siècles, il suffit sans doute, pour affirmer que deux événemens sont contemporains, d'être assuré qu'ils ont eu lieu dans le même demi-siècle. Or, selon la chronologie vulgaire, le déluge de Deucalion remonte à l'an 2504 du monde; ce qui correspond avec la quarante-quatrième année de Josué; car selon cette même chronologie, la naissance de ce célèbre chef d'Israël remonte à 2460 ans. Que l'on ajoute à ce rapprochement de chiffres l'observation que les déluges sont les événemens les plus rares de l'histoire; l'on ne saurait plus douter que le déluge de Deucalion et celui de Josué ne soient un seul et même événement.

Au reste, tous les documens historiques conduisent

à cette conclusion. On lit dans les *Annales de Cedrenus*, qu'un fort grand homme, nommé *Ogygus*, de la postérité de Japhet, vivait au temps de Moïse (1), par conséquent de Josué, et on voit ailleurs qu'*Ogygès*, dont le nom est évidemment le même qu'*Ogygus*, était descendant de Japhet (2). Or Cedrenus, qui écrivait dans le onzième siècle, n'a fait qu'extraire des anciens auteurs, sans aucune critique, ce dont il a composé ses *Annales*. En lisant ce fait dans ses ouvrages, c'est donc comme si on le lisait dans les anciens mêmes. Enfin, cet Augias des fables grecques, dont il est dit qu'Hercule nétoya les étables par une inondation, ne serait-il pas le même qu'Ogygès? La différence de nom est fort légère ; d'ailleurs, on sait que l'histoire d'Hercule, par la double nuit des traditions grecques durant laquelle il fut créé, se rattache avec le cataclysme du temps de Josué, et par ses travaux au détroit de Gibraltar, avec les traditions égyptiennes relatives au déluge de vingt-quatre heures.

Secondement. *La durée de ces deux cataclysmes est la même.* Platon, dans le passage cité de son *Timée*, fait dire aux prêtres égyptiens, que le déluge dont ils parlent ne dura que l'espace d'un jour et d'une nuit, c'est-à-dire, vingt-quatre heures. Or, c'est aussi la durée du cataclysme de Josué, comme on vient de voir.

Troisièmement. *Ces déluges sont accompagnés des mêmes catastrophes.* On a déjà montré que le cataclysme du temps de Josué dut être accompagné de convulsions violentes, occasionnées dans le Globe terrestre par l'interruption de son mouvement diurne. Le déluge des prêtres égyptiens concourut pareille-

(1) Scalig. sur Euseb., n. 286.

(2) Chevreau, *Hist. du Mond.*, t. I, p. 215.

ment avec des tremblemens de terre, dont la violence
est attestée par la disparition de l'Atlantide, qui en
fut la suite. D'ailleurs, on fait concourir le déluge
d'Ogygès avec un dérangement dans les astres; ce qui
s'accorde bien mieux encore avec la station momentanée du soleil et de la lune au temps de Josué. A ce
propos, il faut remarquer ici, que pour réunir ainsi
des événemens de ce genre, on devait réellement les
avoir vus réunis; car les anciens Grecs, ignorant absolument le mouvement de rotation diurne du Globe
terrestre sur son axe, ignoraient par conséquent les
phénomènes qui doivent être le résultat nécessaire
de l'interruption momentanée de ce mouvement, et il
ne pouvait y avoir pour eux aucune relation entre un
dérangement dans les astres et un déluge. On se trouve
donc forcé de dire ici, que les Grecs ne peuvent être
soupçonnés d'avoir imaginé ce dérangement dans les
astres, et que s'ils le rattachent au déluge d'Ogygès,
c'est sans doute parce que la réalité de ce fait est pour
eux indubitable, et qu'ils en ont réellement été té-
moins.

Quatrièmement enfin. *La principale circonstance de
ces divers catacylsmes, savoir, la direction du courant
diluvien, est la même.* Selon le récit des prêtres égyptiens, les matières meubles provenant de la destruction de l'Atlantide, furent voiturées par la mer à l'entrée du détroit de Gibraltar, qui, navigable auparavant,
en fut encombré. Ce fait suppose que la direction des
eaux de ce déluge était d'occident en orient. Or, c'est
précisément aussi celle du cataclysme du temps de
Josué. Au reste, il est une foule d'autres circonstances
qui se rapportent aux uns comme aux autres, et dont
on ne dira rien ici, pour la raison qu'on les trouvera
dans le paragraphe suivant.

Ainsi, entre le déluge des Grecs, dit d'Ogygès ou de Deucalion, celui des prêtres égyptiens dans Platon et celui du temps de Josué, il y a conformité dans les dates, parité dans la durée du cataclysme, identité dans les catastrophes et dans les circonstances. On est donc forcé de conclure que ces trois événemens, quelque disparates, quelque étrangers les uns aux autres qu'ils puissent paraître au premier coup-d'œil, ne sont qu'un seul et même cataclysme.

§ III.

CONCORDANCE DES FAITS HISTORIQUES AVEC LES FAITS GÉOLOGIQUES.

En résumé, les faits qui viennent d'être discutés ici nous apprennent :

1° Que postérieurement au déluge universel, il y a eu un cataclysme dont la durée n'a été que de vingt-quatre heures seulement.

2° Que la cessation du mouvement diurne de la Terre pendant la durée d'un jour en a été la cause.

3° Qu'il a été accompagné de violentes commotions du Globe terrestre, dont l'effet a pu rompre les couches solides de sa surface, ou du moins, en rouvrir les anciennes fissures.

Depuis le déluge de Noë jusqu'au cataclysme du temps de Josué, que l'on désignera désormais ici par le nom de déluge de Deucalion, il s'était écoulé près de quinze siècles. Pendant ce temps, les torrens et les rivières avaient dû voiturer, dans le fond des mers, beaucoup de sables, et les coquillages, les polypiers ou autres animaux marins avaient eu le temps d'y former de la matière calcaire. D'ailleurs, après le rétablissement des choses qui suivit le déluge universel,

le fond du bassin des mers se trouva nécessairement composé en grande partie de sables ; car à chacune des invasions successives qui ont formé les bassins secondaires, la retraite des eaux trouvant sur
son passage les matériaux meubles de la formation,
les graviers secondaires du fond des vallées qu'elle y
avait déposés lors de l'invasion, les remaniait et emportait à la mer les moins lourds, qui sont les sables et
l'argile. Il devait y avoir aussi des débris de roches secondaires ; au moins, y avait-il des fragmens de celles
qui constituent la côte voisine. Enfin, les végétaux,
les hommes, les animaux de toute sorte qui avaient
échappé lors du déluge de Noë, avaient eu le temps
de se propager et de se répandre sur la surface de la
Terre. Ainsi, lors du déluge de Deucalion, le fond
des mers se composait, comme auparavant et comme
à présent, de sables, de matière calcaire pulvérulente
et d'argile, des végétaux qu'elle nourrit, et de cette
immensité de coquillages et autres animaux qui peuplent ses profondeurs. La Terre aussi était déjà,
comme auparavant, repeuplée d'animaux de toute
sorte.

Que l'on se représente maintenant la Terre cessant
de tourner sur son axe, et l'immensité des eaux de la
mer envahissant les continens, animées d'une quantité
de mouvement égale à celle qui leur était commune
avec le Globe. Sa vitesse vers l'équateur surpasse du
double celle d'un boulet de canon ; mais elle va diminuant progressivement jusqu'aux pôles, où elle se
trouve presque nulle. Au premier moment, tout se
passera de la même manière que lors des invasions
pendant lesquelles se sont déposés les Terrains secondaires proprement dits. Tout ce qui se sera trouvé sur
son passage, principalement au voisinage des régions

équinoxiales, aura été ravagé, arraché et voituré par
la violence de ce prodigieux courant. Les sables, la
matière calcaire, les galets formés de roches primitives, intermédiaires et secondaires, auront été transportés sur les continens. Les végétaux arrachés, les
hommes, les animaux saisis par le courant diluvien,
auront été noyés ou emportés loin de leur pays.

L'énorme masse des eaux de la mer Pacifique, après
avoir ravagé les côtes méridionales de l'Asie et tout
l'archipel indien, ne trouvant rien sur son passage
qui pût ralentir sa course, a dû se précipiter sur l'Amé-
mérique. Là, rencontrant les chaînes de montagnes qui
bordent toute la côte occidentale de ces vastes continens
et s'étendent presque d'un pôle à l'autre, elles ont été
arrêtées du moins en partie. Toutes les eaux qui n'ont
pu franchir ces énormes barrières, refoulées, partie
vers le midi, partie vers le nord, et forcées de suivre
de part et d'autre de l'équateur la direction de la
chaîne, ont dû ravager toutes ces côtes occidentales jusqu'à la racine des terrains pierreux. Arrivées vers les
poles, où le mouvement progressivement décroissant
était à peu près nul, et toujours accumulées vers ces
régions, les unes se seront répandues ensuite sur les
continens de l'Amérique du nord, de l'Asie et de l'Europe septentrionales; les autres se seront confondues
dans le bassin des mers australes, où il ne se trouve
point de grand continent.

Cependant, une partie des eaux de la mer Pacifique,
surtout vers l'équateur, où elle se trouvait animée
d'une quantité de mouvement double de celle d'un
boulet de canon, aura peut-être franchi l'énorme barrière de ces montagnes, et se précipitant avec violence
sur l'archipel des Antilles, sera venue joindre ses efforts
à ceux de la mer Atlantique.

Pareillement, l'immensité des eaux de l'Océan Atlantique s'est précipitée sur l'Afrique, sur l'Europe et sur l'Atlantide, qui en même temps, se trouvant agitée par les convulsions dont le Globe était saisi, s'est engouffrée et a disparu au milieu des flots. Les eaux des tropiques, où se trouvait la plus grande quantité de mouvement, n'ayant rencontré sur la côte occidentale de l'Afrique aucune chaine de hautes montagnes, aucune barrière intérieure qui fût capable d'arrêter la fureur de ses flots, a ravagé tout ce continent, couvert presque toute sa superficie des matériaux de transport qu'elle voiturait, c'est-à-dire, de sables ou de débris de coquillages, et après avoir converti en stériles déserts ces contrées, peut-être riantes et fécondes auparavant, elles ont été se réunir dans les Indes à la mer Pacifique, chargées encore de tous les corps flottants à leur surface, lesquels auront ainsi eu le même sort que ceux de cette dernière mer, ou bien, ils se seront échoués ensuite sur les côtes de l'Asie, de l'Amérique ou de l'Australie.

Quant à la partie des eaux de l'Océan Atlantique qui se sera précipitée sur les côtes de l'Europe, trouvant partout des hauteurs peu considérables, il est vrai, néanmoins suffisantes pour amortir peu à peu leur fureur, qui d'ailleurs se trouvait fort affaiblie à cause de la latitude déjà assez élevée de ces contrées, elle n'aura fait autre chose que ravager les côtes occidentales, couvrir les plaines peu élevées de sable, déposer des amas de graviers mêlés d'ossemens, des traînées, des monceaux de coquillages. De là, les dépôts de sable, tels que ceux des côtes de Portugal, de France, de Hollande, les dépôts de graviers superficiels des vallées voisines de la mer, ceux qui recouvrent en une multitude de lieux les collines secondaires, les amas de coquillages de la côte occidentale de France, d'Angleterre, etc., vulgairement connus sous le nom de *Falun*.

La partie de ces eaux qui n'aura pu se répandre sur les continens, aura été refoulée le long des côtes jusque sous le pôle arctique, où elle aura rencontré celles de la mer Pacifique arrivées aussi en ces lieux par le côté opposé, ainsi qu'il a été déjà dit. Là, continuellement accumulées par l'arrivée de nouveaux torrens, elles ont dû se répandre sur les continens septentrionaux de l'Europe et de l'Amérique, en formant un courant dirigé du nord au sud, courant qui a réellement eu lieu, puisque les arbres fossiles de ces contrées sont couchés dans cette direction. Ce qui constitue le quatrième caractère de la formation.

Une autre partie de l'Océan atlantique se sera précipitée par le détroit de Gibraltar, où il se sera ainsi établi un courant violent, sur les bords duquel, comme il arrive toujours, il y aura eu des tournoiemens qui auront permis aux corps flottans des animaux de s'échouer morts ou vivans sur les côtes méridonales et orientales de l'Espagne, sur la côte méridionale de la France, sur toutes les côtes de l'Italie et des îles de la Méditerranée.

Quant à la mer Méditerranée et aux autres mers intérieures, placées presque toutes à des distances écartées de l'équateur, leur mouvement a été moins considérable, et ne doit avoir produit qu'une grande marée, dont la violence n'aura pu leur faire franchir les barrières que les terrains, quelque peu élevés qu'ils soient, leur ont opposées. Aussi, après avoir inondé la Grèce, et y avoir produit le déluge de Deucalion, les flots ont vu leur fureur expirer sur les côtes de la Palestine. Les habitans de la Syrie, de l'Asie mineure, n'ont point dû s'en ressentir, et de là vient que l'*Histoire des Hébreux*, qui parle avec tant de précision de la station momentanée du Globe terrestre sur son axe, cause efficiente de cet effroyable bouleversement, ne dit pas un mot qui puisse faire soupçonner que la terre de Chanaan ait alors souffert, comme les contrées plus occidentales, une inondation digne d'occuper une place dans son histoire.

Remarquons soigneusement ici, que cette invasion de la mer ne doit point offrir une ressemblance exacte et parfaite avec celle qui a produit le déluge universel. Dans celle-ci, le bassin des mers soulevé ou détruit, ne s'étant rétabli que fort long-temps après, le Globe a dû se trouver, pendant tout ce temps, enseveli sous les eaux. Dans le déluge de Deucalion, il n'a pu en être de même. Si le bassin des mers a été aussi détruit ou soulevé par l'effet des convulsions que le Globe a éprouvées en faisant effort pour reprendre la forme sphérique que sa rotation diurne ne lui permet pas de garder, tout ayant été rétabli comme auparavant, immédiatement ou quelques heures après, il n'aura pu y avoir de submersion proprement dite. En effet, le Globe ayant repris son mouvement diurne immédiatement après, le bassin des mers s'est alors rétabli dans l'état où il était auparavant, et comme, d'ailleurs, l'impulsion des eaux de la mer était à peine assez forte pour lui faire faire le tour entier de la Terre en vingt-quatre heures, il est évident que la mer Pacifique et la mer Atlantique n'avient parcouru que la moitié du Globe lorsque leur impulsion s'est ralentie ou a cessé. Par ce rétablissement du bassin des mers immédiatement après leur soulèvement, il est même arrivé que l'océan Atlantique s'est engouffré dans le bassin de la mer Pacifique tout de suite après avoir franchi le continent de l'Afrique, et que la mer Pacifique, dans le cas même où elle aurait toute entière franchi le continent de l'Amérique, se sera engouffrée dans le bassin de la mer Atlantique. Entre le déluge universel et le déluge de Deucalion, il y a cette grande et capitale différence, que l'un a été une submersion totale et de longue durée, tandis que l'autre n'a été qu'une invasion passagère de très-courte durée, et qui évidemment n'a dû être et n'a été que partielle, puisque tout le vaste continent de l'Asie, à l'exception de ses côtes maritimes, n'a pu être submergé, et que vraisemblablement une grande partie de l'Europe, des deux Amériques, ne l'ont pas été non plus : ce qui constitue le troisième caractère de la formation.

Au reste, il a pu, il y a même eu, faut-il dire, une foule de petits bassins sans issues, dans lesquels l'eau aura séjourné jusqu'à sa complète évaporation. Si nous étions moins ignorans que nous sommes en géographie physique, on pourrait ici en parler avec quelque détail ; mais, dans l'état actuel de la science, lorsque nos cartes géographiques, au lieu d'être, comme on souhaiterait, de bonnes et exactes réductions de plans topographiques, ne sont réellement que de ridicules miniatures d'un simple travail d'arpentage, que pourrait-on dire de sensé sur ce sujet ? C'est seulement lorsqu'on pourra nous donner des cartes vraiment géographiques, sur lesquelles on puisse distinguer les divers bassins grands et petits de la surface du Globe, qu'il sera permis d'aborder franchement de pareilles matières.

Pendant cette violente tourmente du bassin des mers, les eaux roulaient les cailloux, voituraient les coquillages morts ou vivans, les sables, le calcaire pulvérulent qui couvre son fond, les argiles provenant du lavage des terres. Elles transportaient loin de leur pays les végétaux arrachés principalement aux contrées voisines de l'équateur, et les animaux saisis vivans par le courant du cataclysme. Que sont devenus tous ces matériaux de formation, ces débris des trois règnes de la nature *post-diluvienne?* De même que lors du déluge universel, ils se sont sans doute déposés ou échoués chacun d'une manière différente. Il devient donc nécessaire de les suivre ici chacun en particulier.

Sables et Graviers. Dans tous les lieux sur lesquels la mer est passée, il a dû se déposer des graviers et des sables toutes les fois que quelque obstacle a pu ralentir sa course. Le défaut de documens géologiques et géographiques y relatifs ne permet de dire ici rien de précis sur ce sujet. Tout ce qu'on peut affirmer, c'est qu'il a dû s'en déposer sur toutes les côtes occidentales du continent, des îles de l'Europe, de la Nouvelle-Hollande, mais principalement sur les côtes de la mer Méditerranée, où les courans venant de Gibraltar, ont pu y en apporter; c'est-à-dire dans les vallées et plaines basses, dans les petits bassins sans issues qui se trouvent sur les bords ou au voisinage de cette mer; qu'il a pareillement dû s'en déposer sur tout le continent de l'Afrique, sur toute la partie septentrionale de l'Europe, de l'Asie, de l'Amérique; qu'il a pu même s'en déposer sur le fond de certaines vallées dans l'intérieur des deux Amériques; mais en certains lieux seulement; car le plus ordinairement, les eaux qui auraient pu franchir les Cordilières, au lieu de laisser des dépôts, auront tout balayé, à cause de l'inclinaison des Terrains de ces contrées, qui, dirigés précisément de l'ouest à l'est, au lieu de ralentir les courans, a dû au contraire en augmenter la rapidité. Tout ce qu'on sait à cet égard se borne à quelques dépôts appartenant à cette formation, que l'on a re-connus sur quelques caps du détroit de Magellan. C'est aux naturalistes voyageurs qu'il appartient de nous apprendre quelles sont les contrées du monde où se montrent les Terrains tertiaires de transport si peu étudiés jusqu'à présent. Toutes ces particularités cons-tituent le troisième caractère de la formation.

Le mouvement de la mer qui a apporté ces graviers, ces sables, sur les continens, n'ayant duré que quel-ques heures, ces graviers n'ont pu faire beaucoup de chemin. Ils doivent donc nécessairement ressembler à ceux de la côte. D'ailleurs, ils renferment ordinaire-ment des fragmens de roches secondaires appartenant aux lieux mêmes, et des coquillages du pays.

Au premier abord, il semble que ces caractères, surtout celui des débris provenant des roches secon-daires, doivent les faire distinguer avec la plus grande facilité des graviers et sables appartenant au précé-dent cataclysme; cependant, rien n'est au contraire plus malaisé que cette distinction. Vu la parité de cause qui les a apportés, ils doivent se rencontrer ordinairement dans les mêmes lieux, et si les fragmens de roches secondaires ne se montrent point alors dans dans ces graviers, ce qui a pu arriver en une foule de lieux, comment pouvoir distinguer les quartz, les granits, les porphyres primitifs et intermédiaires dont ils se composent, puisque ces matières se ressemblent dans toutes les parties du monde? En pareil cas, il n'est que l'arrangement confus des fossiles et leur dis-tinction qui puissent conduire le géologue à une déter-mination probable de la formation. Encore, cette uni-que ressource ne saurait lui être toujours assurée. Les dépouilles fossiles peuvent s'être mêlées, comme il paraît que cela a eu lieu au célèbre val d'Arno, ainsi qu'en bien d'autres endroits, et leur distinction devenir par là très-difficile, si ce n'est, impossible.

Les huit cents ans écoulés depuis le déluge universel jusqu'au cataclysme de Dencalion, devaient avoir formé une certaine épaisseur d'alluvion terreuse. Cette épaisseur, à en juger par celle qui a eu lieu depuis cette époque, devait être déjà d'un demi-pied environ dans le fond des vallées. Ce caractère encore serait aussi commode que solide ; mais comment espérer de le retrouver ? Des courans violens voiturant des graviers, ont dû nécessairement emporter ces dépôts terreux. S'ils sont restés quelque part, ce ne peut être que dans des lieux abrités contre la fureur des flots, comme par exemple dans certaines cavernes, qu'ils auront pu rester intacts. Partout ailleurs, on ne saurait conserver l'espérance de les retrouver.

Coquillages. Le peu de durée de l'invasion, qui n'a pas permis aux eaux de la mer de se transporter au loin, force à conclure qu'elle ne peut avoir vomi sur les continens que des coquillages vivans actuellement dans la contrée même ou dans la mer voisine. En second lieu, l'agitation des vagues pendant le dépôt de ces coquillages, n'ayant pu permettre aux bivalves de se déposer régulièrement, leur valve supérieure tournée en haut, comme dans les formations secondaires, ils ont dû se déposer pêle-mêle, sans ordre, en longues trainées, en amas mélangés ou non, avec les autres matières de transport, et dans le plus complet désordre ; particularités toutes caractéristiques, au moyen desquelles il devient parfois facile de distinguer la formation tertiaire de transport de toutes les formations secondaires, et qui, réunies aux fragmens de roches secondaires des lieux mêmes que doivent souvent renfermer ces terrains, constituent le deuxième caractère de la formation.

Calcaire, Argile. Le calcaire, apporté du fond des mers sur les continens, ne peut s'être déposé, lors de cette irruption impétueuse, que dans des bassins fermés, où l'eau retenue étant ensuite devenue tranquille, lui aura permis de se déposer. Il aura dû par conséquent s'en précipiter dans les creux des rochers, dans les fentes ou crevasses verticales fermées ou qui auront pu se fermer, dans le fond des grottes et dans les cavernes. Peu abondante à cause de la courte durée de la tourmente, cette matière à moins de certaines circonstances favorables, n'aura fait que revêtir ou envelopper d'une mince croute les matières de transport déjà déposées, telles que graviers, ossemens, coquillages, ou remplir leurs interstices. Du reste, cet élément minéralogique ne saurait avoir été réparti que fort inégalement. Il peut s'en être trouvé plus abondamment sur tel point que sur tel autre, tout comme il peut avoir manqué totalement en certains lieux, même dans des contrées entières. On a vu qu'il avait nécessairement dû y avoir, au commencement du cataclysme, des convulsions capables de rompre la croûte solide du Globe, ou du moins, d'en rouvrir les anciennes fissures. Les eaux du déluge de Deucalion ont donc pu renfermer çà et là un peu de silice en solution, ce qui suffit, comme on a vu au chapitre précédent, pour qu'il se soit formé des pierres dures. Ainsi, il ne faut pas s'étonner, si après avoir remarqué le calcaire des Terrains tertiaires à l'état de carbonate de chaux concrétionné, on le trouve à l'état de marbre dur supportant le poli.

Pareillement l'argile provenant, soit du fond des

mers, soit du lavage des terres, n'a pu se déposer que dans des lieux semblables et dans les mêmes circonstances. A moins qu'il n'y ait eu trouble, pendant le dépôt, elle doit s'être placée au-dessus de tout. Il suit de là, que si les matières de transport se sont trouvées réunies avec le calcaire et l'argile en des lieux tranquilles, les matières de transport ont dû occuper le fond, le calcaire le milieu, et l'argile la superficie. Aussi, on remarque dans certaines grottes, comme dans celle d'Oselles, par exemple, que ces matières sont rangées de bas en haut dans l'ordre suivant : 1, graviers et ossemens; 2, calcaire; 3, argile; et le tout repose sur un limon argileux, qui sans doute, n'est autre chose que le dépôt d'alluvion formé en ce lieu pendant les huit cents ans ou environ qui s'étaient écoulés entre le déluge universel et le cataclysme de Deucalion, selon la chronologie vulgaire.

Végétaux, Coquillages terrestres. Les végétaux arrachés de leur sol natal par le courant diluvien auront été transportés en d'autres climats. Ceux arrachés aux côtes de l'Asie méridionale, aux îles de l'Archipel indien, flottant à la surface de la mer Pacifique, après avoir été se heurter contre l'Amérique, et s'être joints à ceux arrachés à ces contrées, se seront dirigés, ainsi que le courant, partie vers le nord, partie vers le midi. Ceux qui auront pris la direction du pole nord se seront échoués sur les diverses côtes de la mer Glaciale. Ceux arrachés aux terres atlantiques à l'Afrique, après avoir en partie passé au-dessus de ce continent, auront été flotter dans le bassin de la mer des Indes, de la mer Pacifique, où ils se seront échoués sur telle ou telle côte, suivant les circonstances subséquentes. Ceux arrachés au nord de l'Atlantide, ceux arrachés aux côtes de l'Europe, auront été en partie échoués sur ce continent, et en partie entraînés par le courant refoulé vers le nord. Là ils se seront échoués sur les côtes septentrionales, soit de l'Europe, soit de l'Amérique, soit de l'Asie, avec ceux arrivés en même temps par la mer Pacifique. Quant à ceux arrachés aux deux Amériques par les flots de cette dernière mer, qui pourraient avoir franchi les barrières que leur opposaient les côtes occidentales de ces deux continens, après avoir flotté dans le bassin de la mer Atlantique, ils se seront échoués de divers côtés sur les plages de l'Europe ou de l'Afrique.

Au reste, partout où ces végétaux auront été recouverts par des sables, ils se seront conservés, tandis qu'ils auront été bientôt détruits par l'intempérie de l'atmosphère, toutes les fois qu'ils se seront déposés à nu à la surface des terres.

Il en aura été de même des coquillages univalves térrestres et autres animaux, qui se comportent dans l'eau de la même manière que les bois et autres corps flottans.

Hommes, quadrupèdes. De même que lors du déluge universel, les hommes surpris par le courant du cataclysme auront été noyés en quelques instans. Leur cadavre tombé au fond de l'eau parmi les graviers que voiturait le courant, aura bientôt été détruit par le frottement. Cependant s'il a pu en certains lieux cesser d'être le jouet des flots et des galets, en rencontrant une cavité au fond de laquelle il se soit précipité avec les autres matériaux de transport, ses ossemens doivent s'y être conservés. On doit les y trouver encore, et on les y trouve réellement, ainsi que l'ont constaté les observations de Donati, de Germar, de Tournal, de Marcel de Serres, et autres géologues. Le célèbre Cuvier possède, comme on sait, une machoire

humaine recueillie dans les brèches osseuses de Nice.
Il s'en trouve aussi par la même raison, dans les cavernes à ossemens de cette formation, où cependant ils paraissent être fort rares.

Tous les quadrupèdes nagent fort bien et fort long-temps. Ceux de ces animaux surpris par le courant du cataclysme, soit dans l'Archipel indien soit sur les côtes méridionales de l'Asie, soit même sur les côtes occidentales de l'Amérique, n'auront que très-difficilement pu s'échouer sur cette côte, parce qu'une affluence d'eau toujours nouvelle, arrivant continuellement de l'Ouest, le flot suivant reprenait ce que le précédent avait poussé au rivage. Une partie de ces quadrupèdes aura été brisée contre les nouveaux écueils qu'elle devait partout rencontrer. Tombés au fond de l'eau, leurs ossemens auront subi le sort des graviers et autres matières de transport, c'est-à-dire, qu'ils se seront déposés avec eux ou qu'ils seront restés dans le bassin des mers. L'autre partie entraînée par le courant, que l'élévation de la côte occidentale de l'Amérique du nord refoulait vers le pôle arctique, aura été échouée sur les côtes boréales de l'Asie, de l'Europe ou de l'Amérique même. Ceux qui habitaient l'Atlantide, les côtes de l'Europe, auront pareillement eu le même sort; une partie se sera échouée sur le continent même de l'Europe, une autre mise en pièces aura eu le sort des graviers, et le reste entraîné par le courant refoulé par le continent vers le pôle arctique, aura été s'échouer sur les rivages de la mer glaciale. Ceux enlevés à l'Amérique méridionale et à l'Afrique, par l'invasion qui a traversé ce continent, se seront échoués ensuite sur les rivages de la mer Pacifique. Enfin, ceux enlevés à l'Amérique du nord par les flots qui paraissent avoir franchi les hautenrs des ses côtes occidentales, auront été transportés sur les côtes boréales de l'Europe par le courant refoulé vers ces contrées.

Ainsi, les animaux de l'Amérique septentrionale, de l'Asie méridionale et de l'Europe occidentale, ont été s'échouer en définitive sur les côtes boréales de l'Asie et de l'Europe, tandis que ceux de la côte occidentale de l'Amérique du nord, ont été s'échouer sur les terres arctiques de ce même continent.

Tous ces quadrupèdes ont pu arriver vivans dans ces régions glacées. Là, le flot qui en a apporté une partie, saisi par le froid, s'étant gelé, les aura enveloppés dans leur intégrité, et ils se seront ainsi conservés jusqu'à nos jours, avec leur chair, leur peau et leurs poils. L'autre partie de ces quadrupèdes échoués sur le continent après avois été brisés contre les écueils, se sera déposée au fond de l'eau, et aura été recouverte par les sables que la mer y a ensuite laissés. Ainsi s'explique, pour ainsi dire, d'elle-même, l'étonnante accumulation, en Sibérie, de cette prodigieuse quantité de quadrupèdes originaires de l'Asie et de l'Amérique du nord, décrite à la fin du premier caractère, d'après les témoignages de Pallas et de Patrin.

Une certaine quantité des quadrupèdes de l'Atlantide et de l'Amérique du nord, entraînée par le courant qui dût s'établir au détroit de Gibraltar, sera entrée dans la Méditerranée. Là, une partie très-violemment choquée contre les écueils des côtes de cette mer, se sera précipitée dans les diverses cavités qui se seront rencontrées sur le passage, et recouverts par les graviers siliceux et calcaires accumulés en ces lieux, ils auront formé les brèches osseuses de ces contrées; ou bien ils auront été laissés dans ces cavités lors de la retraite des flots, mêlés avec les coquillages terrestres et autres corps flottans.

Une autre partie précipitée au fond de l'eau par les mêmes accidens, aura eu le sort des graviers, c'est-à-dire, aura été déposée avec eux dans les vallées où le courant ralenti par quelqu'obstacle, les aura forcés de s'accumuler. Ceux-là auront formé des dépôts pareils à ceux du val d'Arno, et là, ils se seront superposés, peut-être mélangés et confondus avec les dépôts de graviers et d'ossemens apportés en ces mêmes lieux, pendant la formation des Terrains secondaires supérieurs. Au reste, ce mélange des graviers appartenant aux cataclysmes de Noë et de Deucalion, ne doit pas se montrer seulement au val d'Arno, on doit le retrouver en une foule d'autres lieux.

Enfin, une partie des animaux entrés par le détroit de Gibraltar dans la Méditerranée, se sera échouée vivante sur les collines des côtes de l'Europe. Que seront devenus ceux-là? Certains auront pu être engouffrés dans des cavernes où ils auront été tués ou brisés par le choc et où leur cadavre sera resté. Certains autres échoués sur les collines, auront été se réfugier dans ces mêmes cavernes, soit par instinct, soit pour se mettre à l'abri du froid de la nuit. Là, non seulement les quadrupèdes des contrées voisines de l'équateur se seront trouvés rassemblés avec ceux des contrées tempérées ou des lieux mêmes; mais encore les carnassiers s'y seront rencontrés avec les herbivores. La fuite étant impossible, parce que les collines étaient entourées d'eau, le carnage aura eu lieu. Les carnassiers, après avoir déchiré les ruminans, auront dû se déchirer entre eux, et les débris seront restés jusqu'à ce jour sur le champ de bataille. Ainsi s'expliquent sans difficulté ces dépôts d'ossemens, qui, dans certaines cavernes, offrent parfois l'empreinte de la dent des carnassiers sur les carnassiers eux-mêmes. Il serait aïsé d'imaginer à ce sujet d'autres explications tout aussi satisfaisantes ; mais il suffit ici d'un seul exemple pour montrer la concordance des faits historiques avec les faits géologiques. La sagacité du lecteur qui en désirera de nouvelles les lui fera facilement découvrir.

Poissons. Les innombrables habitans de la mer ont dû sans doute souffrir de cette tourmente ; mais ils étaient dans leur élément : peu auront péri, et le cadavre de ceux qui y auront trouvé la mort, ou qui auront pu être échoués, devra se rencontrer dans les lieux où ont été laissés les corps flottans comme eux, c'est-à-dire, sur les rivages et dans le fond de certaines vallées.

Il suffira sans doute d'observer ici que tout ce qui vient d'être dit, n'est autre chose que l'explication des détails géologiques qui constituent le premier caractère de la formation. Quant au reste, en rapportant au déluge de Deucalion le dépôt des Terrains tertiaires de la grande formation de transport, c'est dire qu'ils sont dûs à une irruption de la mer, subite, de peu de durée, et dirigée de l'ouest à l'est, ce qui constitue le cinquième et dernier caractère. Car pour ce qui est de l'indépendance de formation qui s'y trouve mentionnée, elle a déjà été démontrée au paragraphe premier, dans les développemens relatifs à ce caractère même, et il serait superflu de répéter ici ce qui en a été dit ailleurs.

Lors de la station momentanée du mouvement diurne de la Terre sur son axe, il y a eu, on l'a déjà dit, de violentes convulsions qui ont pu rompre les couches de son enveloppe solide, rouvrir au moins les anciennes fissures, et donner par là issue à des matières pseudovolcaniques analogues à celles des Terrains primitifs, intermédiaires et secondaires. Avant de terminer ce paragraphe, on doit remarquer, qu'en certaines contrées de la Terre et au-dessus des formations les plus récentes, autres que les alluvions modernes, on voit des matières pseudovolcaniques ou vraiment volcaniques, dont on ne saurait révoquer, ni l'origine aqueuse de l'une, ni l'origine antérieure aux temps historiques de l'autre. Telles sont par exemple celles qui, en Auvergne, recouvrent les dernières formations de ces lieux. C'est vraisemblablement pendant le déluge de Deucalion que ces dépôts singuliers et mystérieux se sont formés. Les montagnes volcaniques de l'Auvergne n'ont en effet aucun trait de ressemblance avec celles des autres contrées. Au lieu d'être groupées comme ailleurs, elles sont toutes isolées. Là, il est évident que les agens volcaniques ont résidé au-dessous des granits, que leurs déjections sont venues de l'intérieur du Globe, et ont formé, en s'accumulant, des montagnes qui, comme le Puy-de-Dôme, semblent être sorties de terre par intumescence. C'est la vue de ces faits qui a suggéré au célèbre Dolomieu l'idée heureuse et féconde de la fluidité pâteuse dans l'intérieur du Globe. Il faut, au surplus, se garder de confondre les déjections superficielles dont on parle ici, avec celles qui, en Auvergne comme ailleurs, se trouvent intercalées dans les formations secondaires, soit inférieures, soit supérieures. Celles-ci sont incontestablement étrangères au déluge de Deucalion, et appartiennent aux Terrains formés pendant les convulsions qui ont pareillement agité le Globe lors du déluge universel.

En résumé, les résultats nécessaires du cataclysme de Deucalion ne sont autre chose qu'une reproduction exacte et parfaite de tout ce qui caractérise les Terrains tertiaires de la grande formation de transport.

Même sorte et même variété de minéraux, même distribution de ces minéraux sur les côtes occidentales des continens seulement ; même sorte de débris organiques et même accumulation confuse de ces débris ; même direction dans les courans qui les ont déposés ; mêmes particularités relativement aux divers accidens qui ont transporté les animaux dans des régions éloignées. Enfin, mêmes caractères d'indépendance dans la formation de ces Terrains. L'histoire et les faits géologiques sont donc en parfaite concordance touchant la formation des Terrains tertiaires de transports.

Pour ne pas fatiguer l'esprit du lecteur pendant les explications, on a jugé à propos de renvoyer ici la réponse à plusieurs objections, que l'on ne saurait manquer de faire au sujet de tout ce qui précède, parce qu'elles se présentent, pour ainsi dire, d'elles-même.

On dira sans doute : Le récit biblique, il est vrai, rapporte, qu'au temps de Josué, le Soleil et la Lune ont discontinué leur course vers le couchant pendant la durée d'un jour entier; et de là, cette conséquence incontestable, que la Terre a cessé momentanément de tourner sur son axe; mais cette conséquence souffre de graves objections.

Premièrement. Si cette station a réellement eu lieu, tout ce qui était alors debout sur la Terre, principalement sur les zones torrides et tempérées, les arbres, les maisons, les hommes mêmes doivent à l'instant avoir été renversés, et qui plus est infailliblement brisés par la violence du choc de l'atmosphère. Or, à ce qu'il paraît, rien de semblable n'aurait eu lieu, et tout serait au contraire resté dant le même état qu'auparavant.

On répond à cette première objection, que si l'atmosphère ne se fut point arrêtée avec la Terre, on ne peut disconvenir qu'elle n'eût tout renversé ; mais que si l'un et l'autre se sont arrêtées simultanément, il n'a pu en résulter rien de semblable. Or, l'atmosphère s'est-elle arrêtée ou ne s'est-elle point arrêtée en même temps que la Terre? Le récit de l'Écriture n'en dit absolument rien ; il se borne à nous raconter avec détails les faits relatifs à la déroute complète des Amorrhéens qui eut lieu pendant cette station du Globe. Mais ces détails mêmes, en excluant toute idée qu'un pareil bouleversement ait eu lieu, ne nous disent-ils pas assez que l'atmosphère s'est arrêtée en même temps que la Terre? D'ailleurs dans l'ordre établi, l'atmosphère suit le Globe terrestre dans son mouvement diurne, avec une telle constance, que l'on serait presque autorisé à dire qu'elle en fait en quelque sorte partie intégrante; et s'il est une chose probable, c'est que lorsque la Terre s'est arrêtée, l'atmosphère s'est arrêtée aussi.

Secondement. Il répugne au bon sens et à la raison d'admettre comme historique, un passage de l'Ecriture dont on s'est autorisé pour condamner, et qui semble réellement condamner le véritable système du monde. Au siècle où nous vivons, favoriser ainsi le système de la rotation du Soleil autour de notre chétive planète, est une prétention ridicule et insoutenable.

On répond à cette seconde objection ; que le passage du livre de Josué qu'elle attaque, ne favorise nullement le système absurde de la rotation du Soleil; qu'au contraire, il tend à confirmer celui de la rotation de la Terre sur son axe, et à faire regarder la course du Soleil comme une pure illusion d'optique. On peut aisément se convaincre de cette vérité, car elle est susceptible de démonstration.

Représentons nous le Soleil commençant à s'élever dans le ciel, et le chef des tribus d'Israël prêt à lui adresser les paroles que l'Écriture lui met dans la bouche. Son but n'est autre que de prolonger le jour au-delà de sa durée ordinaire. Pour cet effet, il n'a que les trois manières de parler que voici. 1re *Soleil arrête toi*; 2e *Terre arrête toi*; 3e *Soleil et toi Lune arrêtez-vous*. La première de ces trois différentes manières de parler suppose que celui qui l'employe, est imbu du système absurde de la rotation du Soleil autour de la Terre : c'est ainsi que parlerait un partisan du système de Ptolémée. La seconde et la troisième, supposent l'une et l'autre le véritable système du monde, la rotation de notre planète autour du Soleil : c'est ainsi que s'exprimeraient les Coperniciens, astronomes de nos jours, en pareille occurrence. Car en astronomie, on parle de deux manières fort diverses, tantôt selon la réalité en disant : *La Terre fait une révolution entière sur son axe, en vingt-quatre heures*; ou bien, *le Soleil, la Lune et les autres astres, accomplissent leur révolution en vingt-quatre heures*. L'une de ces deux façons de parler n'est pas plus usitée que l'autre, et on les emploie toutes deux indifféremment. Au reste, on remarquera ici, que la troisième manière de parler, ne diffère de la première qu'en une chose seulement, savoir que la mention de la Lune intervient dans le discours. A la rigueur, il y aurait une quatrième manière de parler qui serait de dire, *astres du ciel arrêtez-vous*; mais cette quatrième manière suppose que les étoiles se montrent, c'est-à-dire, qu'il est nuit ; et ici cette façon de parler ne saurait avoir aucune application, puisqu'il s'agit de prolonger le jour.

Cela posé, si l'Écriture fait parler Josué selon la première manière, il est incontestable qu'elle tend, comme on le prétend, à propager l'erreur ; mais si elle le fait parler selon la seconde ou la troisième, elle tend, au contraire, à la proscrire. Or, à laquelle de ces trois manières se rattachent les paroles que l'Écriture met dans la bouche du chef des Israëlites? *Josué adressant sa prière au Seigneur, dit devant l'armée d'Israël : Soleil arrête toi au-dessus de Gabaon , et toi Lune au-dessus de la vallée d'Aïalon.* Dans ces paroles, l'Écriture fait intervenir la mention de la Lune dans le discours; donc, elle fait parler Josué suivant la troisième manière et non suivant la première. En d'autres mots, l'Écriture s'exprime ici dans les mêmes termes que les astronomes de nos jours, et non comme les astronomes imbus du système de Ptolémée. Donc, le récit biblique au lieu de tendre à conduire les esprits au système absurde de la rotation du Soleil autour de la Terre, tend évidemment au contraire à les ramener au véritable système du monde , à celui de Copernic (1).

Ainsi l'auraient vu ceux qui dans le temps, ont persécuté à ce sujet, le célèbre Galilée, s'ils se fussent donné la peine d'y regarder de près , et de ne juger qu'après un mur examen , au lieu de se décider étourdiment d'après les préjugés de l'école de ce temps là.

Troisièmement. On dira vraisemblablement encore : Dans le récit biblique de l'événemeut, cette interruption du mouvement diurne du Globe, ou pour s'exprimer avec plus de précision, cette effroyable suspension des lois de la nature qui a bouleversé, détruit une partie de la Terre, fait périr une si grande quantité d'animaux, y est présentée comme un fait extraordinaire, il est vrai, et inoui jusqu'alors, mais d'ailleurs comme un fait sans conséquence. Car le sens du récit semble nous dire, s'il ne nous dit en effet, que cet événement inoui n'a eu lieu que pour donner le

---

(1) Cette ingénieuse et intéressante démonstration fait partie du mémoire qui a fourni la matière du § 2.

temps aux Israélites de consommer la déroute de leurs ennemis. Il doit sans doute être permis de faire remarquer à ce sujet, qu'il y aurait eu une foule d'autres moyens pour consommer cette déroute, sans qu'il fût nécessaire pour cela de troubler ainsi l'ordre de la nature, surtout de manière à ce qu'une grande partie de la Terre ou de ses habitans en fussent détruits, en sorte qu'il n'y a absolument aucune proportion entre l'effet et le motif.

Toutes ces observations sont pleines de sens et de raison ; mais quelles conclusions doit-on en tirer ? Ne précipitons point ici notre jugement ; procédons avec sagesse et réflexion, et que nos conséquences soient en harmonie avec les bases du raisonnement.

Conclura-t-on de là que la station du Soleil et le double jour qui en est résulté, sont des faits imaginaires ? Mais comment se flatter de parvenir à faire admettre une pareille conséquence ? Ce double jour de l'histoire des Hébreux, n'est-il pas jusqu'à l'évidence démontré par la double nuit des Latins et des Grecs ? n'est-il pas démontré encore par l'exacte conformité des phénomènes astronomiques avec les détails de l'événement ? Et quant à la station du Globe, cause de ce double jour, n'est-elle pas constatée comme on a vu, par le témoignage des Terrains tertiaires de la grande formation de transport, qui tous sont des monumens à jamais subsistans de la catastrophe qui s'en est ensuivie. Nier l'authenticité d'un pareil événement, serait sans doute le fait d'un insensé. On doit donc se garder de tirer une pareille conséquence.

Ceux qui n'admettent point la révélation des Écritures, pourront dire aussi : Que le Soleil se soit arrêté dans sa course, nous ne le contesterons pas, puisqu'il est impossible de nier le fait ; mais le Soleil arrêté parce que Josué le lui a commandé, c'est par trop fort ! Ou l'historien de l'événement est de mauvaise foi, ou bien il s'est étrangement abusé sur la cause et le motif. Mais ces deux conséquences qui pourraient être tolérées en tout autre matière, ne sauraient l'être ici, car toutes deux sont injustes.

D'abord, dans la religion juive et dans la religion chrétienne, la Divinité est un centre auquel tout doit se rapporter. Aux yeux du juif, comme à ceux du chrétien, tout tend à l'accomplissement de la volonté de Dieu, et rien ne saurait arriver dans ce bas monde qu'il ne le commande, ne le permette ou ne le dirige vers l'exécution des desseins conçus dans sa prescience. Tout cela est de l'essence même des deux religions. Le récit d'un événement quelconque, s'il n'était point exprimé dans le langage que prescrit cette doctrine, serait étranger à ces deux religions. Conclure qu'un historien juif ou chrétien est de mauvaise foi, parce qu'il rapporte à la Divinité un fait dont il ignore la cause, serait donc une conséquence injuste.

En second lieu, au moment même ou les Israélites emportent à la pointe de l'épée le camp des Amorrhéens, leurs ennemis, que ceux-ci s'enfuyent vers Azeca accablés par une grêle d'aërolithes, le Soleil suspend sa course pendant douze heures, et la journée se trouve ainsi double en durée d'un jour ordinaire. Par ce concours de circonstances, on peut le dire avec vérité, toutes merveilleusement favorables, Josué qui eût vu l'ennemi s'échapper à la faveur de la nuit, a le temps de le poursuivre jusqu'à ce que sa déroute soit consommée. Si en rapportant à un miracle opéré en leur faveur, cette station incompréhensible du Soleil arrivée pour eux si à propos, ainsi que la grêle d'aërolithes, les Hébreux se sont étrangement abusés, il faut convenir qu'ils sont bien excusables ; car indépendamment de la propension que les hommes ont en général de tout rapporter à eux-mêmes, tant de circonstances à la fois concouraient à leur suggérer cette idée, qu'elle a, pour ainsi dire, dû entrer de vive force dans leur esprit. D'ailleurs, qu'un événement aussi extraordinaire, aussi merveilleux, et dont la cause lui est inconnue, soit attribué par un Juif à un miracle de la toute puissance divine, il n'y a là, comme on vient de l'observer, rien qui doive choquer. A ses yeux, c'est toujours vrai au fond, puisque rien n'arrive ici bas sans l'intervention de la Divinité. Par conséquent, il y aurait aussi injustice à taxer l'historien de s'être abusé sur le motif du fait.

Mais il y a ici miracle, de l'aveu même de l'historien, et comme on sait, l'on ne veut plus de miracle pour expliquer des faits.

Que ceux qui seraient tentés de raisonner ainsi, veuillent remarquer, que si on dégage l'événement de toute idée de surnaturel, au lieu d'un miracle de la toute puissance divine, il reste un fait inexplicable, il est vrai, mais un fait historique, constaté par des monumens évidens, incontestables, irrécusables, et qu'en l'employant ici sans égard ni au motif, ni à la cause, ni à la puissance qui peut y avoir donné lieu, on s'est mis à l'abri du reproche d'expliquer des faits géologiques par des miracles.

§ IV.

NOTICE

Sur les ossemens fossiles recueillis dans les Terrains tertiaires de la grande formation de transport, d'après Cuvier.

Mammifères—Bimanes.

Homme *fossile.* Des ossemens en ont été vus dans les brèches osseuses par plusieurs naturalistes, et M. Cuvier en possède une machoire trouvée dans celles de Nice. Il en a déjà été parlé ici.

Mammifères—Pachidermes.

ÉLÉPHANT (*E. primogenius* Blum., *Mammout* des Russes). Dans l'Éléphant d'Afrique, la matière émailleuse des dents forme des losanges ; dans celui d'Asie, ainsi que dans les individus fossiles, elle forme des ovales étroits et alongés. D'un autre côté, le profil du front a plus de saillie dans le premier que dans les deux autres. On remarque d'ailleurs dans le fossile, plus de saillie dans les alvéoles des défenses. Il n'en a pas fallu d'avantage pour les faire regarder comme trois espèces différentes. Depuis que les Géologues recueillent les fossiles avec soin et intelligence, on a trouvé entre ces deux formes de dents, tous les intermédiaires que l'on pouvait desirer, pour avoir la certitude que cette forme n'est nullement un caractère spécifique. Or, le plus ou moins de convexité des os du front, la saillie plus ou moins grande de ceux du nez, ne pouvant non plus être regardés comme caractères spécifiques, il doit s'ensuivre que les trois prétendues espèces ne sont que des races différentes du même animal.

Si les ossemens fossiles de l'Éléphant ne se trouvaient que dans les terrains meubles du fond des vallées, on ne pourrait les attribuer aux Terrains secondaires plutôt qu'aux Terrains tertiaires de transport, à cause de la confusion des deux formations en ces lieux. Mais comme on l'a aussi trouvé enseveli avec chair et poils, dans les glaces du pôle et dans les cavernes à ossemens, on ne saurait douter que ses dépouilles fossiles n'appartiennent aux terrains formés pendant le dernier cataclysme, celui de Deucalion.

MASTODONTE (*M. maximus*, Cuv., Rech. tom. 1, p. 206 et tom 3, p. 276). *Taille* de l'Éléphant. *Charpente* osseuse, épaisse, lourde et solide. *Mâchoire* armée de défenses énormes. *Mâchelières* hérissées de grosses pointes. — Genre sans analogue dans le règne animal de nos jours.

Son gisement au fond des marais tourbeux de l'Amérique du nord, c'est-à-dire, dans la partie superficielle de la Grande formation de transport, ne permet pas de douter qu'il n'appartienne à ces terrains.

Indépendamment des deux espèces mentionnées dans la notice relative aux dépouilles fossiles des formations secondaires, les Terrains tertiaires de la grande formation de transport paraissent en renfermer trois autres auxquels on a donné les noms de *M. Andium*, *M. Humboldii* et *M. Minutus*.

HIPPOPOTAME. 1 (*H. maximus*), ne diffère pas de l'espèce actuellement vivante en Afrique, se trouve ainsi que les trois suivans dans les

sables ou graviers tertiaires de la grande formation de transport.
(Cuv., tom. 1 , p. 304). —

2. H. *minutus*. Taille du Sanglier.

3. H. *dubius* et 4. H. *médius*. Trop imparfaitement connus.

Vraisemblablement ces trois petites espèces n'existent plus dans la
nature vivante.

1. Rhinocéros. (R. *tichorinus*. Cuv., 2ᵉ partie; tom. 1, p. 64). *Tête*
allongée, bicorne. *Os du nez* forts soutenus par une cloison osseuse et
non cartilagineuse. *Dents* incisives nulles.

Se rencontre assez fréquemment dans les terrains meubles, les
cavernes à ossemens, dépendans de la grande formation de transport,
au val d'Arno et en Sibérie.

2. R. *incisivus*. (Cuv., tom. 1, p. 89, tom. 3, p. 390 ; 5ᵉ part.,
tom. 2, p. 501), pourrait n'être qu'une race de l'espèce de
Sumatra, dont il ne diffère que par de légères différences
dans la forme de la tête.

3. R. *Leptorhinus*. (Cuv., 2ᵉ part, tom. 1, p. 71). Membres plus
grêles que ceux des espèces précédentes. *Museau* plus
pointu. *Dents incisives* nulles.

Ces trois espèces, dont la première et la troisième paraissent ne plus
exister dans la nature vivante , se montrent fossiles dans les divers Terrains tertiaires de la grande formation de transport.

Élasmothérium. (Cuv., 2ᵉ part., tom. 1, p. 95). Grand pachiderme
dont on ne connaît que la mâchoire inférieure. Ses dents sont à double
croissant et ondulées. On rencontre ses dépouilles dans les terrains
meubles de la grande formation de transport , en Sibérie. Il n'a point
d'analogue vivant.

Cheval. Le squelette des chevaux ne différant point dans les espèces,
il est impossible de les déterminer avec son seul secours. On ne saurait
donc dire autre chose à cet égard , si ce n'est que des dents de ce genre
de pachidermes se rencontrent fréquemment dans les sables ou graviers tertiaires de la grande formation de transport.

Tapir *gigantesque*. (Cuv., 2ᵉ part., tom. 1, p. 165). Espèce perdue.
Elle devait être double ou triple dans ses dimensions de celui d'Amérique. On ne connaît autre chose de cet animal, que quelques dents.
Elles ont été trouvées dans les Terrains tertiaires de transport du fond
des vallées.

Cochon. Paraît être identique avec l'espèce vivante. Une mâchoire en
a été recueillie dans la caverne de Sandwich. (Cuv , 5ᵉ p., t. 2, p 504.)

Mammifères-Ruminans.

Chameau. Des ossemens en ont été découverts par M. Marcel de
Serres, dans une caverne à ossemens , près de Montpellier.

1. Cerf *à bois gigantesque.* (Cuv., tom. 4, p. 70). *Cervus magaceros* Hart. Cette espèce ne peut être comparée qu'avec le Renne et l'Élan; mais 1° la moindre longueur de son bois est de 1, mèt. 4 à chaque perche, la plus longue de 2, m. 42, tandis que celle de l'Élan ne dépasse pas 0, m. 92; 2° sa tête est plus large dans la proportion de 1 à 2 1/2 pendant qu'elle est dans la proportion de 1 à 3 chez l'Élan.

Se rencontre dans les tourbières du nord de l'Europe. Cette espèce n'existe plus; mais selon Hebbert (1) c'est d'elle que parle J. Capitolinus, lorsqu'il dit qu'on amenait des cerfs d'Angleterre à Rome, puisqu'on en voit la figure sur d'anciens bas-reliefs romains.

2. C. Daim. Ne paraît pas différer de l'espèce vivante. (Cuv., tom. 4, p. 94). Dans les Terrains tertiaires de la grande formation de transport.

3. C. *Renne* identique avec l'espèce vivante. (Cuv., 5° part., tom. 2, p. 509). Trouvé en Scanie dans les tourbières; à Étampes, dans les terrains tertiaires de transport parmi des ossemens d'Éléphant, de Bœuf, etc., et dans les cavernes.

4. C. *Élaphe* ou *Cerf commun.* (Cuv., *l. c.* p. 98). Dans les mêmes gisemens et dans les brèches osseuses.

5. C. *Chevreuil* identique avec l'espèce vivante. (Cuv., p. 98). Même gisement.

6. C. Trois espèces indéterminables dont on a trouvé des débris dans les brèches osseuses de Nice et de Pise. (Cuv., tom. 4, p. 189, 196).

Antilope ou Mouton. Des débris indéterminables dans les brèches osseuses de Nice. (Cuv., tom. 4, p. 188).

Aurocu. (*Bos urus* Linn.). En France, en Italie, en Sibérie, en Amérique, dans les tourbières et les sables ou graviers de la grande formation de transport. (Cuv., tom. 4, p. 141).

Bœuf. (*Bos taurus* Lin.). Les débris fossiles appartiennent à une race plus grande que celle des environs de Paris, mais pareille à celle de Sicile. Même gisement.

Buffle musqué. (*Bos moschatus* Lin.). Trouvé en Sibérie, dans les sables tertiaires de la grande formation de transport. (Cuv., t. 4, p. 452.)

Mammifères-Carnassiers.

1. Felis *spelca.* Goldf. (Cuv., tom. 4, p. 452). Plus grand que le Lion de nos jours, à en juger par un fragment de mâchoire.

2. F. *antiqua.* (Cuv., *l. c.*). De la taille à peu près d'une Panthère, connu par un fragment de mâchoire seulement.

Ces deux espèces, qui sans doute sont perdues, ont laissé des dépouilles dans les cavernes à ossemens et dans les brèches osseuses.

(1) *Bull. Fér.*, 1831, n° 5, p. 167.

Hyène. (*H. pelœa.* Cuv., tom. 4, p. 892). Très-voisine de l'Hyène tachetée. Espèce perdue.

Des débris en ont été recueillis non-seulement dans les cavernes à ossemens, mais encore dans les terrains meubles de la grande formation de transport avec les dépouilles d'Éléphant, de Rhinocéros, et autres grands Pachidermes.

Putois. Peut être rapporté à l'espèce d'Europe. (*Mustella putorius.*) On l'a trouvé avec les grands Pachidermes dans les Terrains tertiaires de transport. (Cuv., *l. c.* p. 467).

Glouton. (*Ursus gulo.* Lin.). Identique avec l'espèce actuellement vivante dans le nord de l'Europe. (Cuv., tom. 4, p. 475). Trouvé dans les cavernes à ossemens avec les gros Pachidermes des régions équinoxiales.

Chien ou Loup. Espèce gigantesque à en juger par une mâchoire trouvée dans les sables ou graviers de la grande formation de transport. (Cuv., tom. 4, p. 466, pl. 31, f. 20).

Renard. Identique avec l'espèce vivante. (Cuv., tom. 4, p. 468 et 508). Dans les cavernes à ossemens et les sables ou graviers de la Grande formation de transport, au val d'Arno.

Ours. 1. (*Ursus spelœus.* Blum.). Se distingue des espèces connues par la saillie fortement prononcée du front au-dessus du nez, par les deux bosses de ce même front, et par la grande saillie et le brusque rapprochement des crêtes temporales. (Cuv., tom. 4, p. 351).

2. U. *priscus* Goldf. Très-voisin des Ours bruns et noirs de nos jours. Ces deux espèces se trouvent dans les cavernes à ossemens avec les grands Pachidermes.

3. U. *cultridens.* (Cuv., 5ᵉ part., tom. 2, p. 516). *Grandeur* de l'Ours noir d'Europe; les trois petites molaires distinctes. Les *canines* comprimées trois fois plus larges qu'épaisses, tranchantes, au val d'Arno, dans les terrains meubles de la grande formation de transport.

Morse. Des ossemens en ont été recueillis dans les sables ou graviers tertiaires de la grande formation de transport, à Angers et dans les Landes d'Aquitaine. (Cuv., 5ᵉ part, tom. 2, p. 521).

Mammifères-Rongeurs.

Castor. Identique avec l'espèce vivante. (Cuv., 5ᵉ part., tom. 1, p. 59). Dans les tourbières, les sables tertiaires de transport, à Taganrok.

Rats et Campagnols. Différens peut-être des espèces actuellement vivantes. (Cuv., *l. c.*, p. 54): Dans les cavernes et les brèches osseuses.

Porc-Épic. Identique avec l'espèce vivante. (Cuv., 2ᵉ part., tom. 1, p. 55). Parmi les ossemens des cavernes.

Mammifères-Edentés.

Megatherium. (Cuv., 5e part., tom. 1, p. 175). Genre très-voisin des paresseux. *Taille* du Rhinocéros. *Dents molaires,* quatre de chaque côté à l'une et l'autre mâchoire, prismatiques avec un sillon à la couronne et une double racine. *Ongles* d'une longueur et d'une force monstrueuse. *Charpente osseuse* d'une solidité excessive.

Les débris fossiles de cette espèce perdue, se montrent dans les sables ou graviers de la Grande formation de transport des deux Amériques. On a pu restituer son squelette presqu'au complet.

Megalonix *de Jefferson.* Ressemblant au précédent, mais un peu moindre. *Ongles* plus longs et plus tranchans. (Cuv., 5e part., tom. 1, p. 193).

On n'a trouvé de cette espèce perdue que quelques os et des doitgs entiers dans des cavernes de la Virginie et dans une île de la Géorgie.

Pangolin *gigantesque.* (Cuv., 5e partie, tom. 1, p. 193). On ne connaît de cette espèce perdue qu'une phalange onguéale; mais il n'en faut pas d'avantage pour fixer le genre auquel on doit la rapporter. Elle a été trouvée dans les sables ou graviers tertiaires de la vallée du Rhin avec des ossemens de Rhinocéros, de Mastodonte, d'Hippopotame, de Tapir.

Mammifères-Cétacés.

Dauphin à longue symphise de la mâchoire inférieure. (Cuv., *l. c.,* p. 312). Espèce différente de toutes celles dont l'ostéologie est connue. Trouvée à Dax, dans les sables tertiaires de la Grande formation de transport.

Épaulard de douze pieds de longueur, présumé différent des espèces connues. (Cuv., *l. c.,* p. 309). En Italie, dans les Terrains tertiaires de transport, où se montrent les dépouilles d'Éléphant, de Rhinocéros, etc.

Roqual d'espèce présumée inconnue, dont deux squelettes ont été recueillis au même gisement.

Reptiles.

Trionix. Des débris en ont été recueillis à Avaray, dans les Terrains tertiaires à ossemens de gros Pachidermes. (Cuv., *l. c.,* p 227).

Emides, Trionix, Tortues. Des restes de ces trois genres de Chélonées, ont été trouvés dans les Terrains tertiaires, à Burgtonna et dans le val d'Arno, au gisement des gros Pachidermes. L'une de ces espèces paraît appartenir à une Emyde d'Europe. (Cuv., *l. c.,* p. 238).

(*Rem.*) Si l'on met hors de compte dans cette énumération, les espèces dont il est possible que l'on ignore si les analogues vivans existent, il en résulte que le nombre des espèces perdues est bien moindre que celui des espèces qui ont leurs analogues dans le règne animal de nos jours.

On a vu, au sujet des coquillages recueillis ou observés dans cette formation, qu'ils sont identiques ou ressemblent extrêmement à ceux qui vivent encore dans la contrée ou dans la mer voisine. Il en est de même des mammifères. En effet, parmi ces mammifères de tout climat, il est remarquable, 1º que les espèces identiques ou analogues à celles qui vivent sous la zone torride, sont en bien plus grand nombre que les autres ; 2º que toutes les espèces perdues, qui ne se voyent plus dans le règne animal de nos jours, sont des animaux qui ne vivent point ailleurs que sous la zone torride, tels que les Mastodontes, les Hippopotames, les Rhinocéros, les Tapirs, les Félis, les Hyènes, les Mégatherium, les Mégalonix, les Pangolins ; 3º que parmi les espèces qui vivent dans les régions tempérées ou vers les pôles, il n'en est aucune qui ne se retrouve encore dans la nature vivante, si toutefois on excepte du nombre, le Cerf à bois gigantesque et quelques espèces d'Ours. Mais les espèces de ces deux genres ne vivent point exclusivement dans les régions pôlaires, puisqu'il y a des Ours à Siam, à Java, à Ceylan, et des Cerfs dans l'Archipel indien, comme en Amérique sous la ligne : il est très-possible qu'ils appartiennent aussi à la même région équinoxiale qui a fourni les autres espèces perdues. D'ailleurs, le Cerf à bois gigantesque, quand bien même il n'eût pas existé anciennement dans la Grande-Bretagne, peut provenir de l'Amérique septentrionale où il existe peut-être encore vivant, et les Ours fossiles se rapprochent pour les caractères, bien plus de ceux des climats tempérés que de ceux du pôle.

Or, une contrée immense située entre l'Afrique et l'Amérique ayant disparu tout-à-coup au milieu de la mer Atlantique, lors de la formation des terrains qui recèlent les dépouilles de ces animaux, tout porte à penser que celles de ces dépouilles qui se trouvent en Europe ou en Amérique, proviennent des anciens hôtes de cette contrée détruite. Tout devient ainsi de la plus grande clarté. D'abord, quant aux espèces qui ne se voyent plus dans la nature vivante, on conçoit fort bien comment elles ont pu se perdre; car si une catastrophe pareille à l'engouffrement de l'Atlantide faisait disparaître le centre de l'Afrique ou quelque grande île de l'Archipel indien, une foule d'espèces de mammifères de la zone torride qui ne se trouvent que là, parce que cette zone de notre Globe est presqu'entièrement occupée par la mer, disparaîtraient pareillement de dessus la Terre.

CHAPITRE CINQUIÈME.

AGE DES FORMATIONS.

Après avoir montré la concordance des témoignages historiques avec les faits géologiques, il est à propos de s'occuper de l'âge des formations. Pour cela, on ne changera rien à l'ordre précédemment adopté. On commencera par exposer d'abord les faits géologiques, et ensuite on montrera qu'ils concordent avec la chronologie vulgairement suivie.

§ Ier.

Faits géologiques.

Depuis le cataclysme qui a déposé la dernière couche géologique jusqu'à nos jours, la végétation qui tend à s'emparer de toutes les surfaces, même des rochers et des sables mobiles, n'a point cessé de fournir du terreau par la décomposition journalière de ses produits ; les roches restées à découvert, n'ont point cessé d'être rongées ou détériorées par l'intempérie de l'atmosphère. Ainsi s'est formée presque partout la masse des terrains d'alluvion que nous appelons modernes. Les averses de pluie, aidées de la culture qui ameublit les terres, ont entraîné une grande partie de ces matériaux dans le fond des vallées, et le fleuve dans ses fortes crues, les a répandues çà et là presque uniformément.

D'un autre côté, les vagues de la mer n'ont cessé depuis, de vomir sur la plage, des monticules de sable partout où son fond en est recouvert. Enfin, les volcans ont continué en certains lieux, de lancer à la surface de la Terre les matières provenant de l'intérieur du Globe.

Ainsi la masse des terrains d'alluvion modernes s'est accrue tous les jours. Par conséquent, la quantité dont cette masse a augmenté en un temps donné, peut servir de mesure pour déterminer l'époque à laquelle l'accumulation a dû commencer. Malheureusement depuis que le célèbre Deluc a attiré l'attention des naturalistes sur cette intéressante partie de la science, on a recueilli fort peu de faits; on est encore fort loin d'avoir atteint à la précision que comporte la matière, et que l'on a droit d'attendre d'observations ultérieures. Tous les jours les ingénieurs des Ponts-et-Chaussées, les diverses administrations font exécuter des travaux dans ces alluvions, qui souvent les traversent en entier; mais on ne tient aucun compte de ce que l'on découvre. La science n'en retire aucun fruit. Quoi qu'il en soit, le peu que nous savons, suffit, comme on va voir, pour montrer que l'on ne saurait faire remonter à des temps très-reculés, l'époque où ces dépôts ont commencé à se former.

Attérissemens modernes. Dolomieu, dans son mémoire sur l'Égypte (1), a prouvé que la langue de terre sur laquelle est bâtie Alexandrie, n'existait pas du temps d'Homère. Ainsi, il n'a fallu que les neuf cents ans entre Homère et Strabon, pour la création de cet immense terrain d'alluvion. Depuis, il s'est encore formé une nouvelle langue de terre de deux cents toises de longueur sur laquelle on a bâti la nouvelle ville. Il

(1) *Journ. Phys.*, tom. XLII, p. 40 et suiv.

en est de même dans tous les autres lieux où se forment des alluvions du Nil. Or, la rapidité de cet accroissement, comparé avec le tout, ne permet pas d'en faire remonter le commencement à des temps fort reculés. D'ailleurs, cette conséquence est confirmée par le témoignage d'Hérodote, qui nous apprend que les prêtres Égyptiens regardaient leur pays comme un présent du Nil, et lui disaient que le Delta n'avait paru que depuis peu de temps.

Selon le témoignage d'Astruc (1), les attérissemens à l'embouchure du Rhône, ne se sont pas accrus avec moins de rapidité. La description des lieux par Mela, Strabon et Pline, comparée avec leur état actuel, prouve que les bras du fleuve se sont allongés de trois lieues depuis mille huit cents ans seulement, et que nombre d'endroits situés encore au bord de la mer, il y a six ou huit cent ans, se trouvent maintenant à plusieurs milles dans la terre ferme.

Les attérissemens du Pô ont avancé dans la mer Adriatique avec une telle rapidité, qu'en comparant d'anciennes cartes avec l'état actuel des lieux, on voit que le rivage a gagné plus de six mille toises depuis 1604 seulement ; ce qui fait 150 ou 180, en quelques endroits 200 pieds par an. Aussi Ravenne, qui au temps d'Auguste, était encore dans les lagunes comme Venise, est maintenant à une lieue dans l'intérieur des terres. Spina, située jadis au bord de la mer, en était déjà à 90 stades du temps de Strabon. Adria en Lombardie, qui avait donné son nom à la mer dont elle était le principal port, se trouve maintenant à six lieues loin du rivage. Enfin, Venise ne peut plus maintenir les lagunes qui la séparent du continent, et

____

(1) *Hist. nat. du Languedoc.*

quels que soient ses efforts pour y parvenir, elle s'y trouvera bientôt réunie.

Il paraît que la même cause a produit le même effet à l'embouchure de presque tous les fleuves du monde. Or, on le répète, la rapidité de ces attérissemens ne permet point d'en faire remonter le commencement fort haut dans le temps.

Mais il est un autre effet de cette même cause qui montre bien mieux encore la vérité de cette assertion. On veut parler ici de l'exhaussement du fond des vallées par l'accumulation des terrains d'alluvion.

On a cru d'abord que les rivières avaient creusé les vallées dans lesquelles elles coulent, et qu'elles les creusaient toujours davantage. Une étude de leur manière d'agir a démontré qu'il en était autrement. Loin de creuser le fond des vallées, les rivières tendent au contraire tous les jours à l'exhausser, et la raison en est fort simple. Les averses de pluie entraînent tous les matériaux meubles des hauteurs tels que les sables des couches secondaires mises à découvert, les graviers du fond des vallées qui recouvrent les plateaux inférieurs et quelques plateaux supérieurs, enfin, le limon terreux provenant du lavage des terres. Tous ces matériaux meubles arrivent tôt ou tard dans le lit des rivières. Pendant leurs crues, celles-ci les vomissent sur leurs bords, ou les répandent dans la plaine. L'agriculture toujours prospère en pareils lieux, et qui tend toujours à niveler le sol, fait le reste. Ainsi s'exhausse tous les jours le fond des vallées. Dans les fouilles faites à Coblentz, en 1778, on a constaté, par la présence d'anciens travaux des Romains, que le niveau de la vallée s'était exhaussé de sept à neuf pieds depuis cette époque, c'est-à-dire, depuis environ deux mille ans; ce qui équivaut à trois ou quatre pieds environ pour chaque mille ans. Dans la Basse-Égypte, l'exhaussement du sol d'alluvion se fait avec la même rapidité. Selon Hérodote, un espace de neuf cents ans a suffi pour accroître le niveau du terrain de sept à huit coudées (1). D'après les observations de M. Girard, l'inondation du Nil s'élève aujourd'hui à Eléphantine, trois pieds plus haut que du temps de Septime-Sévère au troisième siècle. Au Caire, pour qu'elle soit jugée suffisante aux arrosemens, elle doit dépasser de trois pieds et demi la hauteur qui était nécessaire pour cet effet, au neuvième siècle (2). On a déjà vu ici que dans la vallée de la Garonne à Agen, sur le sol de la cité antique, les ouvrages des Romains du Haut-Empire, se trouvent pareillement à huit ou neuf pieds au-dessous du sol; que la couche de charbon provenant de l'incendie de cette cité par les Normands, au dixième siècle, se montre justement un peu au-dessus du milieu de cette épaisseur, et atteste par là que l'accroissement en hauteur de l'alluvion, est de trois à cinq pieds pour chaque dix siècles ou environ six pouces par siècle; que d'ailleurs l'épaisseur totale était selon les lieux de seize à vingt-deux pieds, jusqu'à la première couche de marne argileuse supportant le gravier du fond des vallées. Quelque géologue pourra être surpris de voir comprendre ici le gravier du fond des vallées dans le terrain d'alluvion; mais dès qu'il aura remarqué que ces graviers ont été en ces lieux remaniés et transportés par les eaux, il verra qu'ils ont cessé d'être une couche géologique pour faire partie intégrante des alluvions modernes.

Tous ces faits établissent d'une manière incontesta-

(1) Hérod., *Euterp.* xiii.

(2) *Gén. gr.*, ouvr. sur l'Égypte moder., t. io, p. 343.

ble, que l'exhaussement des terrains d'alluvion dans le fond des vallées où coulent de grandes rivières a lieu pour l'ordinaire, à raison de trois à quatre pieds pour chaque mille ans ; et puisque l'épaisseur totale dans les lieux ou elle a été mesurée comme aux environs d'Agen, est de seize à vingt-deux pieds, il s'ensuit que le commencement du dépôt ne peut remonter tout au plus qu'à une époque moindre de cinq mille ans, ce qui concorde merveilleusement avec la chronologie vulgaire.

Dunes maritimes. Lorsque la mer est basse et que son fond est sablonneux, les vagues poussent les sables sur le rivage. A chaque retraite du flot il s'en dessèche un peu, et le vent, qui soufle presque continuellement de la mer, en jette toujours sur la plage. Ainsi se forment les dunes maritimes. Partout où l'industrie n'a pas su les fixer, ces monticules avancent toujours ; le vent qui balaye la surface tournée vis-à-vis de la mer, en transporte le sable par-dessus le sommet sur la pente opposée. Au moyen de cette action successive, les dunes marchent d'un pas lent, il est vrai, mais constamment et invariablement vers l'intérieur des terres. Bientôt les forêts, les habitations, les champs cultivés, les collines même, tout est envahi. Celles du golfe de Gascogne ont ainsi couvert un grand nombre de villages mentionnés dans les titres du moyen âge. En ce moment, dix autres sont menacés, et seront bientôt ensevelis. Brémontier, inspecteur des Ponts-et-Chaussées, qui a fait des plantations de pins pour fixer ces dunes, évaluait leur marche à soixante pieds par an dans certains points, et à soixante-douze dans certains autres. Selon ses calculs, il ne leur faudrait que deux mille ans seulement pour arriver à Bordeaux, et d'après leur étendue actuelle, il ne doit y avoir qu'un peu plus de *quatre mille ans* qu'elles ont commencé à se former ; ce qui concorde parfaitement avec ce qui a été dit ici du dépôt de ces sables ; car ils n'ont commencé à marcher que depuis le déluge de Deucalion.

Ce concours de l'exhaussement des terrains d'alluvion avec la marche progressive des dunes maritimes, pour nous conduire à-peu-près à la même époque, force pour ainsi dire à reconnaître ici une vérité. Ainsi, partout les faits géologiques nous amènent cette conséquence, que le cataclysme pendant lequel se sont formés les Terrains secondaires, ou ce qui n'est pas différent, que le commencement du dépôt des terrains d'alluvion modernes, ne remontent qu'à moins de cinq mille ans.

Volcans. Les éruptions volcaniques sont trop irrégulières, leurs produits trop peu constans pour qu'ils puissent servir à mesurer le temps. D'ailleurs, comme la considération de ces produits, de leur mode d'agir ne saurait faire partie essentielle d'un travail destiné à montrer la concordance des faits géologiques avec les faits historiques, on n'en parlera point ici.

§ II.

CONCORDANCE HISTORIQUE.

L'histoire d'aucun des anciens peuples de l'Europe, ne remonte par une suite de dates non interrompues, au-delà de trois mille ans. Le nord de l'Europe n'a un corps d'histoire que depuis sa conversion au christianisme. L'Espagne, la Gaule, la Grande-Bretagne n'en ont une que depuis leur conquête par les Romains. Les Romains eux-mêmes n'ont commencé que quelques siècles avant notre ère, et d'ailleurs l'histoire de l'Italie septentrionale jusqu'à la fondation de Rome, nous est à-peu-près inconnue. Les Grecs avouent ne posséder l'art d'écrire, que depuis que les Phéniciens le leur ont enseigné, c'est-à-dire, que depuis trente-trois ou trente-quatre siècles, et jusqu'à Hérodote leur premier historien, qui florissait *deux mille trois cents* ans avant nous, leur histoire est remplie par leurs fables si célèbres. Leurs poètes mêmes n'ont précédé notre temps que de *deux mille sept cents* ou *deux mille huit cents* ans. Les Indous, les Égyptiens, les Chaldéens, les Chinois, les Hébreux, sont les peuples de la terre les plus anciennement policés. Ils ont des livres historiques; mais aucun de ces peuples, excepté les Hébreux, n'a une chronologie suivie qui soit vraiment digne de ce nom.

Tout ce que les recherches opiniâtres de tant de savans orientalistes, des Anglais surtout, ont pu nous apprendre touchant l'histoire des Indous, c'est que leurs chroniques pétries de fables ridicules et puériles n'offrent aucune suite de dates sur lesquelles on puisse se fier. Parmi cette infinité de livres mystiques des Brames, il n'y a rien qui puisse nous instruire avec ordre sur l'origine de leur nation et les vicissitudes de leur société. Leur religion, ils le disent eux-mêmes, leur défend de conserver la mémoire de ce qui se passe dans l'âge actuel, l'âge du malheur. Les listes de rois, que des pandits ou docteurs indiens, ont prétendu avoir compilées d'après les poèmes dits *Pouranas*, ne sont que de simples catalogues sans détails ou ornés de détails absurdes. L'un des pandits qui fournissaient ces listes à M. Wilfort, est convenu qu'il remplissait arbitrairement avec des noms imaginaires les espaces entre les rois célèbres, et il avouait que ses prédéces-

seurs en avaient fait autant (1). Sans doute, il en est
de même de celles qu'About-Fazel a données comme
extraites des annales de Cachemire (2). D'ailleurs, ces
listes ne remontent qu'à *quatre mille trois cents ans*, et
plus de douze cents sont remplis par des noms de prin-
ces dont les règnes, quant à leur durée, sont indéter-
minés. En définitive, leurs livres les plus authentiques,
les *Vedas* ou livres sacrés révélés par *Viaza*, si on en
juge par le calendrier qui s'y trouve annexé, surtout
par la position des collures qu'il indique, peuvent tout
au plus remonter à trois mille deux cents ans, c'est-à-
dire, au temps de Moïse. D'ailleurs encore, quand on
sait que les époques de leurs tables astronomiques ont
été calculées après coup, que leurs traités d'astronomie
sont modernes et antidatés, on se trouve forcé de convenir que l'antiquité prétendue de ces *Vedas* est une
chimère. Cependant, au milieu de toutes ces fables, il
se présente des traits dont la concordance avec les traditions européennes est faite pour étonner. Ainsi, leur
mythologie consacre la tradition non-seulement du déluge universel, mais encore celle du déluge de Deucalion. Elle ne fait même remonter celui-ci qu'à *quatre
mille neuf cent vingt-sept* ans ; ce qui se rapporte assez
bien à la chronologie hébraïque ; mais elle place le
premier infiniment plus loin que nous (3).

Ce que les écrivains anciens nous ont transmis touchant les premiers Égyptiens se borne à des noms de
rois, à des sommes d'années et à quelques détails dont

(1) Wilf, *Mém. Calcut.*, in-8°, ix, p. 133.

(2) Dans l'*Ayren-Acbery*, t. 2, p. 138. Voyez aussi *Heeren*, com.
anc., t. 1, p. 2, pag. 329.

(3) Le Gentil, voy. t. 1, p. 235. — Bentley, *Mém. Calcut.*, viii,
p. 212. — W. Ichnes, *ibid.*, t. 1, p. 230.

le plus grand nombre n'est que fables puériles et ridicules ; mais on demande avec raison : 1° Si ces noms appartiennent à des rois qui se sont succédé immédiatement les uns aux autres, ou bien à des rois qui auraient régné en même temps sur diverses parties de l'Égypte ? 2° Si ces effrayans milliers d'années se composent d'années solaires ? Les premiers, par exemple, ne se composaient-ils pas de révolutions lunaires, c'est-à-dire, d'un mois environ ? On l'ignore absolument. Tout ce que nous savons, c'est que ces noms de rois diffèrent dans tous les catalogues qui ont été successivement recueillis, depuis Hérodote jusqu'à Josephe ; que la durée de l'année chez les Egyptiens n'a pas toujours été égale à la révolution de l'année solaire ; que Plutarque, Pline, Censorinus, assurent que leur année ne fut d'abord que d'une lunaison (moins d'un mois) ; qu'ils la firent ensuite successivement de deux mois, de quatre, et enfin, de trois cent soixante-cinq jours (1) ; que l'on ignore à quelle époque cette dernière a été adoptée. Si, Hérodote, Diodore, Eratosthène, Manéthon, Josephe, ont réellement appris des prêtres égyptiens et de leurs archives, ce que nous lisons dans leurs ouvrages ou dans les fragmens de leurs ouvrages, et l'on ne peut raisonnablement supposer le contraire, comment se fait-il que ces auteurs ne s'accordent jamais ensemble ? qu'à la réserve de Ménès, de Sésostris et Busiris, ils sont discordans sur les noms, sur les successions et sur les années ? Quand on remarque que Diodore a été forcé de convenir qu'en ce qui touche les Égyptiens avant la guerre de Troye, il ne trouve que des fables et rien de certain, quelque

(1) Plutarq., *Numa*. — Plin., lib. 7, cap. 48. — Censerin., *de Dic. nat.*

soin qu'il se soit donné pour s'en faire instruire par les prêtres ; quand on réfléchit ensuite sur l'incohérence de tous ces documens, on ne peut s'empêcher d'imaginer que les anciens Égyptiens, gênés par l'écriture hyérogliphique, qui les forçait de s'exprimer avec la plus stricte concision, se sont sans doute bornés à écrire sur leurs annales les noms seuls de leurs rois sans s'embarrasser de désigner pour la postérité ni l'ordre de succession, ni la différence des années. Par cette omission, les prêtres qui par la suite ont voulu déchiffrer ces notes, ne trouvant clairement exprimés ni cet ordre de succession des rois, ni cette différence essentielle d'années, se sont vus entraînés à commettre une foule de grossières erreurs à cet égard. Au surplus, que l'on considère le contenu des cartouches royaux que la merveilleuse découverte de l'alphabet des hyéroglyphes phonétiques, par le célèbre Champollion, nous a fait connaître ; ils ne renferment autre chose que des noms suivis d'épithètes flatteuses. Or, pourquoi ne supposerait-on pas qu'ils ont fait auparavant comme ils faisaient encore au temps des Ptolémées ?

Quoiqu'il en soit, voici les principales variantes sur la durée de la monarchie égyptienne.

Selon les rapports faits à Hérodote par les prêtres égyptiens il y aurait eu depuis Ménès, premier roi, jusqu'à Séthos, 341 rois, 341 grands prêtres, et 341 générations ; pendant 11,340 ans.

Selon Manéthon, Vulcain aurait régné 9 mille ans, les dieux et demi-dieux 1,985. Quant à la durée des rois humains, elle serait d'après Jules Africain, de 5,101 ans ; d'après Eusèbe, de 4,723 ans ; et d'après le Syncelle, de 3,555 ans. Comme on voit les copistes de

Manéthon ne sont pas plus d'accord entre eux, qu'il ne l'est lui-même avec les autres.

Selon une chronique regardée comme antérieure à Manéthon par les uns, comme postérieure par les autres, la durée totale des rois d'Egypte serait de 36,525 ans, sur lesquels le soleil en aurait régné 3o mille, les autres dieux 3,984, les demi-dieux 227 et enfin les rois humains 2,339.

La durée du premier empire des Assyriens ou Chaldéens est tout aussi vague, tout aussi incertaine que celle des anciens Égyptiens : on ne trouve nulle part rien qui offre la moindre probabilité de vérité. Justin, Hérodote, Diodore, ne sont point d'accord. Homère qui fait venir au siége de Troye des guerriers de tous les pays, n'en parle point. L'histoire des Hébreux, leurs voisins, n'en dit rien non plus. Cependant, elle fait mention d'un Cusham Ritchaïm, roi de Mésopotamie, qui sous les juges réduisit les Israélites à la dernière extrémité. Et, en outre, elle nous apprend que Saül, David, Salomon, firent la guerre aux rois de Tzoba et de Damas, et qu'ils étendirent leurs conquêtes jusqu'à l'Euphrate. Or, si l'empire des Assyriens et des Babyloniens florissait à cette époque, comment concevoir qu'il n'en soit absolument rien dit, ni sous les Juges, ni sous les Rois, et surtout comment imaginer qu'on les pille aussi impunément jusques aux portes de leurs villes ?

Néanmoins, Berose, prêtre babylonien, qui écrivait cent vingt ans après Hérodote, donne à Babylone une antiquité effrayante. Ctesias, presque contemporain de Xénophon, prétend avoir tiré des archives royales des Mèdes une chronologie, qui recule de plus de huit cents ans l'origine de la monarchie assyrienne, quoiqu'il laisse à la tête de ses rois le même Ninus, fils de Bélus, dont parle Hérodote. Et chose bien digne de remarque, c'est qu'il fait commencer ses rois d'Assyrie à une époque qui est à peu près la même que celle où les Indous placent le commencement de leurs premiers rois humains, ceux de la race du soleil et de la lune, environ quatre mille ans seulement avant le temps présent.

Cette discordance des détails fournis, soit par les prêtres de la Chaldée, soit par les prétendues archives des Mèdes, a forcé les plus habiles chronologistes modernes de convenir, que la suite des premiers rois d'Assyrie et des derniers de Babylone, est un cahos que l'on ne saurait débrouiller. Long-temps auparavant, elle avait fait dire à Strabon, qu'en cette matière, l'autorité d'Hérodote et de Ctesias n'égalait pas même celle d'Hésiode et d'Homère.

Au surplus, quoique tout conduise ici à cette conséquence, que nous ne possédons aucune chronique probable des Chaldéens et des Égyptiens des premiers temps, il faut bien se garder de l'étendre sur l'antiquité politique de ces peuples. Certainement leur civilisation remonte jusqu'au déluge universel, et appartient en quelque sorte aux temps antédiluviens. Il faut bien se garder de l'étendre aussi sur les faits de leur histoire, quelque fabuleux qu'ils nous paraissent par fois, car au milieu de ces fables, il y a vraisemblablement des vérités que l'on parviendra peut-être un jour à dévoiler. On doit se borner uniquement à en conclure que les dates des premiers temps de leur histoire, sont évidemment erronées et inadmissibles.

Quant aux Chinois, le Chouking est le plus ancien de leurs livres. On assure qu'il a été rédigé par Confucius, avec des lambeaux d'ouvrages antérieurs, il y a environ 2,255 ans. Deux cents ans plus tard arriva, dit-on, la persécution des lettrés et la destruction des livres sous l'empereur *Chi-Hoangti*, qui voulait détruire les traces du gouvernement féodal établi sous la dynastie antérieure. Quarante ans plus tard, une partie du Chouking fut restituée de mémoire par un vieux lettré, une autre fut retrouvée dans un tombeau, mais près de la moitié fut perdue pour toujours. Or, ce livre commence par *Yao* et le cataclysme arrivé de son temps, c'est-à-dire 4163 ans, suivant les uns, et suivant les autres, 3943 avant le temps actuel. Des historiens plus modernes, ont ajouté une suite d'empereurs avant Yao, mais avec une foule de circonstances fabuleuses et sans oser assigner des époques fixes. D'ailleurs, ces auteurs varient entre eux soit sur les noms, soit sur les nombres, et en outre, ils ne sont point approuvés par leurs compatriotes même. Ainsi, point de chronologie digne de ce nom parmi les Chinois, sur les temps primitifs de leur société politique (1).

« Un seul peuple nous a conservé des annales écrites en prose avant l'époque de Cyrus, c'est le peuple hébreu.

« La partie de cette histoire que l'on nomme le *Pentateuque*, existe sous sa forme actuelle, au moins depuis le schisme de Jéroboam, puisque les Samaritains la reçoivent comme les Juifs, c'est-à-dire qu'elle a maintenant à coup sûr, plus de *deux mille huit cents* ans.

(1) Au surplus, voyez Cuvier, *Disc. sur les révol. du Globe*, p. 139 à 284, d'où une grande partie de ces faits ont été extraits presque textuellement.

« Il n'y a nulle raison pour ne pas attribuer la rédaction de la Genèse à Moïse même, ce qui la ferait remonter à cinq cents ans plus haut, à *trois mille trois cents* ans, et il suffit de la lire, pour s'apercevoir qu'elle a été composée en partie, avec des morceaux d'ouvrages antérieurs. On ne peut donc aucunement douter que ce ne soit l'écrit le plus ancien dont notre occident soit en possession (1). »

Cette histoire est sans doute la seule digne de ce nom parmi celles de tous les peuples anciens, puisque elle est la seule qui nous présente une suite non interrompue de générations accompagnées de faits qui les lient entre elles et en forment un récit suivi, une véritable narration historique. D'ailleurs, la chronologie qu'elle nous offre, concorde si merveilleusement avec les faits géologiques, qu'il est impossible qu'elle ne soit point la vérité. Malheureusement les trois textes en diverses langues que nous avons, ne sont point d'accord entre eux pour les chiffres : des fautes involontaires de copistes, des fautes volontaires ou involontaires des traducteurs grecs dits les *Septante*, se sont glissées en plusieurs endroits, et ont produit en somme des différences de nombre, qui sans être très-considérables, ne laissent pas que de choquer. (Voyez le tableau suivant).

Il y a sans doute impossibilité à redresser toutes ces erreurs : cependant au moyen d'une discussion critique des trois textes comparés ensemble, on peut parvenir à ce résultat satisfaisant, que l'un de ces trois textes est plus probable que les deux autres, et doit par conséquent être suivi de préférence. C'est cette discussion que l'on va voir dans le paragraphe suivant.

(1) Cuvier, *Disc. sur les révol. du Globe*, p. 168, 169.

AGE DES FORMATIONS.

CHRONOLOGIE ANTÉDILUVIENNE,
D'après les trois textes du Pentateuque.

NOMS.	ANNÉES ÉCOULÉES entre la naissance d'un patriarche et celle du suivant.		
	Sam.	Grec.	Héb.
Adam.	130 ans.	230 ans.	130 ans.
Seth.	105	205	105
Enos.	90	190	90
Caïnan.	70	170	70
Malaliel.	65	165	65
Jared.	62	162	162
Enoch.	65	165	65
Mathusalé.	67	167	187
Lamech.	53	188	182
Noé.	502	502	502
Sem (au déluge). . . .	98	98	98
Som.	1,307 ans.	2,242 ans.	1,656 ans.

CHRONOLOGIE POSTDILUVIENNE,
D'après les trois textes du Pentateuque.

NOMS.	ANNÉES ÉCOULÉES entre la naissance d'un patriarche et celle du suivant.		
	Sam.	Grec.	Héb.
Sem (après le déluge). . .	2 ans.	2 ans.	2 ans.
Arphaxad.	135	135	35
Caïnan.	0	130	0
Salés.	130	130	30
Heber.	134	134	34
Phaleg.	130	130	30
Ragan.	132	132	32
Sarug.	130	130	30
Nachor.	79	179	29
Tharé.	70	70	70
Abraham.	100	100	160
Som.	1,042 ans.	1,272 ans.	392 ans.

§ III.

Remarques sur la chronologie du Pentateuque.

I. Le texte samaritain est l'ancien texte hébreu, c'est un fait convenu entre les savans.

Le texte chaldaïque ou nouvel hébreu, est une copie du texte samaritain faite par Esdras en lettres babyloniennes, au retour de la captivité de Babylone.

Le texte grec, est une traduction faite sur le chaldaïque. On l'appelle vulgairement version des *Septante*. Elle fut faite sous le règne de Ptolémée Évergète, selon l'opinion commune.

Donc, 1° si une faute est dans le grec seulement, elle est nécessairement postérieure aux Septante;

2° Si elle est en même temps dans le grec et le chaldaïque ou hébreu moderne, elle est antérieure aux Septante.

3° Si elle se trouve dans les trois textes à la fois, elle est antérieure à Esdras;

4° Si elle se trouve dans le samaritain seulement, elle est postérieure à Esdras. Elle n'y était pas lorsque ce docteur copia les écritures à moins qu'on ne veuille dire qu'étant inspiré de Dieu, il corrigea dans sa copie ce qui aurait pu se trouver de défectueux dans l'exemplaire original;

5° S'il se montre des variantes entre le chaldaïque et le grec, on a le droit d'en conclure qu'il y a faute dans l'un ou dans l'autre, et que cette faute est postérieure aux Septante. Car lorsque la version grecque des Septante fut faite, elle devait être en tout conforme au chaldaïque ou nouvel hébreu;

6° Si du grec et de l'hébreu l'un s'accorde avec le samaritain, et non pas l'autre, on doit en conclure que la faute est dans celui qui ne concorde pas avec le samaritain ;

7° Si l'hébreu s'accorde avec le grec contre le samaritain, on n'est en droit d'en rien conclure, parce que le grec étant fait sur l'hébreu, ces deux textes ne font à eux deux, qu'une seule autorité contrebalancée par celle du samaritain. En d'autres mots, si le grec et l'hébreu sont d'accord contre le samaritain, la question est indécise ; l'erreur peut s'être glissée depuis Esdras dans le samaritain ou dans le chaldaïque, avant la version des Septante, et du chaldaïque être passée dans le grec;

8° Enfin, l'accord du samaritain avec un autre texte, est une certitude de vérité, car dans quelque temps que l'erreur se soit glissée, elle ne saurait se trouver dans l'hébreu et dans le samaritain à la fois, ou dans le grec et le samaritain aussi à la fois. En effet, si elle était antérieure à Esdras, elle se trouverait partout. Si elle était postérieure à Esdras, il faudrait nécessairement que les Juifs hellénistes et les Juifs hébreux, l'eussent empruntée aux Samaritains, ce que l'on ne peut raisonnablement supposer à cause de l'aversion extrême que ces deux peuples avaient l'un pour l'autre.

Si l'on discute les trois textes du Pentateuque d'après ces principes joints aux remarques suivantes, on verra que l'hébreu et le grec ne peuvent être adoptés sans correction, et que le samaritain doit leur être préféré. La méthode que l'on suivra ici en faisant l'application de ces principes, sera de choisir un tel nombre sur ceux des trois textes, et de montrer que les deux autres sont erronés.

Remarque I. La note relative au temps que les patriarches ont vécu après la naissance de leur fils, et celle relative à la durée totale de leur vie, ne peuvent être d'aucun secours pour le redressement des erreurs, parce qu'il est évident que ces deux notes ont été retouchées et corrigées pour les ajuster avec le reste.

Remarque. Il suffit de jeter un coup-d'œil sur le tableau comparatif de la chronologie des trois textes, pour être convaincu que les Septante ont ajouté cent ans de trop à la première partie de la vie de tous les patriarches antédiluviens jusqu'à Noë, et retranché en même temps le même nombre de la seconde partie.

La plupart des chronologistes pensent qu'ils ont fait ce changement volontairement et de propos délibéré, afin d'accommoder la chronologie des Hébreux avec celle trop longue des Égyptiens. Mais il n'en est pas de même pour le temps qui a suivi le déluge; car si on excepte Caïnan fils d'Arphaxat, lequel ne se voit point dans les autres textes, le samaritain et les Septante sont parfaitement d'accord, sauf pour le nombre d'années qui se sont écoulées entre la naissance de Nachor et celle de Tharé. D'ailleurs, pour pouvoir prétendre que les Septante ont aussi surchargé les nombres de la chronologie postdiluvienne d'une centaine, qui ne devrait point y être, il faudrait supposer qu'ils ont en même temps falsifié le texte samaritain que vraisemblablement ils ne connaissaient pas, ou bien que les Samaritains, ennemis déclarés des Juifs, eussent falsifié leurs écritures pour les rendre conformes à celles de leurs ennemis, ce qui ne peut raisonnablement être admis.

Faisons maintenant l'application de ces principes et de ces remarques à la vie de chaque patriarche.

Adam, Seth, Enos, Caïnan, Malaliel. Pour ces cinq premiers patriarches, nulle difficulté. Que l'on ôte du texte grec la centaine dont la première partie de la vie de chaque patriarche a été mal à propos surchargée, les trois textes se trouvent en parfait accord, ce qui équivaut à la vérité.

JARED. (*Vixit que Jared* 162., *héb. et grec*). La centaine du texte grec devant être retranchée, il s'ensuit qu'il est d'accord avec le texte samaritain; par conséquent, que l'hébreu est erroné. Au reste, il est évident que dans l'hébreu, l'addition de la centaine est récente, car si elle y eût été au temps des Septente, ceux-ci eussent mis 262 au lieu de 162. Le chiffre ס 60 répété deux fois et pris non pour 60, 60, mais pour 160, en aura peut-être été la cause. Quoi qu'il en soit, l'addition d'une centaine a eu lieu plus d'une fois selon D. Calmet (1).

ENOCH, MATHUSALE. (*Vixit Mathusale* 187, *héb.*). Abstraction faite de la centaine ajoutée par le grec, ce texte est d'accord avec le samaritain. Par conséquent, l'hébreu est erroné dans les dizaines, et il a pris évidemment la centaine postérieurement à la version des Septante; car si elle y eût été de leur temps, au lieu d'une seule, celle-ci en eût mis deux.

On doit remarquer ici que l'addition de la centaine par les interprètes grecs, leur a fait commettre une bien grave inconséquence. Selon leur texte, Mathusalé aurait survécu 14 ans au déluge, ce qui est absurde puisqu'il n'était point dans l'arche.

LAMECH. L'hébreu a pris la centaine depuis la version des Septante, puisque celle-ci n'en a admis qu'une seule. Otons cette centaine interpolée de ces deux textes, il reste 82, 53, 88. Or, quelle est la plus probable de ces trois versions? L'embarras du choix se fait ici vivement sentir. Aucune des règles posées au commencement, ne saurait venir à notre secours; tout est en défaut. Cependant cette difficulté n'est pas invincible. D'abord

____

(1) D. Calm., p. 326, v. 12.

les probabilités sont ici en faveur du texte samaritain, puisqu'il s'est jusque là montré correct, pendant que les deux autres se sont montrés plus ou moins erronés. En second lieu, le texte samaritain est encore exactement tel qu'était l'hébreu au temps de saint Jérôme. En effet, dans le texte samaritain, la somme des années dont il vient d'être parlé, plus les 600 ans qu'avait Noë lors du déluge, est égale à 1307 ans. Or, selon saint Jérôme le texte hébreu de son temps, offrait pareillement 1307 ans. Ainsi, nul doute que sur ce point le samaritain ne soit plus correct que les deux autres et que l'on ne doive le préférer pour la chronologie antédiluvienne, puisque seul il se montre exempt d'erreur.

Noë. (*Verò cum quingentorum esset annorum genuit Sem, Cham et Japhet*). C'est sur cette indication que l'on s'est fondé pour fixer l'année de la naissance de Sem; mais cette naissance de trois frères qui ne sont point jumeaux en une même année, est une indication trop vague pour que l'on puisse en déduire une date précise. Il faut donc pour cela établir son raisonnemens sur une base plus solide. Or, au ch. XI, 10, il est dit : *Sem erat centum annorum quandò genuit Arphaxat* biennio *post diluvium.* Il suit évidemment de là, que la 98ᵉ année de Sem, correspond avec l'année du déluge. D'un autre côté, il est dit au chap. VII, 11 : *Anno* sexentesimo *vitæ Noë, mense secundo, primá die mensis, rupti sunt omnes fontes abyssi magnæ;* et plus bas : *Igitur sexentesimo primo anno, primo mense, primá die mensis imminutæ sunt aquæ super terram.* Il suit incontestablement de là, que l'année du déluge correspond à la 600ᵉ de Noë. Ainsi la date du déluge correspond à la fois et à la 98ᵉ année de Sem et à la 600ᵉ de Noë. On doit donc en conclure que la naissance de Sem, correspond non à la 500ᵉ année de Noë, comme les chronologistes l'ont cru d'après l'indication vague du texte, mais bien à la 502ᵉ. Au moyen de cette correction dans les trois textes, non-seulement l'année du déluge correspond à la 600ᵉ année de Noë, mais encore à la 98ᵉ de Sem, en sorte que toutes les notes chronologiques se trouvent d'accord.

Ainsi, au lieu de 500 ans qu'avait Noë lors de la naissance de Sem, selon les trois textes, il faut dire 502, ce qui porte l'année du déluge à 1307 ans, selon le texte samaritain.

Sᴇᴍ. Les trois textes sont d'accord sur ce pa triarche.

Aʀᴘʜᴀxᴀᴛ. (*Vixit* 35 *annis. héb.*). Le texte samaritain s'accordant avec le grec sur 135, il s'ensuit que l'hébreu est erroné.

Cᴀïɴᴀɴ. Les anciens Pères de l'église ne comptent depuis Jésus-Christ (1) jusqu'à Adam, que soixante-douze générations. S'ils eussent compris Caïnan dans le nombre, il eût fallu en compter soixante-treize. Depuis saint Épiphane, les anciens Pères ne lisaient ce Caïnan, ni dans la version grecque, ni dans la Genèse, ni dans l'évangile de saint Luc. Quand il se fût introduit dans cet évangéliste par la maladresse d'un copiste dont l'œil alla le prendre deux lignes plus bas, quelque chrétien grec voulant vraisemblablement faire concorder la Genèze avec saint Luc, y inséra ce Caïnan dans la persuasion sans doute qu'il avait été omis par mégarde ; mais n'ayant pas eu le soin de l'intercaler dans cette même généalogie qui se trouve aux Paralipomènes (2), il est arrivé que sur cet article, le grec n'est pas même d'accord avec le grec. Les traducteurs,

(1) Houbig. Rac.
(2) Paralip., I, 2.

fort embarrassés avec ce nouveau venu pour fixer l'âge qu'il avait lors de la naissance de son fils et celui de sa mort, ont cru lever la difficulté en lui donnant pour ces deux temps, le même âge qu'avait ce fils. Ainsi ce Caïnan devint père et mourut justement au même âge que Salé. D'après cela, il est impossible de douter que ce Caïnan ne doive être regardé comme un patriarche imaginaire qui ne figurait point dans l'original des Septante (1).

Selon D. Calmet, *on ne peut guère mettre* la construction de la tour de Babel, plus loin que 150 ans *après le déluge*. Le texte samaritain la place à 550 ans, ôtez du texte grec les 130 du Caïnan interpolé, il se trouve conforme à celui-ci; ce qui confirme ce que l'on vient de voir.

Salé, Hébert, Phaleg, Ragan, Sarug. L'exacte concordance qui se fait remarquer ici, entre le samaritain et le grec, prouve que l'hébreu a perdu la centaine.

Nachor. (*Vixit que Nachor 29 annis, héb.*). Au lieu de 29, on trouve dans le samaritain 79 et dans le grec 179. Dans l'hébreu, l'erreur peut venir de ce qu'un copiste aura mal écrit le chiffre ע 70, que l'on aura pris pour un כ 20, méprise qui peut facilement avoir lieu si les deux dents du chiffre 70 sont trop rapprochées l'une de l'autre, et que le pédicule de la dent de gauche ne soit pas assez marqué. La comparaison du *chap* avec l'*aïn* dans les caractères rabbiniques, porte l'évidence dans cette conjecture (2). Quoi qu'il en soit, l'erreur de l'hébreu une fois corrigée, il est vraisemblable que la centaine du grec est une faute,

(1) Voy. *Gén. grecq.*, ch. II, 12, 13. — *Evang. St. Luc*, III, 36, dans D. Calmet.

(2) Voy. *Gramm.* de Lalande, p. 195.

puisqu'elle ne se voit point dans les deux autres textes. Il est donc probable qu'au lieu de 179, il faut y lire 79 comme dans le samaritain.

THARÉ, ABRAHAM. Les trois textes sont d'accord sur ces deux patriarches, au moins quant à la première partie de leur vie.

Ainsi les probabilités se trouvent constamment en faveur du samaritain, et ce texte est le seul auquel on ne puisse reprocher aucune des erreurs qui se font remarquer dans les deux autres. Il mérite donc de leur être préféré et d'être exclusivement suivi par les chronologistes.

Or, d'après cette chronologie, il faut compter depuis le temps présent, savoir :

Jusqu'à la naissance de Jésus-Christ. 1,832.

Jusqu'à la défaite des Amorrhéens par Josué (déluge de Deucalion). . . 1,440
Jusqu'à la naissance d'Isaac (100ᵉ année d'Abraham). . . . . 456 } 1,896.

Jusqu'au déluge universel. . . . 1,042.

Jusqu'à l'origine du monde. . . . . 1,307.

Par conséquent on doit compter :

3,272 ans, jusqu'au déluge de Deucalion.

4,770 ans, jusqu'au déluge universel.

6,077 ans, jusqu'à l'origine du monde.

Il est sans doute superflu de s'arrêter ici pour montrer que cette chronologie est autant d'accord avec les faits géologiques, que celle des Égyptiens l'est peu. On remarquera seulement, que cette discordance de la chronologie égyptienne, jointe au peu de créance qu'elle mérite, suffit pour la faire mettre à l'écart sinon comme fausse et controuvée, du moins comme erronée et inintelligible. Au reste, on a déjà vu que l'établissement des sociétés humaines d'après les livres des Indous, des Chaldéens et des Chinois, ne dépasse point cinq mille ans, qui est l'époque du déluge universel; que par conséquent, si ces livres ne concordent pas aussi exactement qu'on pourrait le désirer avec l'histoire des Hébreux, du moins ils ne la contredisent pas. Ainsi les faits géologiques sont d'accord avec les faits historiques, non-seulement quant aux détails des cataclysmes qui ont formé la croûte solide de notre planète, mais encore quant à leurs dates.

CONCLUSION.

Ces quatre séjours ou invasions d'une immense masse d'eau que l'histoire nous représente, exerçant sur la surface du Globe, l'influence de son inconcevable pression, ou bien voiturant dans les bassins des continens, les débris que le temps avait accumulés au fond des mers, avec tout ce que la violence de ses flots avait pu arracher à la terre, expliquent d'une manière très-satisfaisante, comme on a vu, la structure des quatre grandes formations que nous offre en ce moment la science géologique. Sans doute, tout n'a pas trouvé ici une pareille explication ; mais il y a des mystères partout, dans les sciences, comme dans la religion et surtout dans les sciences naturelles. Exiger en ces matières que tout soit expliqué, c'est exiger l'impossible. On a atteint le but, quand il ne reste plus comme ici, sans explication, autre chose que des faits de détail, qui d'ailleurs ne contredisent en rien ce qui a été précédemment établi ; car alors ces faits de détail ne sont que des difficultés à lever, des anomalies dont il faut imaginer la cause. En d'autres mots, ce ne sont plus que des problèmes sur lesquels les naturalistes doivent maintenant exercer leur patiente sagacité. D'ailleurs, dans un essai destiné comme celui-ci, à montrer la concordance des monumens historiques avec la structure de la surface du globe terrestre, tout ce qui ne se rattache pas à cette structure, ne saurait être regardé comme faisant partie essentielle du sujet. Arrivés donc au point ou nous sommes parvenus, on est censé avoir atteint le but. Et en effet, il ne reste plus ici qu'à savoir qu'elle est la cause qui a pu amener les bouléversemens momentanés des lois de la nature dont parle l'histoire, c'est-à-dire qu'il ne reste plus rien à exiger ; car le secret des lois qui régissent l'univers, tout comme le secret des causes perturbatrices de ces lois, est caché dans le sein de l'éternité. Les hommes ne l'ont jamais connu, et peut-être ne parviendront-ils jamais à le connaître. Arrivés devant ces mystères de la science, il ne reste autre chose à faire qu'à humilier notre front devant la toute-puissance créatrice, à l'exemple des vénérables historiens de ces antiques révolutions.

FIN.

EXPLICATION DES PLANCHES.

PLANCHE I.

Coupe idéale de la chaîne des Pyrénées.

(*Axe central.*) C'est la partie de la chaîne formée par le Granit soulevé avant la formation des Terrains secondaires et peut-être avant la formation de ceux de transition ; car rien ne porte encore à penser que les Schistes, reposant sur ses flancs, ne soient des Schistes primitifs.

(*Chaînon latéral.*) Partie de la chaîne formée par le Granit soulevé avant le Dépôt des Terrains secondaires et peut-être avant celui des Terrains de transition.

(*Lisière.*) Partie de la chaîne formée de part et d'autre de l'axe central par le Granit soulevé après la formation des deux premiers Dépôts secondaires.

s s. — Schistes primitifs et intermédiaires redressés par l'effet des soulèvemens.

c, c... — Dépôts secondaires formant les collines de la France, où l'on voit les deux supérieurs disparaître anx approches de la chaîne.

c'c'. — Les deux Dépôts secondaires inférieurs soulevés et s'enfonçant sous le troisième.

c''c''. — Les deux mêmes Dépôts secondaires inférieurs soulevés au sommet de la lisière, à trois mille mètres de hauteur absolue.

1, 2, 3, 4, 5. Gradins formés par ces cinq ou six Dépôts secondaires. (Voyez, quant aux détails qui n'ont pu entrer ici, la pl. II.)

PLANCHE II.

Coupe transversale de la vallée de la Garonne à Agen.

(**N. B.**) Afin de ne pas allonger la figure outre mesure, on a été forcé de rétrécir considérablement les distances horizontales; car, pour la présenter dans un rapport exact avec la hauteur, il eut fallu la faire cent fois plus longue. Ainsi, pour ne pas se faire une idée fausse du pays, il faut imaginer que les protubérances coniques qui s'y font remarquer sont des croupes allongées ou des plateaux élevés.

1, 2, 3, 4, 5. Les cinq Dépôts secondaires des plaines de la France, savoir :

1. Premier Dépôt inférieur correspondant au Dépôt crayeux de Paris, de l'Orléanais. — S. Son sable. — M. Sa transition marneuse de ce sable au calcaire superposé. — C. Ce calcaire, dont les bancs, très-nombreux au voisinage de Bordeaux, vont en diminuant jusqu'à Agen, où on n'en trouve plus que des indices. La puissance de ce Dépôt est excessive relativement à celle des autres. La sonde a été portée jusqu'à 160 mètres au-dessous du lit de la Garonne à Agen, non-seulement sans qu'on en ait atteint le fond, mais encore sans qu'on ait trouvé autre chose que du sable alternant avec de minces lits de marne; et comme le lit de la Garonne est déjà à 50 mètres au-dessous de sa partie supérieure, il s'ensuit que la puissance est de 210 mètres, sans compter sa partie inférieure qui est inconnue.

2. Dépôt parisien. — S. Son sable. — M. Sa transition marneuse du sable au calcaire superposé. — C. Ses alternats de calcaire et marne réduits aux trois supérieurs, c'est-à-dire aux seuls bancs à coquilles d'eau douce.

3. Dépôt Gypseux. — S. Son sable. — M. Sa transition marneuse. — C. Ses alternats de calcaire et marne dont le banc inférieur et le banc supérieur sont blancs, tandis que l'intermédiaire est gris, comme aux environs de Paris, par exemple, à Fontainebleau.

4 et 5. L'avant-dernier et le dernier Dépôt correspondant au

Terrain d'eau douce supérieur de Brongniart. — S., M., C. Leur sable, leur transition marneuse et les deux alternats de calcaire et marne qu'ils offrent chacun en particulier.

ADDITIONS ET CORRECTIONS.

En traitant la matière du quatrième chapitre, il se présentait deux manières différentes d'expliquer comment la station momentanée du globe sur son axe avait occasioné le déluge de Deucalion. Il eût été sans doute prudent de les exposer toutes deux pour la raison que les faits relatifs à la grande formation de transport, ayant été jusqu'à présent fort imparfaitement étudiés par les géologues, pouvaient d'un jour à l'autre être modifiés par de nouvelles observations. Mais comme, dans un ouvrage élémentaire, on ne peut ainsi épuiser son sujet, nous crûmes devoir faire un choix et ce choix a été malheureux. Dominé par l'idée que les terrains de la grande formation de transport ne se montraient que sur les côtes occidentales des continens, nous avons donné la préférence à celle de ces deux explications qui convenait le mieux à ce fait, et nous avons imprudemment rejeté l'autre. Depuis l'impression déjà assez ancienne de ce quatrième chapitre, de nouvelles observations, recueillies dans les journaux scientifiques, nous ont appris, que les terrains de la grande formation de transport se montrent, non-seulement sur les côtes occidentales et méridionales des continens, mais encore sur leurs côtes orientales. Or, le fait ainsi modifié, on ne saurait hésiter un instant à donner la préférence précisément à l'explication si imprudemment rejetée, car elle rend un compte bien plus satisfaisant de tous les faits qui se rattachent à cette formation superficielle. C'est pour réparer cette omission que l'on donne ici cette seconde explication.

Explication du déluge de Deucalion destinée à remplacer celle qui a été exposée pages 3o4 et suivantes.

Représentons-nous la Terre s'arrêtant pendant douze heures dans son mouvement diurne sur son axe. Que va-t-il résulter de cette station momentanée? Comme on a déjà vu, le globe terrestre est un sphéroïde aplati sur ses pôles, et cette forme n'a d'autre cause que sa rotation diurne sur son axe; car un globe sphérique, tel que la Terre, dont la masse centrale est un fluide pâteux, et dont la croûte solide extérieure est brisée en une multitude de points, ne saurait tourner sur son axe avec une quantité de mouvement égale à deux fois la vitesse d'un boulet de canon, sans s'aplatir sur ses pôles de rotation et se renfler sur son équateur. Il serait inutile d'insister ici sur un pareil phénomène : c'est un fait démontré en physique et par la théorie et par l'expérience. Il ne saurait y avoir de doute à cet égard. Or la cause cessant, l'effet cesse. Le globe cessant de tourner sur son axe doit nécessairement reprendre sa forme originelle, c'est-à-dire, qu'il doit se renfler sur les pôles et se contracter sur l'équateur. Examinons donc attentivement ce qui va résulter de ces deux mouvemens simultanés.

Premièrement, les pôles du globe en se renflant auront nécessairement exhaussé les mers polaires, et leurs eaux, se trouvant par là fort élevées au-dessus de leur niveau, se seront répandues avec impétuosité en produisant une multitude de courans rayonnans des pôles vers tous les points de l'équateur. D'un autre côté, les contrées équinoxiales, en se contractant simultanément, au lieu de nuire à ce mouvement des eaux des pôles, l'auront au contraire favorisé. Ainsi partout où ces courans n'auront point été déviés par des élévations trop considérables, comme au voisinage de la presque totalité des terres voisines de la mer, car les contrées maritimes sont généralement les plus basses, il y aura eu une inondation. Tout ce qui sur le passage de ces courans pouvait être entraîné, aura été charrié vers les régions équinoxiales. Les sables, la matière calcaire, les galets formés de roches primitives, intermédiaires et secondaires qui se trouvaient sur le passage des eaux, les hommes, les animaux de toute sorte, auront été noyés ou emportés loin de leur pays. De là ces mystérieuses traînées de cailloux de toute sorte plus ou moins roulés, plus ou moins volumineux, qui du nord de la Suède et de la Sibérie, se prolongent jusque sur la côte septentrionale de l'Allemagne. De là ces arbres renversés dans la direction du nord au sud qui se montrent dans le sable superficiel de la Sibérie.

Secondement, lorsque douze heures après, le globe a recommencé à tourner sur son axe comme auparavant, il a dû reprendre sa première forme en se dilatant sur les contrées équatoriales et se contractant sur les pôles. Par ce mouvement convulsif, le bassin de la mer des tropiques soulevé, aura dû se débarrasser de la surabondance d'eau qui venait de lui arriver des mers polaires. Il se sera ainsi produit une foule de courans se dirigeant de divers points de l'équateur sur l'un et l'autre pôle, et ces courans auront entraîné, comme les précédens, tout ce qui se sera trouvé sur leur passage. Les sables, les galets, la matière calcaire du fond des mers, les animaux noyés ou vivans auront été emportés vers les régions polaires. De là l'accumulation définitive des débris du règne animal sur les rivages des mers voisines des pôles et le mélange si mystérieux jusqu'à présent des animaux originaires de ces contrées glacées avec ceux qui ne vivent que sur la zone torride. L'Atlantide, qui était située au voisinage des contrées équinoxiales, saisie à deux reprises différentes par les convulsions qui ont agité cette partie du Globe, s'étant sans doute trouvée sur la partie qui a été le plus affaissée, s'est engouffrée et a disparu au sein des flots. Les eaux des tropiques soulevées, n'ayant trouvé sur les côtes de l'Afrique, aucune chaîne de montagnes, aucune barrière intérieure, qui fût capable d'arrêter ou de repousser leur invasion, en auront couvert toute la superficie des matériaux de transport qu'elles voituraient, c'est-à-dire de sable, de débris de coquillages, etc., et converti en stériles déserts ces contrées peut-être riantes et fécondes auparavant. Quant à la partie des eaux de l'Océan Atlantique qui aura été poussée sur les côtes de l'Europe, trouvant partout des hauteurs peu considérables il est vrai, mais suffisantes néanmoins pour amortir peu à peu leur impétuosité, elle n'aura fait autre chose que dégrader ses côtes occidentales, couvrir les plaines peu élevées de sable, déposer des couches ou des amas de gravier mêlés d'ossemens, des traînées, des monceaux de coquillages qui habitent son fond. De là les dépôts de sable tels que ceux des côtes du Portugal, de France, de Hollande, etc., les dépôts de gravier superficiels du fond des vallées, ceux qui recouvrent en une multitude de lieux les collines et les plateaux secondaires, les amas de coquillages de la côte de France, d'Angleterre, etc., vulgairement connus sous le nom de falun.

Quant à la Méditerranée et aux autres mers intérieures, placées presque toutes à des distances éloignées de l'équateur, leur mouvement n'a pu être considérable et ne doit avoir produit qu'une marée dont la force n'aura pu lui faire franchir les barrières que les terrains quelque peu élevés qu'ils soient leur ont opposées. Aussi après avoir inondé la Grèce, la Basse-Égypte, etc., et avoir produit le déluge de Deucalion, ses efforts ont vu leur fureur expirer sur les côtes de la Palestine. Les habitans de la Syrie, de l'Asie-Mineure, n'ont point dû s'en ressentir; et de là vient que l'histoire des Hébreux, qui parle avec précision de la station momentanée du globe terrestre sur son axe, cause efficiente de cet effroyable bouleversement, ne dit pas un mot qui puisse faire soupçonner que la terre de Chanaan ait alors souffert, comme les contrées plus voisines de l'Océan, une inondation digne d'occuper une place dans son histoire.

Remarquons soigneusement ici que cette invasion de la mer ne doit point offrir une ressemblance exacte et parfaite avec celle qui a produit le déluge universel. Dans celle-ci, le bassiu des mers soulevé et détruit, ne s'étant rétabli que fort long-temps après, le Globe a dû se trouver pendant tout ce temps enseveli sous les eaux. Dans le déluge de Deucalion, il n'a pu en être de même. Si le bassin des mers a été aussi soulevé, soit en perdant, soit en reprenant sa forme originelle, tout ayant été rétabli comme auparavant quelques heures après, il n'aura pu y avoir de submersion proprement dite. En effet, le globe ayant repris son mouvement diurne douze heures après sa station, le bassin des mers a dû se rétablir dans l'état où il était auparavant; et comme d'ailleurs, un corps quelconque ne parcourrait le tour entier de la Terre en douze heures, qu'autant qu'il serait animé d'une quantité de mouvement quadruple ou quintuple de celle d'un boulet de canon, il s'ensuit que les eaux de la mer, dont la vitesse devait être infiniment moindre, n'avaient parcouru qu'une partie du globe seulement lorsqu'elles sont rentrées dans leurs bassins. Entre le déluge universel et le déluge de Deucalion, il y a cette grande et capitale différence, que l'un a été une submersion totale et de longue durée, tandis que l'autre n'a été qu'une invasion passagère de très-courte durée, et qui par conséquent n'a dû être que partielle.

Remarquons encore que les effets dont il vient d'être parlé auront eu lieu, soit que le mouvement diurne du globe terrestre ait été interrompu brusquement et tout-à-coup, soit qu'il ne l'ait été que peu à peu et de manière à ce que l'atmosphère qu'il entraîne dans son mouvement ait pu s'arrêter avec lui sans causer le moindre désordre à sa surface.

Page 190, ligne 17, Weaden *lisez* Wealden.

Page 260, le Tapir des Andes, présenté à l'Académie, ressemble à un *Paleotherium* et non à un *Anoplotherium*, ainsi que l'ont dit par erreur les *Annales des sciences d'observation* et le feuilleton du journal *le Temps*. Les deuxième et troisième alinéa de cette page doivent être supprimés depuis le mot *selon* jusque et compris le mot *disparaître*.

Coupe transversale de la vallée de la Garonne à Agen.
Métres de hauteur.
210
200
190
180
170
160
150
140
130
120
110
100
90
80
70
60
50
40
30
20
10
Vallée de la Garonne.
Vallée du Lot.
Monjou
Laplume
Aubiac
Estillac
Garonne
Agen
Crusel
Artigue
Garunas
Croixblanche
Latraise
Monplaisir
Côte de Loix
Villeneuve Lot
Niveau de la Mer
10,000.
20,000.
30,000.
40,000 mètres.
Lith. de Desauche, Fauxg. Montmartre, 11.

9 782013 450584